普通高等教育"十三五"电子信息类规划教材

ARM 嵌入式应用技术与实践

张平均　欧忠良　黄家善　等编著

U0338996

机 械 工 业 出 版 社

本书以 S3C2440 嵌入式处理器为核心，介绍嵌入式系统的原理与结构、Linux 驱动及编程基础、嵌入式系统开发环境的搭建、嵌入式系统开发和调试工具、嵌入式 Linux 系统的驱动及应用程序设计、SQLite 数据库的嵌入式应用及实例开发。

本书内容具有系统性与实用性相结合的特点，在注重嵌入式系统软件与硬件知识的讲解的同时，加强了对 Linux 系统的应用基础与开发技术的介绍，也兼顾了 Linux 系统在 GUI 和数据库等方面的应用。

本书可作为普通高等院校电子信息工程、通信工程、物联网工程、自动化及计算机等专业的教材，也可作为从事嵌入式系统应用研究与产品开发的工程技术人员的参考书。

本书配有免费电子课件，欢迎选用本书作教材的教师登录 www.cmpedu.com 注册下载，或发邮件到 jinacmp@163.com 索取。

图书在版编目（CIP）数据

ARM 嵌入式应用技术与实践 / 张平均等编著. —北京：机械工业出版社，2018.12
普通高等教育"十三五"电子信息类规划教材
ISBN 978-7-111-61523-1

Ⅰ.①A… Ⅱ.①张… Ⅲ.①微处理器—系统设计—高等学校—教材 Ⅳ.①TP332

中国版本图书馆 CIP 数据核字（2018）第 277215 号

机械工业出版社（北京市百万庄大街22号 邮政编码 100037）
策划编辑：吉 玲 责任编辑：吉 玲 刘丽敏
责任校对：李 杉 封面设计：张 静
责任印制：孙 炜
天津翔远印刷有限公司印刷
2019 年 1 月第 1 版第 1 次印刷
184mm×260mm·17.5 印张·440 千字
标准书号：ISBN 978-7-111-61523-1
定价：44.80 元

前　　言

　　嵌入式系统是软硬件相结合、创新与应用相结合的工程复杂性系统，它涉及信息处理与通信、电子科学、计算机等多学科的知识与技能。嵌入式系统已经广泛地应用于通信及消费类电子、传感与检测、工业控制、物联网和多媒体应用等诸多领域。

　　全书分为 8 章。第 1 章介绍嵌入式系统的基本概念和特征，嵌入式处理器和嵌入式操作系统的主要类型及其发展，嵌入式 Linux 应用系统的开发流程；第 2 章介绍 Linux 常用 shell 命令的使用，Linux 下的程序开发的工具软件，为在 Linux 环境下的嵌入式开发提供技术基础；第 3 章介绍嵌入式 Linux 交叉编译环境的搭建，基于开源代码 UBoot 对 S3C2440 的配置编译与移植，基于 Linux2.6 的内核源代码，实现 S3C2440 目标平台的嵌入式 Linux 内核配置编译与移植，基于 BusyBox 构建嵌入式 Linux 根文件系统及其移植，为后续的驱动程序与应用程序的开发提供板级软件环境的支持；第 4 章介绍 Linux 系统的设备管理体系结构，Linux 的驱动程序接口函数与数据结构；第 5 章介绍 ARM CPU S3C2440 的性能与电气特性，介绍其引脚定义、相关寄存器配置及其驱动程序代码设计；第 6 章介绍几种流行的嵌入式 GUI 开发软件，以 Qt 为例，介绍嵌入式应用程序设计的编程方法及其要求，并给出了设计实例；第 7 章以 SQLite 为例，介绍数据库在嵌入式系统中的应用设计基础，包含数据库的基本结构原理，数据库的命令及其 API 的应用基础，最后给出了应用实例；第 8 章给出了嵌入式系统应用开发的几个实例。全书涵盖了嵌入式数据采集与通信、嵌入式游戏开发、嵌入式数据库和 Qt 应用编程等内容，致力于培养学生的动手能力，使学生能够掌握嵌入式系统应用设计的基本方法、流程和功能实现。

　　本书参考学时为 48 学时，有关章节内容可以根据各学校的专业要求及其学时情况酌情调整。

　　本书覆盖了 ARM 嵌入式系统应用开发的操作系统与硬件体系知识、基础技能与项目开发实践技能等内容，结合了编者在高校教学及企业产品开发人员培训中的素材及教学经验。本书可作为高等院校的电子信息工程、通信工程、物联网工程、自动化及计算机等专业的教材，也可作为从事嵌入式系统应用研究与产品开发的工程技术人员的参考书。

　　本书由福建工程学院信息科学与工程学院张平均教授、厦门传一信息科技（卓越教育）有限公司技术总监欧忠良、福建工程学院国脉信息学院黄家善教授承担主要编写工作；福建工程学院的陈婧讲师参与编写了本书的第 2～4 章的内容；厦门传一信息科技（卓越教育）有限公司李雅静工程师参与编写了本书的第 7～8 章的内容。

　　本书在编写过程中参考了许多优秀的著作与教材，引用了厦门传一信息科技（卓越教育）有限公司嵌入式技术与应用培训课程的案例，并得到机械工业出版社的大力支持与指导，在此对他们表示衷心的感谢。

　　由于作者学识水平有限，殷切希望教师、学生和专业技术人员对本书的内容、结构及存在的疏漏与错误之处给予批评、指正。

编　者

目　　录

第1章 嵌入式系统概述

嵌入式系统（Embeded System）起源于20世纪70年代出现的单片机，通过内嵌的单片机电子装置实现较好的应用性能，已经初步具备了嵌入式的应用特点，广泛应用于汽车、家电、工业控制、通信设备以及成千上万种产品，但只是基于单线程的程序，还谈不上"系统"的概念。

20世纪80年代，嵌入式系统开始基于商业级的"操作系统（Operation System）"开发嵌入式应用软件，表现出较高的开发效率，"嵌入式系统"的雏形出现。

20世纪90年代以后，因为实时性的提高，软件规模的不断增长，"实时核（Real-Timing Kernel）"逐渐发展为实时操作系统（Real-Timing Operation System），并作为一种软件平台发展为嵌入式系统的主流。

随着信息化、智能化和网络化技术的发展，嵌入式系统获得了更广阔的发展空间。一方面是芯片技术的发展，微处理器具有更强的处理能力，集成了多种外设及其接口；另一方面是对可靠性、成本、更新速率的要求，嵌入式系统逐渐从纯硬件实现和通用计算机的应用领域中脱颖而出。

本章主要内容：
- 嵌入式系统的定义和特点
- 嵌入式系统的体系结构
- 嵌入式处理器种类与发展
- 嵌入式操作系统类型与发展
- 嵌入式系统开发的基本流程与内容

1.1 嵌入式系统的基本概念

1.1.1 嵌入式系统的定义

嵌入式系统是以应用为中心，以计算机技术为基础，并且软硬件可裁剪，适用于应用系统对功能、可靠性、成本、体积、功耗有严格要求的专用计算机系统。

嵌入式系统是嵌入到对象体系中的专用计算机系统，嵌入性、专用性与计算机系统是嵌入式系统的3个基本要素，对象系统是指嵌入式系统所嵌入的宿主系统。与通用计算机相比较，嵌入式系统的主要特征包括：

1）系统内核小。由于嵌入式系统一般应用于小微型电子装置，系统资源相对有限，所以内核较之计算机操作系统要小得多。目前嵌入式系统的内核可以根据实际的使用进行功能扩展或者裁减，往往是一个只有几千字节到几十千字节的微内核，但是由于微内核的存在，使得这种扩展能够非常顺利的进行。

2）专用性强。嵌入式系统的软件和硬件的结合非常紧密，一般要针对硬件结构与配置进行软件的移植，即使在同一品牌、同一系列的产品中也需要根据系统硬件的变化和增减不断进行修改。

3）系统精简。嵌入式系统一般不要求其功能设计及实现上过于复杂，有利于降低系统成本，同时也保障了系统可靠性。

4）高实时性的系统软件是嵌入式软件的基本要求。为了提高运行速度和系统可靠性，嵌入式系统的软件一般都固化在存储器芯片中。

5）嵌入式系统开发需要搭建交叉开发环境。由于嵌入式系统自身不具备开发能力，必须在一套开发环境和工具软件的支持下进行开发，一般是基于通用计算机上的软硬件平台以及各种逻辑分析设备。开发时有宿主机和目标机的概念，宿主机是程序的开发平台，目标机是程序的运行平台。

1.1.2　嵌入式系统的体系结构

1. 嵌入式系统的硬件结构

嵌入式系统硬件结构主要包括嵌入式微处理器、存储结构、时钟及电源、外围电路和通信接口以及扩展模块电路。常见的嵌入式系统的硬件结构如图 1-1 所示。

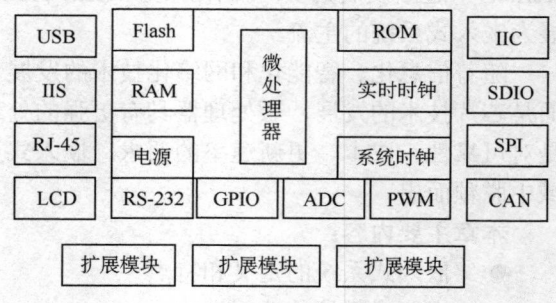

图 1-1　嵌入式系统的硬件结构

嵌入式微处理器，如 ARM 系列微处理器，是嵌入式系统硬件结构的核心，决定了整个系统的功能、性能和应用领域。闪存 Flash、随机存储器 RAM、只读存储器 ROM 以及扩展存储卡等组成了嵌入式系统的存储体系。

电源模块提供了嵌入式系统不同电路模块所需的电压，时钟模块提供了嵌入式系统所需的系统时钟与实时时钟。

外围电路和通信接口主要有 GPIO、ADC、PWM、USB、RS-232、RJ-45 等，用于嵌入式系统输入/输出通道的连接。

扩展模块电路根据应用而各不相同，如键盘、LCD/触摸屏、GPS、GPRS/3G、功放、光隔离等，外部设备根据嵌入式系统的用途定制开发。

2. 嵌入式系统的软件结构

嵌入式系统软件结构呈现明显的层次化，从操作系统内核、硬件相关的 BSP，到文件系统、GUI 库以及应用程序层的 APP 软件等，如图 1-2 所示。

操作系统是通过在原有操作系统的基础上裁剪其功能组件，移植和运行于嵌入式设备上的嵌入式操作系统，即根据嵌入式系统的结构与应用定制的。

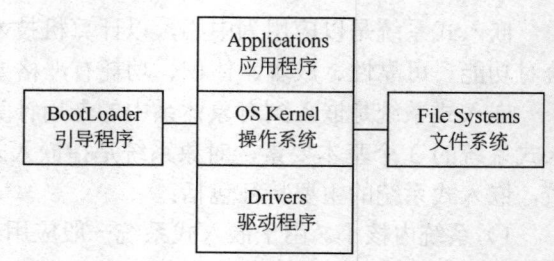

图 1-2　嵌入式系统的软件结构

板级支持包（Board Support Packet，BSP）主要用来完成底层硬件相关的信息，如驱动程序、BootLoader、文件系统等。

应用程序层的 APP 软件即用户设计的针对特定应用的应用软件，在开发该应用软件时，涉及实时操作系统提供的大量 API 函数。

1.1.3　嵌入式系统的应用

嵌入式系统的应用领域如图 1-3 所示。

1．工控领域

基于嵌入式芯片的工业自动化设备，目前已经应用有大量的 8 位、16 位、32 位嵌入式微控制器，如工业过程控制、数控机床、电网安全/电网设备监测、石油化工系统等。随着技术的发展，32 位/64 位的处理器逐渐成为工业控制设备的核心，如工业机器人在微型化、网络化、信息化、智能化方面优势

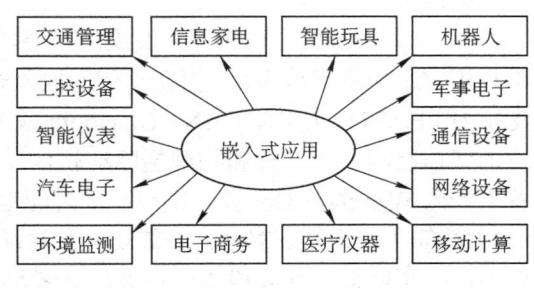

图 1-3　嵌入式系统的应用领域

更加明显，同时会大幅度降低机器人的价格，提高生产效率和产品质量，减少人力资源，使其在工业领域和服务领域获得更广泛的应用。

2．消费电子领域

消费电子产品正向数字化和网络化方向发展，数字网络电视及其机顶盒、数码相机、手机、MP3/MP4、各种家用电器（冰箱、微波炉等）将通过家庭网关与 Internet 连接，实现远程控制、信息交互、网上娱乐、远程医疗和远程教育等，转变为智能网络家电。

水、电、煤气表的远程自动抄表，以及安全防火、防盗系统，其中嵌有的专用控制芯片将代替传统的人工检查，并实现更高、更准确和更安全的性能。目前在服务领域，如远程点菜器等已经体现了嵌入式系统的优势。

3．环境工程领域

在很多环境恶劣、地况复杂的地区，嵌入式系统实现了无人实时监测，如水文体系及水土质量监测、堤坝安全监测、地震监测网、实时气象信息网、水源和空气污染监测等。

4．物联网及通信领域

通信领域大量应用嵌入式系统，主要包括程控交换机、路由器、IP 交换机、传输设备等。根据预测，由于互联的需要，特别是宽带网络的发展，出现各种网络设备，其数量将远远高于传统的网络设备。它们基于 32 位的嵌入式系统，将为企业、家庭及个人提供更为廉价的、方便的、多样的网络接入方案。

5．交通、医疗电子、国防、航空航天等领域

目前的大多数高档轿车，每辆拥有约 50 个嵌入式微处理器。例如，BMW 7 系列轿车，则平均安装有 63 个嵌入式微处理器。在车辆导航、流量控制、信息监测与汽车服务方面，嵌入式系统技术已经获得了广泛的应用，内嵌 GPS 模块、GSM 模块的移动定位终端已经在各种运输行业获得了成功使用。目前 GPS 设备已经从尖端产品进入了普通百姓的家庭，可以随时随地提供位置服务。

1.1.4　嵌入式系统的发展

信息化、网络化、智能化使得嵌入式系统获得了广阔的应用前景，同时也对嵌入式系统开发提出了新的挑战。未来嵌入式系统的几大发展趋势如下：

1）为了满足应用功能的升级，需要性能更强大的嵌入式处理器，如 32 位、64 位 RISC

芯片或数字信号处理器（DSP）增强处理能力，同时增加功能接口（如 USB），扩展总线类型（如 CAN BUS），加强对多媒体、图形等的处理，以及采用片上系统（SoC）以集成更多的功能。软件方面采用实时多任务编程技术和交叉开发工具技术，简化应用程序设计，提高软件质量，缩短开发周期。

2）嵌入式设备为了适应网络发展的需要，必然要求硬件上支持多种网络通信接口。传统的单片机对于网络支持不足，而新一代的嵌入式处理器已经内嵌网络接口，除了支持 TCP/IP，还支持 IEEE 1394、USB、CAN、Bluetooth 或 IrDA 通信接口中的一种或者几种，同时也提供相应的通信组网协议软件和物理层驱动软件。软件方面系统内核支持网络模块，甚至可以在设备上嵌入 Web 浏览器，真正实现了随时随地用各种设备上网。

3）精简系统内核、算法，降低功耗和软硬件成本。未来的嵌入式产品是软硬件紧密结合的设备，为了降低功耗和成本，需要设计者尽量精简系统内核，只保留和系统功能紧密相关的软硬件，利用最低的资源实现最适当的功能。这就要求设计者选用最佳的编程模型和不断改进算法，优化编译器性能。因此，既要软件人员有丰富的硬件知识，又需要发展先进嵌入式软件技术，如 Java、Web 和 WAP 等。

4）智能硬件。智能硬件是以平台性底层软硬件为基础，以智能传感互连、人机交互、新型显示及大数据处理等新一代信息技术为特征，以新设计、新材料、新工艺硬件为载体的新型智能终端产品及服务。随着技术升级、关联基础设施完善和应用服务市场的不断成熟，智能硬件的产品形态从智能手机延伸到智能可穿戴、智能家居、智能车载、医疗健康、智能无人系统等，成为信息技术与传统产业融合的交汇点。

5）可扩展处理平台。采用可编程技术，可编程逻辑可由用户配置，并通过"互连"模块连接在一起，提供用户自定义的任意逻辑功能，从而扩展处理系统的性能及功能。与采用嵌入式处理器的 FPGA 不同，系统不仅能在开机时启动，而且还可根据需要配置可编程逻辑。

1.2　嵌入式处理器

作为嵌入式系统的核心，嵌入式处理器可以分为嵌入式微处理器、嵌入式微控制器、嵌入式 DSP、嵌入式 SoC 等类型，目前主要有 x86、Power PC、MIPS、ARM 等系列。嵌入式处理器具有以下特点：

1）很强的实时多任务支持能力；
2）存储区保护功能；
3）可扩展的微处理器结构；
4）较强的中断处理能力；
5）低功耗。

1.2.1　ARM 微处理器概述

ARM（Advanced RISC Machines）既是一个公司的名字，也是对一类微处理器的通称，还被认为是一种技术的名字。

1991 年 ARM 公司成立于英国剑桥，其是专门从事基于 RISC 芯片设计开发的公司，作为知识产权供应商，本身不直接从事芯片生产，靠转让设计许可由合作公司生产各具特色的芯片。世界各大半导体生产商从 ARM 公司购买其设计的 ARM 微处理器核，根据各自不同的应用领域，加入适当的外围电路，从而形成自己的 ARM 微处理器芯片进入市场。目前，全世界有几十家大的半导体公司都使用 ARM 公司的授权，因此既使得 ARM 技术获得更多的第三方工具、制造、软件的支持，又使得整个系统成本降低，使产品更容易进入市场被消费者所接受，更具有竞争力。

1. ARM 微处理器的应用领域

到目前为止，采用 ARM 技术知识产权核的微处理器，即 ARM 微处理器，已遍及工业控制、消费类电子产品、通信系统、网络系统、无线系统等各类产品市场。基于 ARM 技术的微处理器应用约占据了 32 位 RISC 微处理器 75% 以上的市场份额，ARM 技术正在逐步渗入到人们生活的各个方面。

1）工业控制领域：作为 32 位的 RISC 架构，基于 ARM 核的微控制器芯片不但占据了高端微控制器市场的大部分份额，同时也逐渐向低端微控制器应用领域扩展，ARM 微控制器的低功耗、高性价比，向传统的 8 位/16 位微控制器提出了挑战。

2）无线通信领域：目前已有超过 85% 的无线通信设备采用了 ARM 技术，ARM 以其高性能和低成本在该领域的地位日益巩固。

3）网络应用：随着宽带技术的推广，采用 ARM 技术的 ADSL 芯片正逐步获得竞争优势。此外，ARM 在语音及视频处理上进行了优化，并获得广泛支持，也对 DSP 的应用领域提出了挑战。

4）消费类电子产品：ARM 技术在目前流行的数字音频播放器、数字机顶盒和游戏机中得到广泛采用。

5）成像和安全产品：现在流行的数码相机和打印机，绝大部分采用了 ARM 技术。手机中的 32 位 SIM 智能卡也采用了 ARM 技术。

除此以外，ARM 微处理器及技术还应用到其他不同的领域，并会在将来取得更加广泛的应用。

2. ARM 微处理器的特点

采用 RISC 架构的 ARM 微处理器一般具有以下特点：

1）体积小、低功耗、低成本、高性能；

2）支持 Thumb（16 位）/ARM（32 位）双指令集，能很好地兼容 8 位/16 位器件；

3）大量使用寄存器，指令执行速度更快；

4）大多数数据操作都在寄存器中完成；

5）寻址方式灵活简单，执行效率高；

6）指令长度固定。

1.2.2　ARM 微处理器系列

ARM 微处理器目前包括下面几个系列，以及其他厂商基于 ARM 体系结构生产的处理器。除了具有 ARM 体系结构的共同特点以外，每一个系列的 ARM 微处理器都有各自的特点和应用领域。其中，ARM7、ARM9、ARM9E、ARM10E、ARM11、Cortex 为 6 个通用处理器系列，每一个系列提供一套相对独特的性能来满足不同应用领域的需求，SecurCore 系列专门为安全要求较高的应用而设计。

1. ARM7 系列

ARM7 系列处理器主要用于对功耗和成本要求比较苛刻的消费类产品（如个人音频设备

（MP3 播放器、WMA 播放器、AAC 播放器）、接入级的无线设备、喷墨打印机、数码照相机、PDA 等），其最高主频可以达到 130MIPS，内核采用冯·诺依曼体系结构，指令执行采用 3 级流水线，使用 ARMv4 指令集。

2．ARM9 系列

ARM9 系列采用 ARM9TDMI 的处理器核，存储系统采用哈佛结构，指令执行采用 5 级流水线。ARM9 处理器能够运行在比 ARM7 更高的时钟频率上。ARM9 系列处理器包括 ARM920T、ARM922T、ARM940T。ARM9 系列处理器具体应用的场合：下一代无线设备，包括视频电话和 PDA 等；数字消费品，包括机顶盒、家庭网关、MP3 播放器和 MPEG4 播放器；成像设备，包括打印机、数码照相机和数码摄像机；汽车、通信和信息系统。

3．ARM9E 系列

ARM9E 系列处理器包括 ARM926EJ-S、ARM946E-S、ARM966E-S。ARM926EJ-S 包含 Jazelle 技术，可加速 Java 字节码的执行，它有 MMU、可配置的 TCM 以及数据/指令 Cache。ARM926EJ-S 内核为可综合的处理器内核，是针对小型便携式 Java 设备而设计的。ARM946E-S 包含 TCM、Cache 和一个 MPU，TCM 和 Cache 的大小可配置，该处理器是针对要求有确定的实时响应的嵌入式控制而设计的。ARM966E-S 有可配置的 TCM，但没有 MPU 和 Cache 扩展。

4．ARM10E 系列

ARM10E 系列微处理器由于采用了新的体系结构，与同等的 ARM9 器件相比较，在同样的时钟频率下，性能提高了近 50%。同时，ARM10E 系列微处理器采用了两种先进的节能方式，使其功耗极低。ARM10E 系列微处理器主要应用于下一代无线设备、数字消费品、成像设备、工业控制、通信和信息系统等领域。

5．ARM11 系列

ARM11 系列处理器采用 ARMv6 架构，集成了一条具有独立的 Load/Store 和算术流水线的 8 级流水线，增强了多媒体功能。ARM11 系列处理器以 32 位的成本实现了 64 位的性能。ARM11 以其高性能、低功耗的特性，适合多媒体和无线产品应用。

ARM11 系列包括 ARM1176JZ(F)-S、ARM1156T2(F)-S、ARM1136(F)-S 和 ARM11-MPCore。MPCore 提供了 Cache 一致性，且每个 CPU 芯片可以支持 1~4 个 ARM11 核。

6．SecurCore 系列

SecurCore 系列处理器提供了基于高性能的 32 位 RISC 技术的安全解决方案，主要应用于一些安全产品及应用系统，包括电子商务、电子银行业务、网络、移动媒体和认证系统等。SecurCore 系列包含 SC100、SC110、SC200 和 SC210 4 种类型。

7．ARM Cortex 系列

ARM Cortex 系列处理器基于 ARMv7 架构定义了 3 个针对不同应用的分支：基于 v7A 的称为 Cortex-A 系列，基于 v7R 的称为 Cortex-R 系列，基于 v7M 的称为 Cortex-M 系列。Cortex 系列处理器 3 个分支因面向不同的应用领域，所采用的技术各不相同。

ARM Cortex-M 系列处理器是针对成本和功耗敏感的嵌入式应用而设计的，目标是以 8 位单片机的价格实现 32 位的高性能。ARM Cortex-M 处理器的各项说明见表 1-1。

ARM Cortex-R 系列处理器目前主要包括 ARM Cortex-R4 和 ARM Cortex-R4F 两个型号，是主要适用于实时系统的嵌入式处理器。Cortex-R4 处理器是第一个基于 ARMv7R 体系结构的深层嵌入式实时处理器，它专用于大容量深层嵌入式片上系统，如硬盘驱动器控制器、无线基带处理器、消费类产品和汽车系统的电子控制单元。Cortex-R4 是为基于 28～90nm 的高级芯片工艺的实现而设计的,此外其设计重点在于提升能效、实时响应性、高级功能和使得系统设计更加容易。基于 40nm 工艺,Cortex-R4 可以实现以将近 1GHz 的频率运行,此时它可提供 1500 Dhrystone MIPS 的性能。该处理器提供高度灵活且有效的双周期本地内存接口,使 SoC 设计者可以最大限度地降低系统成本和能耗。

表 1-1 Cortex-M 系列处理器

项目	Cortex-M0	Cortex-M3	Cortex-M4
架构版本	v7M	v7M	v7ME
指令集	Thumb、Thumb-2	Thumb+Thumb-2	Thumb+Thumb-2、DSP、SIMD、FP
DMIPS/MHz	0.9	1.25	1.25
总线接口	1	3	3
集成 NVIC	是	是	是
中断优先级	4	256	256
断点,观察点	4/2/0,2/1/0	8/4/0,2/1/0	8/4/0,2/1/0
存储器保护单元(MPU)	否	是(可选)	是(可选)
故障健壮接口	否	是(可选)	否
单周期乘法	是(可选)	是	是
硬件除法	否	是	是
WIC 支持	是	是	是
Bit Banding	否	是	是
单周期 DSP/SIMD	否	否	是
硬件浮点	否	否	是
总线协议	AHB Lite	AHB Lite、APB	AHB Lite、APB
CMSIS 支持	是	是	是
应用	"8 位/16 位"应用	"16 位/32 位"应用	"32 位/DSC"应用
特性	低成本和简单性	性能效率高	有效的数字信号控制

ARM Cortex-A 系列是面向使用复杂操作系统及用户应用的应用处理器,如互联网设备和消费类多媒体设备等。ARM Cortex-A 处理器包括 ARM Cortex-A8、ARM Cortex-A9、ARM Cortex-A9 MPCore、Cortex-A15、Cortex-A53、Cortex-A73 等。

8. StrongARM 系列

Intel StrongARM SA-1100 处理器是采用 ARM 体系结构高度集成的 32 位 RISC 微处理器。它融合了 Intel 公司的设计和处理技术以及 ARM 体系结构的电源效率,采用在软件上兼容 ARMv4 体系结构,同时采用具有 Intel 技术优点的体系结构。

9. Xscale 系列

Xscale 处理器基于 ARMv5TE 体系结构的解决方案,是一款全性能、高性价比、低功耗的处理器。它支持 16 位的 Thumb 指令和 DSP 指令集,已使用在数字移动电话、个人数字助理和网络产品等场合。Xscale 处理器是 Intel 目前主要推广的一款 ARM 微处理器。

10. ARM 微处理器体系结构

ARM 体系结构从最初开发到现在有了很大的改进,并仍在完善和发展。ARM 公司定义了 8 种主要的 ARM 指令集体系结构版本，以版本号 v1～v8 表示，见表 1-2。

表 1-2　ARM 微处理器体系结构

ARM 处理器核	体系结构
ARM1	v1
ARM2	v2
ARM2aS、ARM3	v2a
ARM6、ARM600、ARM610、ARM7、ARM700、ARM710	v3
ARM7TDMI、ARM710T、ARM720T、ARM740T	v4
ARM9TDMI、ARM920T、ARM940T、ARM9E-S	v5
ARM11、ARM1156T2-S、ARM1156T2F-S、ARM1176JZF-S、ARM11JZF-S	v6
Cortex-A17、Cortex-A15、Cortex-A7、Cortex-A9、Cortex-A8、Cortex-A5	v7
Cortex-A73、Cortex-A72、Cortex-A57、Cortex-A53、Cortex-A35、Cortex-A32	v8

1.3　嵌入式操作系统

1.3.1　嵌入式操作系统的发展

嵌入式操作系统伴随着嵌入式系统的发展经历了 3 个比较明显的阶段。

第一阶段是无操作系统的嵌入算法阶段。它是以单芯片为核心的可编程序控制器形式的系统，同时具有与监测、伺服控制、显示设备相配合的功能。这种系统大部分应用于一些专业性极强的工业控制系统中，一般没有操作系统的支持，通过汇编语言编程对系统进行直接控制，运行结束后清除内存。这一阶段系统的主要特点是系统结构和功能都相对单一，处理效率较低，存储容量较小，几乎没有用户接口。

第二阶段是以嵌入式 CPU 为基础、以简单操作系统为核心的嵌入式系统。其主要特点：CPU 种类繁多，通用性比较差；系统开销小，效率高；一般配备系统仿真器，操作系统具有一定的兼容性和扩展性；应用软件较专业，用户界面不够友好；系统主要用来控制系统负载以及监控应用程序运行。

第三阶段是通用的嵌入式实时操作系统阶段，是以嵌入式操作系统为核心的嵌入式系统。其主要特点：嵌入式操作系统能运行于各种不同类型的微处理器上，兼容性好；操作系统内核精小、效率高，并且具有高度的模块化和扩展性；具备文件和目录管理、设备支持、多任务、网络支持、图形窗口以及用户界面等功能；具有大量的应用程序接口（API），开发应用程序简单；嵌入式应用软件丰富。

1.3.2　嵌入式操作系统的分类

嵌入式操作系统可以分为两类：一类是面向控制、通信等领域的实时操作系统，如 VxWorks、μC/OS-Ⅱ、QNX、Nucleus 等；另一类是面向消费电子产品的非实时操作系统，如 Windows CE、Android、嵌入式 Linux 等。

1. VxWorks

VxWorks 操作系统是美国 Wind River 公司于 1983 年设计开发的一种嵌入式实时操作系

统（RTOS），是 Tornado 嵌入式开发环境的关键组成部分。因其良好的持续发展能力、高性能的内核以及友好的用户开发环境，在嵌入式实时操作系统领域逐渐占据一席之地。

VxWorks 具有可裁剪微内核结构，高效的任务管理，灵活的任务间通信，微秒级的中断处理，支持 POSIX 1003.1b 实时扩展标准，支持多种物理介质及标准的、完整的 TCP/IP 网络协议等。

2. Windows CE

Windows CE 与 Windows 系列有较好的兼容性，是一种针对小容量、移动式、智能化、32 位、支持设备模块化的实时嵌入式操作系统，为建立针对掌上设备、无线设备的动态应用程序和服务提供了一种功能丰富的操作系统平台。它能在多种处理器体系结构上运行，并且通常适用于那些对内存占用空间具有一定限制的设备。它是从整体上为有限资源的平台设计的多线程、完整优先权、多任务的操作系统。它的模块化设计允许其对从掌上电脑到专用的工业控制器的用户电子设备进行定制。该操作系统的基本内核需要至少 200KB 的 ROM。

3. 嵌入式 Linux

Linux 已成为嵌入式操作系统研究和应用的热点，其最大的特点是源代码开放并且遵循 GPL 协议。由于其源代码公开，可以裁剪定制以满足用户自己的应用，并且查错也很容易。由于其遵从 GPL，有大量的应用软件可用。Linux 支持 C 语言的软件开发和维护，内核精悍，运行所需资源少，十分适合嵌入式应用。

嵌入式 Linux 和普通 Linux 并无本质区别，计算机上用到的硬件嵌入式 Linux 几乎都支持，而且各种硬件的驱动程序源代码都可以得到，为用户编写自己专有硬件的驱动程序带来很大方便。

在嵌入式系统上运行 Linux 的一个缺点是 Linux 体系提供的实时性能，需要添加实时软件模块。而这些模块运行的内核空间正是操作系统实现调度策略、硬件中断异常和执行程序的部分。由于这些实时软件模块是在内核空间运行的，因此代码错误可能会破坏操作系统，从而影响整个系统的可靠性，这对于实时应用将是一个非常严重的弱点。

4. μC/OS-Ⅱ

μC/OS-Ⅱ是著名的源代码公开的实时内核，是专为嵌入式应用设计的，可用于 8 位、16 位和 32 位单片机或数字信号处理器（DSP）。它在原版本μC/OS 的基础上做了重大改进与升级，并有了近十年的使用实践，有许多成功应用该实时内核的实例。它的主要特点如下：

1）公开源代码，容易将操作系统移植到各个不同的硬件平台上；

2）可移植性，绝大部分源代码是用 C 语言编写的，便于移植到其他微处理器上；

3）可固化；

4）可裁剪性，有选择地使用需要的系统服务，以减少所需的存储空间；

5）占先式，完全是占先式的实时内核，即总是运行就绪条件下优先级最高的任务；

6）多任务，可管理 64 个任务，任务的优先级必须是不同的，不支持时间片轮转调度法；

7）可确定性，函数调用与服务的执行时间具有可确定性，不依赖于任务的多少；

8）实用性和可靠性，成功应用该实时内核的实例是其实用性和可靠性的最好证据。

1.4　嵌入式系统开发的基本流程

当前，嵌入式系统开发已经逐步规范化，在遵循一般工程开发流程的基础上，嵌入式系统开发有其自身的一些特点，主要包括系统需求分析（要求有严格规范的技术要求）、体系结构设计、软硬件及机械系统设计、系统集成、系统测试，最终得到产品。嵌入式系统开发的一般流程如图 1-4 所示。

1）系统需求分析：确定设计任务和设计目标，并提炼出设计规格说明书，作为正式设计指导和验收的标准。系统的需求一般分功能性需求和非功能性需求两方面。功能性需求是指系统的基本功能，如输入/输出信号、操作方式等；非功能性需求包括系统性能、成本、功耗、体积、重量等。

2）体系结构设计：描述系统如何实现所述的功能性和非功能性需求，包括对硬件、软件和执行装置的功能划分，以及系统的软件、硬件选型等。一个好的体系结构是设计能否成功的关键。

3）硬件/软件协同设计：基于体系结构，对系统的软件、硬件进行详细设计。为了缩短产品开发周期，

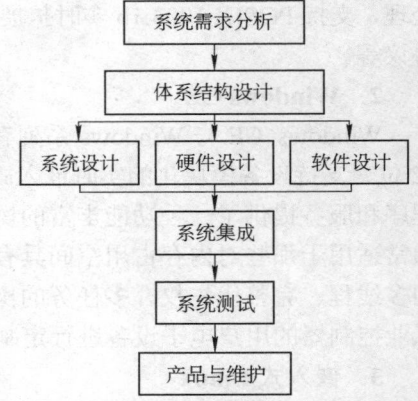

图 1-4　嵌入式系统的开发流程

设计往往是并行的。嵌入式系统设计的工作大部分集中在软件设计上，面向对象技术、软件组件技术、模块化设计是现代软件工程经常采用的方法。

4）系统集成：把系统的软件、硬件和执行装置集成在一起，进行调试，发现并改进单元设计过程中的错误。

5）系统测试：对设计好的系统进行测试，看其是否满足规格说明书中给定的功能要求。

嵌入式系统开发模式最大特点是软件、硬件综合开发。这是因为嵌入式产品是软硬件的结合体，软件针对硬件开发、固化、不可修改。

1.4.1　硬件开发流程

1）明确硬件总体需求情况，如 CPU 处理能力、存储容量及速度、I/O 端口的分配、接口要求、电平要求、特殊电路要求等。其中也包括硬件功能需求、性能指标、可靠性指标、可制造性需求、可服务性需求及可测试性需求等，并对硬件需求进行量化，对其可行性、合理性、可靠性等进行评估。

2）根据需求分析，制定硬件总体方案，包括寻求关键器件及电路的技术资料、技术途径、技术支持，要充分考虑技术可行性、可靠性及成本控制，并对开发调试工具提出明确要求、关键器件索取样品等。本阶段是设备原型阶段，主要是对硬件单元电路、局部电路或有新技术、新器件应用的电路的设计与验证及关键工艺、结构装配等不确定技术的验证及调测。

3）硬件和单板软件的详细设计，包括绘制硬件原理图、单板软件的功能框图，以及编码、PCB 布线，同时完成开发物料清单、器件编码申请、物料申请。

4）PCB 制作与调试。对原理图中各功能进行调试，必要时修改原理图并做记录。本阶段都要进行严格、有效的技术评审，以保证"产品的正确"。

5）软硬件联调。调试完成后，进行功能验收及电磁兼容可靠性测试，并进行二次制板。样机生产及优化改进，样机评审；验证、改进过程要及时，同步修订受控设计文档、图纸、料单等。

6）样机试制、调试并成生产蓝图。

7）维护。

1.4.2　软件开发流程

软件设计思路和方法的一般过程包括设计软件的功能和实现的算法和方法、软件的总体结构设计和模块设计、编程和调试、程序联调和测试以及提交程序。

1. 需求调研分析

1）向用户初步了解需求，然后列出要开发的系统的大功能模块，每个大功能模块有哪些小功能模块，对于有些需求比较明确相关的界面时，在这一步里面可以初步定义好少量的界面。

2）深入了解和分析需求，根据需求做出一份系统的功能需求文档。文档应该明确列出系统的大功能模块，大功能模块有哪些小功能模块，并且还要列出相关的界面和界面功能。

3）需求确认。

2. 概要设计

需要对软件系统进行概要设计，即系统设计。概要设计包括系统的基本处理流程、系统的组织结构、模块划分、功能分配、接口设计、运行设计、数据结构设计和出错处理设计等，为软件的详细设计提供基础。

3. 详细设计

在概要设计的基础上，需要进行软件系统的详细设计。在详细设计中，描述实现具体模块所涉及的主要算法、数据结构、类的层次结构及调用关系，需要说明软件系统各个层次中每个程序（每个模块或子程序）的设计考虑，以便进行编码和测试，应当保证软件的需求完全分配给整个软件。详细设计应当足够详细，要能够根据详细设计报告进行编码。

4. 编码

在软件编码阶段，根据《软件系统详细设计报告》中对数据结构、算法分析和模块实现等方面的设计要求，开始具体的编写程序工作，分别实现各模块的功能，从而实现对目标系统的功能、性能、接口、界面等方面的要求。

5. 测试

测试编写好的软件系统，并交给用户使用，用户使用后逐项地确认每个功能。

6. 软件交付准备

在软件测试证明软件达到要求后，应向用户提交开发的目标安装程序、《用户安装手册》《用户使用指南》、测试报告等双方合同约定的产物。

《用户安装手册》应详细介绍安装软件对运行环境的要求，安装软件的定义和内容，在客户端、服务器端及中间件的具体安装步骤，安装后的系统配置。

《用户使用指南》应包括软件各项功能的使用流程、操作步骤、相应业务介绍、特殊提示和注意事项等方面的内容，在需要时还应举例说明。

本章小结

本章主要介绍嵌入式系统的基本概念、特点和发展趋势，重点在于嵌入式系统软硬件的体系结构、开发流程以及开发模式，目的在于掌握嵌入式系统与单片机、C 语言的程序设计、计算机等课程之间的联系与区别，为后续内容的安排提供较为全面的基础知识。

习题与思考题

1-1　什么是嵌入式系统？它有哪些特点？比较嵌入式系统与通用计算机系统之间的区别。

1-2　简述嵌入式系统的体系结构。

1-3　简述 ARM 处理器的特点。

1-4　简述常用的嵌入式操作系统及其特点。

1-5　日常生活中，你接触过哪些嵌入式产品？它们具有哪些功能、结构和用途？

第2章   Linux 应用及编程基础

本章介绍 Linux 操作系统的应用基础，主要考虑到大学生在本科阶段，往往习惯于在 Windows 环境中各种 IDE 支持下的开发，对 Linux 接触不多，需要通过 Linux 的使用，加强对 Linux 的认识和了解，为后续的嵌入式开发提供技术基础。

本章主要内容：
- Linux 的概述
- Linux 的常用命令
- Linux 下的程序开发工具应用
- Linux 内核代码编译与配置基础

2.1   Linux 概述

Linux 是一类 UNIX 计算机操作系统的统称，它是一个诞生于网络、成长于网络且成熟于网络的开源操作系统。1991 年，芬兰大学生 Linus Torvalds 开发了一个自由的 UNIX 操作系统 Linux，随后 Linus 将 Linux 通过 Internet 发布，吸引了众多的编程人员加入到开发过程中，Linux 快速成长起来。

2.1.1   Linux 的基本特性

与 Windows 类似，Linux 也是多用户多任务的操作系统。系统资源可以被不同用户使用，每个用户对自己的资源（如文件、设备）有特定的权限，互不影响；计算机可同时执行多个程序，而各个程序的运行互相独立。Linux 的基本特性如下：

1．模块化程度高

Linux 的内核可以分为进程调度、内存管理、进程间通信、虚拟文件系统和网络接口五大部分。其独特的模块机制可根据用户的需要，动态地将某些模块插入或从内核中移走，使得 Linux 系统内核可以裁剪得非常小巧，比较适合于嵌入式系统的应用需要。

2．源代码公开

Linux 系统从一开始就与 GNU 项目紧密地结合起来，其大多数组成部分都直接来自 GNU 项目。任何人、任何组织只要遵守 GPL 条款，就可以自由使用 Linux 源代码，为用户提供了最大限度的自由度。这也较好地适应了嵌入式系统的特点，因为嵌入式系统应用千差万别，设计者往往需要针对具体的应用对源代码进行修改和优化，所以是否能获得源代码，对于嵌入式系统的开发是至关重要的。加之 Linux 的软件资源十分丰富，每种通用程序在 Linux 上几乎都可以找到，并且数量还在不断增加。这些都使得设计者在其基础之上进行二次开发会相对容易。另外，由于 Linux 源代码公开，也使用户的安全隐患降至最低。

3．广泛的硬件支持

Linux 能支持 x86、ARM、MIPS 和 PowerPC 等多种体系结构的微处理器，目前已成功地移植到数十种硬件平台，几乎能运行在所有主流的处理器上，甚至可在没有存储管理单元

（MMU）的处理器上运行，这些都进一步促进了 Linux 在嵌入式系统中的应用。Linux 有丰富的驱动程序资源，支持各种主流硬件设备和最新的硬件技术。

4．安全性及可靠性好

Linux 内核的高效和稳定已在多个领域得到了大量的验证。Linux 中大量网络管理、网络服务等方面的功能，可使用户很方便地建立高效稳定的防火墙、路由器、工作站、服务器等。为提高安全性，它还提供了大量的网络管理软件、网络分析软件和网络安全软件等。

5．优秀的开发工具

开发嵌入式系统的关键是需要有一套完善的开发和调试工具。嵌入式 Linux 为开发者提供了一套完整的工具链（Tool Chain），能够方便地实现从操作系统到应用软件各个级别的调试。

6．支持多种网络和文件系统

Linux 与 Internet 密不可分，支持各种标准的 Internet 网络协议，并且很容易移植到嵌入式系统当中。目前，Linux 几乎支持所有主流的网络硬件、网络协议和文件系统，是 NFS 的一个很好的平台。

另外，由于 Linux 有很好的文件系统支持，如 Ext2、FAT32、ROMFS 等文件系统，是数据备份、同步和复制的良好平台，这些都为开发嵌入式系统应用打下了坚实的基础。

7．支持字符界面和图形界面

在字符界面用户可以通过键盘输入相应的指令来进行操作，也提供了类似 Windows 图形界面的 X-Window 系统，用户可以使用鼠标对其进行操作。

8．与 UNIX 完全兼容

目前，在 Linux 中所包含的工具和实用程序，可以完成 UNIX 的所有主要功能。

2.1.2 Linux 的版本

Linux 的版本分为两类：内核版本和发行版本。

内核版本是指 Linux 开发小组所开发的操作系统内核的版本号，Linux 的内核版本号由主版本号、次版本号、次次版本号 3 部分组成。例如，内核版本 2.4.20，2 是主版本号，4 是次版本号，20 是次次版本号。通常在内核版本号之后还会附加一个数字，如 2.4.20-8，最后的数字用来表示该版本内核是第几次修订的。

当内核有重大改动时，主版本号会加 1；当内核只是小改动，如加入一些新的特性、支持更多的硬件时，次版本号会加 1；次次版本号的增加只表示内核有轻微的改动，对内核的影响很小。次版本号为奇数表示该版本是测试版，若为偶数则表示是个稳定版本，可以放心使用。例如，2.4、2.6 是稳定版本，而 2.5、2.7 是开发中的测试版本。

Linux 内核版本更新快速，2.6 的版本发布了 49 个，3.0 的版本发布了 20 个，到 2017 年 2 月，Linux 4.0 的版本已更新到 4.9.8。

一些公司或组织将 Linux 内核和常用的应用软件包装起来，并提供安装界面和管理工具，形成了 Linux 的发行版本。典型的 Linux 发行版结构包括 Linux 内核、一些 GNU 程序库和工具、命令行 Shell、图形界面的 X-Window 系统和相应的桌面环境（如 KDE 或 GNOME），并包含数千种从办公套件、编译器、文本编辑器到科学工具的应用软件。

Linux 的发行版本大体可以分为两类：一类是商业公司维护的发行版本，以著名的 Redhat 为代表；另一类是社区组织维护的发行版本，以 Debian 为代表。常用的 Linux 发行版本有 Ubuntu、Fedora、Debian、CentOS、Redhat 企业级 Linux 等。

2.1.3　Linux 的内核架构

Linux 内核主要包括 5 个模块：进程管理、内存管理、虚拟文件系统、进程间通信和网络接口，如图 2-1 所示。

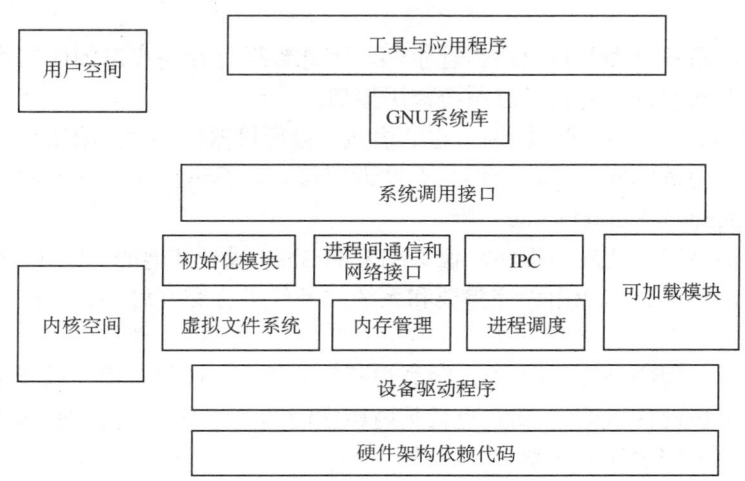

图 2-1　Linux 的基本系统架构

1）进程管理（Process Management）。进程管理主要负责进程生命周期管理以及进程调度，以便让各个进程可以以尽量公平的方式访问系统资源。

2）内存管理（Memory Management）。内存管理负责管理内存（Memory）资源，以便让各个进程可以安全地共享机器的内存资源。Linux 的内存管理采用虚拟内存（Virtual Memory，VM）的机制。

3）虚拟文件系统（Virtual File System，VFS）。虚拟文件系统给用户空间的程序提供文件系统的接口，同时提供了内核中的一个抽象功能，允许不同的文件系统共存，而且依赖 VFS 协同工作。

4）网络接口。网络接口负责管理系统的网络设备，并实现多种多样的网络标准。

5）进程间通信（Inter-Process Communication，IPC）。IPC 不管理任何的硬件，它主要负责 Linux 系统中进程之间的通信。它提供了标准的 System V IPC 服务，包括 System V 消息队列、System V 信号量、System V 共享内存区。

6）GNU 系统库。GNU 系统库即 glibc 库，是一个实现标准 C 库函数的可移植的库，除了封装 Linux 所提供的系统服务外，还包括了 UNIX 通行的标准。

7）系统调用接口。应用程序调用如 fopen 这样的函数时，实际上是发起一个由内核来实现的系统函数的调用。

8）初始化模块。在初始化模块中，init 组件在 Linux 内核启动时运行，完成硬件和内核组件的初始化后，init 组件打开初始化控制台（/dev/console)，启动 init 进程，因此，init 进程是所有 Linux 进程的根进程。

9）硬件架构依赖代码。让 Linux 能够坚持各种硬件平台，通过面向对应的架构族和处理器的相关程序来完成。

Linux 的基本系统架构可初步分为内核空间和用户空间。内核空间和用户空间是操作系统的理论基础之一，即内核功能/模块运行在内核空间，而应用程序运行在用户空间。现代 CPU 具有不同的操作模式，不同的级别具有不同的功能模式，而 Linux 系统正是利用了这种特性，将整体分为两个级别：高级别与低级别。内核运行在高级别（内核态），可进行所有操作；应用程序运行在低级别（用户态），此级别中，处理器控制着对硬件的直接访问以及对内存的非授权访问。

内核态和用户态各自拥有自己的内存空间，因此当运行在用户态的应用程序需要获取运行在内核态的硬件数据时，需要经过系统调用接口。

内核空间：Linux 操作系统，特别是它的内核，管理机器的硬件，给用户提供一个简捷而统一的编程接口。内核空间又可以分层为系统调用接口、系统内核、依赖硬件体系结构代码（Architecture-Dependent Kernel Code）等。

用户空间：最终用户的应用程序，像 UNIX 的 Shell 或者其他的 GUI 程序（如 gedit）都是用户空间的一部分。这些应用程序需要和系统的硬件进行交互时不直接进行，而是通过内核支持的函数进行。

内核的设备驱动程序是连接用户/程序员和硬件的接口。任何子程序或者函数只要是内核的一部分（如模块和设备驱动），那它也就是内核空间的一部分。当开发设备驱动时，需要理解用户空间和内核空间之间的区别。

2.1.4　Linux 软件层次结构

Linux 的内核、Shell 和文件系统一起形成了基本的操作系统结构，使得用户可以运行程序、管理文件并使用系统，如图 2-2 所示。

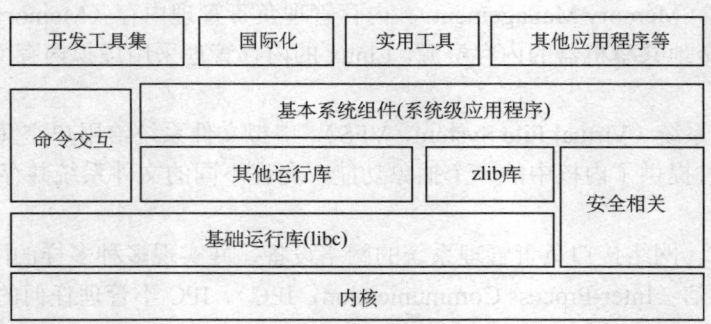

图 2-2　Linux 软件层次结构

最小系统是由基础组件组成的最基本软件环境，包括：

1）kernel：内核；

2）glibc：基础运行库；

3）bash：命令交互外壳；

4）udev：设备文件自动管理工具；

5）sysvint：启动管理程序；

6）bootscripts：启动脚本。

基本系统则是对最小系统的扩充，是一个能够支持日常作业的环境，包括一些实用工具、文本编辑、国际化、网络支持，以及开发工具集合、其他编程语言支持、安全相关等软件包集合。

基本系统组件包括：

1）常用命令工具、网络支持、文本编辑器等。例如：

basefile：系统目录结构；

man-db：帮助手册；

gdbm：小型数据库；

kmod：内核模块管理工具；

utils-linux：Linux 常用工具；

grep：查找工具；

iproute2：网络管理工具；

procps：进程管理工具；

shadow：密码管理工具；

rsyslog：处理收集系统日志；

vim：文本编辑器；

libpipeline：子进程管道操作的 C 库；

ncurses：文本环境交互函数库。

2）工具链，如 binutils、gcc、glibc-devel、make、autotools（如 automake、autoconf、libtools）、patch 等。

3）安全相关的软件，如 sudo、openssl、opengpg、iptables、selinux 等。

4）主流常用语言支持，如 Perl、Python、PHP、Ruby、OpenJDK 等。

2.2　Linux 的常用命令

Shell 是一个命令解释器，是系统的用户界面，提供了用户与内核进行交互操作的一种接口，解释由用户输入的命令并且把它们送到内核。目前 Shell 的主要版本如下：

1）Bsh（Bourne Shell）：贝尔实验室开发。

2）Bash（Bourne Again Shell）：GNU 操作系统上默认的 Shell，大部分 Linux 的发行版本使用的都是这种 Shell。

3）Ksh（Korn Shell）：对 Bsh 的发展，在大部分内容上与 Bsh 兼容。

4）Csh（C Shell）：SUN 公司 Shell 的 BSD 版本。

Shell 可执行的用户命令可分为两大类：内置命令和实用程序。其中，实用程序包括 Linux 程序、应用程序、Shell 脚本、用户程序。

1. Shell 命令的处理方式

1）如果是内置命令，已驻留内存，直接由 Shell 解释执行；

2）如果是实用程序，则先按用户所给的路径查找，找到则调入内存执行，否则给出提示信息；

3）如果用户没有给出路径，则沿着系统默认的路径查找，找到调入内存，否则提示相应信息。

2. Shell 命令提示符

Shell 命令提示符：[root@local ～]#

其中，root 代表用户名为 root；@是分隔符号；local 代表机器名为 local；～所在位置代表当前目录即工作目录的目录名，当前目录为用户主目录时，采用～号代替；#为 Shell 提示符，当用户是普通用户时为$符号，当用户为 root 用户时为#符号。

3．Shell 命令语句的基本格式

Shell 命令语句的基本格式：命令名 [选项] [参数]。其中，命令名必不可少；选项通常以"-"开头，也有少数不使用"-"，当有多选项时，可以只使用一个"-"，如 ls -l -a 与 ls -la；参数是执行命令所必须的对象，如文件、目录。

4．Shell 命令终端的打开方式

在 Linux 系统中打开终端的方式有以下两种：

1）桌面上依次单击"主程序→系统工具→终端"可打开如图 2-3 所示的终端窗口。

2）在 Linux 桌面上单击鼠标右键，从弹出的快捷菜单中选择"终端"命令，也可打开终端窗口。

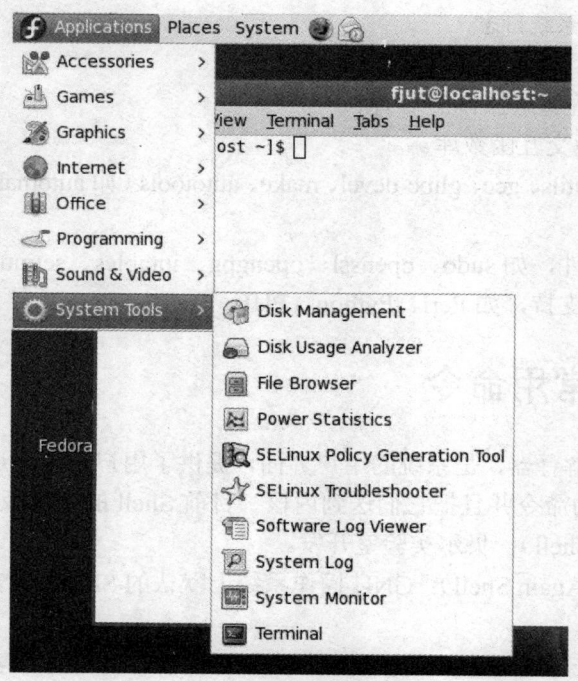

图 2-3　Shell 命令终端窗口

Shell 有自己的编程语言，用于对命令的编辑，它允许用户编写由 Shell 命令组成的程序。Shell 编程语言具有普通编程语言的很多特点，如它也拥有循环结构、分支控制结构等，用这种编程语言编写的 Shell 程序与其他应用程序具有同样的效果。

2.2.1　基本操作类命令

1．查询系统时间及其日期的命令 date

功能：查询系统时间。例如：

```
[root@localhost fjut]# date
Thu Mar 26 08:09:11 EDT 2015    ;
```

2．查询 Linux 版本信息的命令 uname

功能：查询系统的版本信息。例如：

```
[root@localhost fjut]# uname -a
Linux localhost.localdomain 2.6.27.5-117.fc10.i686 #1 SMP Tue Nov 18 12:19:59 ES
T 2008 i686 i686 i386 GNU/Linux
```

3．帮助命令 man

功能：查询指定命令手册中的帮助信息。例如：

```
 [root@localhost fjut]# man date
 Formatting page, please wait...
```

4．显示当前目录的绝对路径命令 pwd

功能：显示当前目录的绝对路径。例如：

```
[root@localhost fjut]# pwd
/home/fjut
```

5．clear 命令

功能：清除屏幕

6．adduser 命令

功能：新增使用者账号或更新预设的使用者资料。adduser 与 useradd 命令为同一命令，经由符号链接。例如：

useradd kk　　　　　　//添加用户 kk

useradd -g root kk　　//添加用户 kk，并指定用户所在的组为 root 用户组

useradd -r kk　　　　//创建一个系统用户 kk

相对地，也有删除使用者的命令 userdel

7．login 命令

功能：登入系统，亦可通过它更换登入身份。例如：

login　　　　　　　　//使用新的身份登录系统

8．chmod 命令

功能：改变文件或目录的访问权限。chmod 命令格式如下：

chmod [-cfvR] [--reference] [--version] mode file

（1）命令参数

-c：当发生改变时，报告处理信息。

-f：错误信息不输出。

-v：运行时显示详细处理信息。

-R：处理指定目录以及其子目录下的所有文件。

--reference=<目录或者文件>：设置指定目录或者文件具有相同的权限。

--version：显示版本信息。

<权限范围>+<权限设置>：使权限范围内的目录或者文件具有指定的权限。

<权限范围>-<权限设置>：删除权限范围内的目录或者文件的指定权限。

<权限范围>=<权限设置>：设置权限范围内的目录或者文件的权限为指定的值。

u：目录或者文件的当前用户。

g：目录或者文件的当前群组。

o：除了目录或者文件的当前用户或群组之外的用户或群组。

a：所有的用户及群组。

（2）权限代号

r：读权限，用数字 4 表示。

w：写权限，用数字 2 表示。

x：执行权限，用数字 1 表示。

-：删除权限，用数字 0 表示。

s：特殊权限。

chmod 命令有两种用法：一种是包含字母和操作符表达式的字符设定法；另一种是包含数字的数字设定法。

1）字符设定法的一般形式如下：

chmod [who] [+ | - | =] [mode] 文件名

2）数字设定法的一般形式如下：

chmod [mode] 文件名

数字与字符的对应关系如下：

r=4，w=2，x=1。若要 rwx 属性，则 4+2+1=7；若要 rw-属性，则 4+2=6；若要 r-x 属性，则 4+1=5。

例如：

chmod a+x log2012.log　　/*增加文件所有用户组可执行权限*/

输出：

[root@localhost test]# ls -al log2012.log

-rw-r--r-- 1 root root 302108 11-13 06:03 log2012.log

[root@localhost test]# chmod a+x log2012.log

[root@localhost test]# ls -al log2012.log

-rwxr-xr-x 1 root root 302108 11-13 06:03 log2012.log

[root@localhost test]#

即设定文件 log2012.log 的属性为：文件属主（u）增加执行权限；与文件属主同组用户（g）增加执行权限；其他用户（o）增加执行权限。

9．shutdown 命令

shutdown 命令格式如下：

shutdown [选项] [时间] [消息]

它的选项有以下几种：

- k：不执行任何关机操作，只发出警告信息给所有用户。

- r：重新启动计算机。

- h：关机并彻底断电。

- f：快速关机且重启动时跳过 fsck。

- n：快速关机不经过 init 程序。

- c：取消之前的定时关机。

例如：

shutdown -h now　　　　　　//立即关机

shutdown -h +5　　　　　　//定时 5min 关机

shutdown -h 23:12　　　　　//定时 23:12 关机

shutdown -r now　　　　　　//立即重启

10．reboot 命令

功能：执行 reboot 命令可让系统停止运作，并重新开机。

参数：

-d：重新开机时不把数据写入记录文件/var/tmp/wtmp。本参数具有"-n"参数的效果。

-f：强制重新开机，不调用 shutdown 命令的功能。

-i：在重开机之前，先关闭所有网络界面。

-n：重开机之前不检查是否有未结束的程序。

-w：仅做测试，并不真的将系统重新开机，只会把重开机的数据写入/var/log 目录下的 wtmp 记录文件。

2.2.2　文件系统类命令

1．改变工作目录的命令 cd

功能：将工作目录即当前目录改变为指定的目录，若并无指定目录，则默认放回用户主目录。cd 命令可使用通配符。例如：

```
[root@localhost fjut]# cd /home
[root@localhost home]#                //将当前目录切换到/home 下

[root@localhost home]# cd
[root@localhost ~]#                    //将当前目录切换为用户主目录

[root@localhost ~]# cd ..
[root@localhost /]#                    //返回上级目录，..为上级目录通配符，.为当前目录通配符
```

2．显示目录内容的命令 ls

功能：显示指定目录中的文件和子目录的信息，当不指定目录时，显示当前目录下的文件和子目录的信息。-a 显示所有文件和子目录，包括隐藏文件和隐藏子目录；-l 以列表的方式显示文件和子目录的详细信息。例如：

```
[root@localhost /]# ls
bin    dev   home   lost+found   mnt    proc   sbin      srv    tmp   var
boot   etc   lib    media        opt    root   selinux   sys    usr
```
//查看当前目录下的文件和子目录的信息

```
[root@localhost /]# ls /usr
bin   etc   games   include   kerberos   lib   libexec   local   sbin   share   src   tmp
```
//查看/usr 目录下的所有文件和子目录的详细信息

3．显示文本文件内容的命令 cat

格式：cat [选项] 文件名

功能：依次读取其后文件的内容，并将文件内容输出到标准输出设备上。例如：

```
[root@localhost fjut]# cat file
hello world                        //读取文本文件 file 的内容
```

4．目录的相关命令

（1）mkdir 命令

格式：mkdir [选项] 目录

功能：创建目录

常用选项说明：

-p：以递归方式创建多级目录。

-m：创建目录的同时设置目录的访问权限。

例如：

```
[root@localhost fjut]# mkdir -p arm/file
[root@localhost fjut]#
```
//创建名为 arm 的目录，并在其下创建 file
目录

（2）rmdir 命令

格式：rmdir [选项] 目录

功能：删除空目录。例如：

```
[root@localhost fjut]# rmdir -p arm/file
[root@localhost fjut]#
```
//删除 arm 目录，同时将其下所有的目录一
并删除。-p 递归删除目录，当子目录删除后其父目录为空时，也一同删除

（3）cp 命令

格式：cp [选项] 源文件或源目录 目标文件或目标目录

功能：将给出的文件或目录复制到另一文件或目录中。例如：

```
[root@localhost fjut]# cp file1 arm
[root@localhost fjut]# ls arm
file1
```
//将 file1 复制到 arm 目录下

（4）mv 命令

格式：mv [选项] 源文件或者源目录 目标文件或者目标目录

功能：移动或者重命名文件。例如：

```
[root@localhost fjut]# mv file1 arm/test
[root@localhost fjut]# ls arm
file1  test
```
//将 file1 移动到 arm 目录下，并重命名为
test 文件

5. rm 命令

功能：删除一个文件或者目录。

语法：rm [options] name...

参数：

-i：删除前逐一询问确认。

-f：即使原档案属性设为只读，亦直接删除，无需逐一确认。

-r：将目录及以下之档案亦逐一删除。

例如：

\# rm   test.txt

rm：是否删除一般文件"test.txt"？y

\# rm   homework

rm：无法删除目录。"homework"是一个目录。

\# rm   -r   homework

rm：是否删除目录"homework"？y

删除当前目录下的所有文件及目录，命令行为：

rm   -r   *

文件一旦通过 rm 命令删除，则无法恢复，所以必须格外小心地使用该命令。

6．解压和压缩命名 tar

格式：tar [选项] [参数] 文件目录列表

功能：将文件或者目录归档为 tar 文件，与其相关的选项连用可以用于压缩归档文件。例如，将 arm 目录下的文件打包成为/home/fjut/arm.tar，并根据需要执行下列命令。

仅打包，不压缩：

```
[root@localhost fjut]# tar -cvf  /home/fjut/arm.tar ./arm
./arm/
./arm/file1
./arm/test
[root@localhost fjut]# ls
arm       Desktop    Download   Music      Public     Videos
arm.tar   Documents  file       Pictures   Templates
```

打包后，用 gzip 的方式压缩：

```
[root@localhost fjut]# tar -zcvf  /home/fjut/arm.tar.gz ./arm
./arm/
./arm/file1
./arm/test
[root@localhost fjut]# ls
arm       arm.tar.gz Documents  file  Pictures   Templates
arm.tar   Desktop    Download   Music Public     Videos
```

打包后，用 bzip2 的方式压缩：

```
[root@localhost fjut]# tar -jcvf  /home/fjut/arm.tar.bz2 ./arm
./arm/
./arm/file1
./arm/test
[root@localhost fjut]# ls
arm       arm.tar.bz2 Desktop    Download  Music     Public     Videos
arm.tar   arm.tar.gz  Documents  file      Pictures  Templates
```

例如，将/home/fjut/arm.tar.gz 解压到当前目录下：

```
[root@localhost fjut]# tar zxf /home/fjut/arm.tar.gz
[root@localhost fjut]#
```

例如，将/home/fjut/arm.tar.bz2 解压到 "/" 目录下：

```
[root@localhost fjut]# tar jxf ./arm.tar.bz2 -C /
[root@localhost fjut]#
```

7．文件系统挂载命令 mount

在 Linux 中，使用存储设备（如 U 盘、硬盘、光驱等）时，通过 mount 命令将其挂载到文件系统中，使其成为一个可以读写的目录来进行访问。在使用 mount 命令时，要指定以下内容。

（1）mount 对象的文件系统类型

常用的文件系统有 Windows 95/98 用的文件系统 VFAT、Windows NT 用的文件系统 NTFS、Linux 用的文件系统 EXT2、光盘片用的文件系统 ISO9660。其中，VFAT 是指 FAT32 系统，但它也兼容 FAT16 的文件系统类型。用户可以执行 cat/proc/filesystems 来获得机器上支持的文件系统类型。

（2）mount 对象的设备名称

在 Linux 中，设备名称通常都在/dev 里，这些设备名称的命名都是有规则的，如/dev/hda1，

hd 是 Hard Disk（硬盘），sd 是 SCSI Device，fd 是 Floppy Device（或是 Floppy Disk），a 则代表第一个设备，通常 IDE 接口可以接 4 个 IDE 设备，所以要识别 IDE 硬盘的方法就是 hda、hdb、hdc、hdd。此外，hda1 中的"1"代表 hda 的第一个硬盘分区（Partition），hda2 代表 hda 的第二个分区，依此类推。

此外，可以直接查看/var/log/messages 文件，在该文件中可以找到计算机开机后，系统已支持的设备代号。

另外，可以通过 fdisk -l 查看设备。

（3）将设备 mount 到哪个目录去

Linux 系统的/mnt 目录是用来当作挂载点（Mount Point）的，可以在/mnt 里创建不同的子目录，如/mnt/cdrom、/mnt/floppy、/mnt/mo 等，用于专用挂载点。

mount 命令格式：mount [-t vfstype] [-o options] device dir

-t vfstype：指定文件系统的类型，通常不必指定，mount 会自动选择正确的类型。

-o options：主要用来描述设备或档案的挂接方式。常用的参数有 loop（用来把一个文件当成硬盘分区挂接上系统）、ro（采用只读方式挂接设备）、rw（采用读写方式挂接设备）、iocharset（指定访问文件系统所用字符集）。

device：要挂接的设备。

dir：设备在系统上的挂接点。

例如：

mount -t vfat -o iocharset=cp936   /dev/$MDEV /mnt/udisk

-t vfat：指定文件系统的类型；

-o iocharset=cp936：指定访问文件系统所用字符集为简体中文；

/dev/$MDEV：要挂接的设备；

/mnt/udisk：要挂接的地方。

需要注意的是：

1）执行 mount 操作时先输入 pwd 命令，查看现在的目录是不是在挂载点，如果当前目录在挂载点，mount（或 umount）不会成功，提示 device busy。

2）想卸载某设备的语法是 umount，如 umount/mnt/cdrom。

8. ln 命令

ln 命令用来为文件创建链接，链接类型分为硬链接和符号链接两种，默认的链接类型是硬链接。

ln 命令格式：ln　[选项] [参数]

如果要创建符号链接必须使用"-s"选项。例如：

[root@localhost test]# ln -s log2013.log link2013

[root@localhost test]# ll

lrwxrwxrwx 1 root root　　11 12-07 16:01 link2013 -> log2013.log

-rw-r--r-- 1 root bin　　61 11-13 06:03 log2013.log

为 log2013.log 文件创建软链接 link2013，如果 log2013.log 丢失，link2013 将失效。

9. echo 命令

echo 命令是一种最常用的与广泛使用的内置于 Linux 的 Bash 和 C Shell 的命令，通常用在脚本语言和批处理文件中以在标准输出或者文件中显示一行文本或者字符串。

echo 命令的语法：echo [选项] [字符串]

例如，输入一行文本并显示在标准输出上：

$ echo Tecmint is a community of Linux Nerds

输出：

Tecmint is a community of Linux Nerds

2.2.3　进程控制类命令

1．ps 命令

ps 命令用来列出系统中当前运行的那些进程，对进程进行监测和控制。ps 命令列出的是当前那些进程的快照，就是执行 ps 命令的那个时刻的那些进程，如果想要动态地显示进程信息，可以使用 top 命令。

1）命令格式：ps [参数]

2）命令参数：

a：显示所有进程。

-a：显示同一终端下的所有程序。

-A：显示所有进程。

c：显示进程的真实名称。

-N：反向选择。

-e：等于 "-A"。

e：显示环境变量。

f：显示程序间的关系。

-H：显示树状结构。

r：显示当前终端的进程。

T：显示当前终端的所有程序。

u：指定用户的所有进程。

-au：显示较详细的资讯。

-aux：显示所有包含其他使用者的进程。

-C<命令>：列出指定命令的状况。

--lines<行数>：每页显示的行数。

--width<字符数>：每页显示的字符数。

--help：显示帮助信息。

--version：显示版本信息。

例如，显示当前终端正在执行的进程：

```
[root@localhost test1]# ps
  PID TTY          TIME CMD
12764 pts/0    00:00:00 bash
13482 pts/0    00:00:00 ps
```

再如，命令：

ps -u root

输出：

[root@localhost test6]# ps -u root

```
PID TTY        TIME CMD
1 ?       00:00:00 init
2 ?       00:00:01 migration/0
3 ?       00:00:00 ksoftirqd/0
4 ?       00:00:01 migration/1
5 ?       00:00:00 ksoftirqd/1
......
```
　　　　　　　　　　　　　　　　*显示指定用户信息

2．kill 命令

kill 命令用来终止指定进程的运行，是 Linux 下进程管理的常用命令。通常，终止一个前台进程可以使用 Ctrl+C 键，但是，对于一个后台进程就须用 kill 命令来终止，需要先使用 ps/pidof/pstree/top 等工具获取进程的 PID，然后使用 kill 命令来终止该进程。kill 命令是通过向进程发送指定的信号来结束相应进程的。在默认情况下，采用编号为 15 的 TERM 信号，TERM 信号将终止所有不能捕获该信号的进程。对于那些可以捕获该信号的进程就要用编号为 9 的 kill 信号，强行"杀掉"该进程。

1）命令格式：kill [参数] [进程号]

2）命令参数：

-l：如果不加进程的编号参数，则使用"-l"参数列出全部的进程名称。

-a：当处理当前进程时，不限制命令名和进程号的对应关系。

-p：指定 kill 命令只打印相关进程的进程号，而不发送任何信号。

-s：指定发送信号。

-u：指定用户。

例如，命令：

kill -l

输出：

[root@localhost test6]# kill -l

1) SIGHUP	2) SIGINT	3) SIGQUIT	4) SIGILL
5) SIGTRAP	6) SIGABRT	7) SIGBUS	8) SIGFPE
9) SIGKILL	10) SIGUSR1	11) SIGSEGV	12) SIGUSR2
13) SIGPIPE	14) SIGALRM	15) SIGTERM	16) SIGSTKFLT
17) SIGCHLD	18) SIGCONT	19) SIGSTOP	20) SIGTSTP

......
　　　　　　　　　　　　　　　　*列出所有信号名称

2.2.4　网络管理类命令

1．配置网络接口命令 ifconfig

功能：显示检查、配置或监控网络接口。

格式：ifconfig [网络接口名] [IP 地址] [netmask 子网掩码] [up|down]

例如，显示当前网络接口状态：

```
[root@localhost fjut]# ifconfig
eth0      Link encap:Ethernet   HWaddr 00:0C:29:72:56:63
          inet addr:192.168.62.130  Bcast:192.168.62.255  Mask:255.255.255.0
```

例如，设置当前网络接口的 IP 地址为 10.10.120.10：

```
[root@localhost fjut]# ifconfig eth0 10.10.120.10
[root@localhost fjut]# ifconfig
eth0      Link encap:Ethernet  HWaddr 00:0C:29:72:56:63
          inet addr:10.10.120.10  Bcast:10.255.255.255  Mask:255.0.0.0
```

2．测试网络连接命令 ping

功能：主要用于测试本机及网络上另一台计算机的网络连接是否正确。

格式：ping [选项] IP 地址| 主机名

例如，检查本机的网络设备的工作情况（本机 IP 地址为 10.10.120.10）：

```
[root@localhost fjut]# ping 10.10.120.10
PING 10.10.120.10 (10.10.120.10) 56(84) bytes of data.
64 bytes from 10.10.120.10: icmp_seq=1 ttl=64 time=1.22 ms
64 bytes from 10.10.120.10: icmp_seq=2 ttl=64 time=0.123 ms
^C
--- 10.10.120.10 ping statistics ---
2 packets transmitted, 2 received, 0% packet loss, time 1523ms
```

2.2.5　模块操作类命令

1．insmod 命令

功能：insmod 将内核模块加载到内核中，如果 filename 是 "-"，那么会从标准输入读取模块。也可以使用 modprobe 来代替 insmod，modprobe 可以自动判断并加载模块所依赖的其他模块。

格式：insmod [filename] [module options ...]

例如：

#insmod test.ko //加载 test.ko 到内核中，这里，加载的时候必须是超级用户的权限

2．rmmod 命令

功能：删除模块。

格式：rmmod [-as][模块名称...]

-a：删除所有目前不需要的模块。

-s：把信息输出至 syslog 常驻服务，而非终端机界面。

补充说明：执行 rmmod 命令，可删除不需要的模块。

3．lsmod 命令

功能：显示已载入系统的模块。执行 lsmod 命令，会列出所有已载入系统的模块。Linux 操作系统的核心具有模块化的特性，因此在编译核心时，无须把全部的功能都放入核心，可以将这些功能编译成一个个单独的模块，待需要时再分别载入。

例如：

```
[root@www  ～]# lsmod
Module              Size   Used by
autofs4             29253  3
hidp                23105  2
rfcomm              42457  0
l2cap               29505  10 hidp, rfcomm
```

通常在使用 lsmod 命令时，都会采用类似 lsmod|grep -i ext3 这样的命令来查询当前系统是否加载了某些模块。

4. modprobe 命令

功能：自动处理可载入模块。

格式：modprobe [-acdlrtvV][--help][模块文件][符号名称 = 符号值]

例如，查看 modules 的配置文件：

$modprobe -c

例如，列出内核中已经或者未挂载的所有模块：

$modprobe -l

这里能查看到模块，然后根据需要来加载。modprobe -l 读取的模块列表就位于/lib/modules/'uname -r'目录中，其中 uname -r 是内核的版本。例如，输出结果的其中一行：

/lib/modules/2.6.27-7-generic/kernel/arch/x86/oprofile/oprofile.ko

例如，加载 vfat 模块：

#modprobe vfat

使用格式"modprobe 模块名"来加载一个模块，之后用 lsmod 可以查看已经加载的模块。

例如，移除已经加载的模块：

#modprobe -r 模块名

这里，移除已加载的模块和 rmmod 功能相同。

1）模块名是不能带有后缀的，通过 modprobe -l 所看到的模块都带有.ko 或.o 后缀。

2）modprobe 可载入指定的个别模块，或是载入一组相依的模块。modprobe 会根据 depmod 所产生的相依关系，决定要载入哪些模块。若在载入过程中发生错误，在 modprobe 会卸载整组的模块。

insmod 与 modprobe 都是载入内核模块，一般差别在于 modprobe 能够处理载入的依赖问题。如要载入 a 模块，但是 a 模块要求系统先载入 b 模块时，直接用 insmod 挂入通常都会出现错误信息，而 modprobe 可以先载入 b 模块后才载入 a 模块，如此依赖关系就会满足。modprobe 是根据/lib/modules/2.6.xx/modules.dep 查询依赖关系的，而该程序是基于 depmod 程式所建立的。

2.3　Linux 下的程序开发工具应用基础

GNU 工具链（GNU toolchain）包含了 GNU 编程工具的集合，由自由软件基金会负责维护工作。这些工具形成了工具链，用于开发应用程序和操作系统。GNU 工具链在针对嵌入式系统的 Linux 内核、BSD 及其软件的开发中起着至关重要的作用。GNU 工具链中的部分工具也被 Solaris、Mac OS X、Microsoft Windows 等其他平台直接使用或进行了移植。

GNU 工具链中包含的项目如下：

1）GNU 编译器集合（GCC）：一组多种编程语言的编译器；

2）GNU make：用于编译和构建的自动工具；

3）GNU Binutils：包含链接器、汇编器和其他工具的工具集；

4）GNU Debugger（GDB）：代码调试工具。

2.3.1　编辑器

Linux 图形界面的文本编辑器有多种，如 gedit、kwrite 等。但在 Linux 中经常需要在虚拟控制台下进行编程，这就需要使用 Linux 文本模式的 vi 编辑器，这是 Linux 中通常使用的编辑器。

vi 没有菜单，只有命令，而且命令繁多，可以执行输出、删除、查找、替换、块操作等众多文本操作，而且用户可以根据自己的需要对其进行定制。

vi 有 3 种基本的工作模式：命令行模式、文本输入模式和末行模式。

1）命令行模式：此模式是 vi 的默认模式，即打开 vi 编辑器时处于此状态。在命令行模式下，用户从键盘上的输入即为操作命令，可以进行光标移动、字符删除、修改等操作。

2）文本输入模式：此模式用于编辑文本。可以在命令行模式下输入"i""a"等字符命令从命令行模式切换到文本输入模式。

3）末行模式：此模式通常用于文档的退出和保存。在命令行模式下，输入冒号，而后输入的命令字符就会显示在最后一行。这些命令主要有 w（保存不退出）、w file（另存为 file）、wq（保存并退出）、wq!（强制保存并退出）。

例如：

```
[root@localhost fjut]# vi hello.c
[root@localhost fjut]#
```

Hello.c 为即将要创建的文件名。vi 编辑器的另一种方式就是直接输入 vi 而后面不带有文件名，此种方式可直接打开文本编辑器后，输入文本内容，但在退出时，必须先以某个命令来保存文本。

2.3.2　GCC 编译器

GNU CC（简称 GCC）是 GNU 项目中符合 ANSI C 标准的编译系统，能够编译用 C、C++和 Object C 等语言编写的程序。GCC 不仅功能强大，并且可以编译如 C、C++、Object C、Java、Fortran、Pascal、Modula-3 和 Ada 等多种语言，而且 GCC 又是一个交叉平台编译器，支持的硬件平台很多，如 Alpha、ARM、AVR、HPPA、i386、m68k、MIPS、PowerPC、SPARC、VxWorks、x86_64、MS Windows、OS/2 等。它能够在当前 CPU 平台上为多种不同体系结构的硬件平台开发软件，因此尤其适合嵌入式领域的开发编译。

1. GCC 编译器的使用格式

假设机器中已经安装了 GCC 编译器，则可在命令行中输入以下内容：

[root@localhost fjut]#gcc [option] filename

其中，option 选项指定要执行的操作，filename 是被编译的对象。

2. GCC 的编译过程

GCC 的编译过程分为 4 个步骤，分别为预处理（Pre-processing）、编译（Compiling）、汇编（Assembling）和链接（Linking）。GCC 编译器可以让编程人员进行分步调试，定位错误。GCC 编译器可以分步编译，也可以通过一个命令一次性编译出最后需要的可执行文件。

1）预处理：通过预处理的内建功能对一些可预处理资源进行等价替换，最常见的可预处理资源有文件包含、条件编译、布局控制和宏处理等。

GCC 的选项"-E"可以使编译器在预处理结束时就停止编译，选项"-o"指定 GCC 输出的结果，其命令格式如下：

gcc -E -o [目标文件] [编译文件]

例如：

```
[root@localhost test1]# ls
fa.c
[root@localhost test1]# gcc -E -o fa.i fa.c
[root@localhost test1]# ls
fa.c  fa.i
```

源代码 fa.c 主要完成阶乘，从屏幕输入一个数字，输出循环次数，并完成阶乘。

2）编译阶段：在预处理结束之后，GCC 首先要检查代码的规范性、是否有语法错误等，以确定代码实际要做的工作，在检查无误后，就开始把代码编译成汇编语言。GCC 的选项"-S"能使编译器在进行汇编之前就停止。例如：

```
[root@localhost test1]# gcc -S -o fa.s fa.c
[root@localhost test1]# ls
fa.c  fa.i  fa.s
```

".s"是汇编语言原始程序，因此，此处的目标文件就可设为".s"类型。

3）汇编阶段：把编译阶段生成的".s"文件汇编成目标文件。读者在此使用选项"-c"就可看到汇编代码已转化为".o"的二进制目标代码了。例如：

```
[root@localhost test1]# gcc -c -o fa.o fa.c
[root@localhost test1]# ls
fa.c  fa.i  fa.o  fa.s
```

4）链接阶段：在成功完成汇编之后，源代码被编译成为二进制的目标代码，但还需要完成最后一步链接，才可以执行。所谓链接就是把前面生成的目标文件及所运用的库连接成一个可执行文件。

函数库一般分为静态库和动态库两种。静态库在编译链接时，已经把库文件的代码全部加入到可执行文件中了，因此生成的执行文件较大，在运行的过程中就不再需要库文件了，其后缀名一般为.a。动态库与静态库相反，在编译链接时并没有把库文件的代码加入到可执行文件中，而是在程序执行链接文件时加载库，这样能够避免重复装载相同的库到内存中，其后缀名一般为.so。例如：

```
[root@localhost test1]# gcc -o fa fa.c
[root@localhost test1]# ls
fa  fa.c  fa.i  fa.o  fa.s
```

最后，运行该可执行文件，出现正确的结果：

```
[root@localhost test1]# ./fa
4
i=1
i=2
i=3
i=4
result=24
```

3．GCC 的编译选项

GCC 有超过 100 个的可用选项，包括常用选项、警告和出错选项、优化选项和体系结构相关选项。

（1）常用选项

-c：只编译汇编不链接，生成目标文件 ".o"。

-S：只编译不汇编，生成汇编代码。

-E：只进行预编译，不做其他处理。

-g：在可执行程序中包含标准调试信息。

-o file：将 file 文件指定为输出文件。

-v：打印出编译器内部编译各过程的命令行信息和编译器的版本。

-I dir：在头文件的搜索路径列表中添加 dir 目录。

-static：进行静态编译，即链接静态库，禁止链接动态库。

-shared：①可以生成动态库文件；②进行动态编译，尽可能地链接动态库，只有当没有动态库时才会链接同名的静态库（默认选项，即可省略）。

-L dir：在库文件的搜索路径列表中添加 dir 目录。

-lname：链接成为 libname.a（静态库）或者 libname.so（动态库）的库文件。若两个库都存在，则根据编译方式（-static 还是-shared）而进行链接。

-fPIC（或-fpic）：生成使用相对地址的位置无关的目标代码（Position Independent Code）。然后通常使用 GCC 的-static 选项从该 PIC 目标文件生成静态库文件。

（2）警告和出错选项

-ansi：支持符合 ANSI 标准的 C 程序。

-pedantic：允许发出 ANSI C 标准所列的全部警告信息。

-pedantic-error：允许发出 ANSI C 标准所列的全部错误信息。

-w：关闭所有警告信息。

-Wall：允许发出 GCC 提供的所有有用的报警信息。

-werror：把所有的警告信息转化为错误信息，并在警告发生时终止编译过程。

（3）优化选项

GCC 可以对代码进行优化，它通过编译选项"-On"来控制优化代码的生成，其中 n 是一个代表优化级别的整数。对于不同版本的 GCC 来讲，n 的取值范围及其对应的优化效果可能并不完全相同，比较典型的范围是从 0 变化到 2 或 3。注意，如果需要进行程序调试，那就不要进行优化，否则将会在跟踪代码的过程中遇到问题。

（4）体系结构相关选项

-mcpu=type：针对不同的 CPU 使用相应的 CPU 指令。可选择的 type 有 i386、i486、pentium 及 i686 等。

-mieee-fp：使用 IEEE 标准进行浮点数的比较。

-mno-ieee-fp：不使用 IEEE 标准进行浮点数的比较。

-msoft-float：输出包含浮点库调用的目标代码。

-mshort：把 int 类型作为 16 位处理，相当于 short int。

-mrtd：强行将函数参数个数固定的函数用 ret NUM 返回，节省调用函数的一条指令。

2.3.3　GDB 调试器

GDB 是一个用于 C 和 C++程序的强力调试器，能在程序运行时观察程序的内部结构和内存的使用情况，与 Windows 下提供的 Debug 有同样的功能。它能够完成以下功能：

1）监视程序中变量的值；

2）设置断点以使程序在指定的代码行上停止执行；

3）按照要求一行行地执行代码；

4）对 Core Down 的 Core 文件进行分析，定位产生 Core 事件的程序语句，进而分析 Core Down 产生的原因。

1. GDB 的使用

为了能够对程序进行调试，需要在编译的执行文件中包含调试信息，在编译时需要指定"-g"参数。gdb 命令格式如下：

gdb [option] [filename]

其中，option 为 GDB 的命令行使用选项，filename 为编译后需要调试的二进制执行文件的文件名。

例如：

```
[root@localhost test1]# gcc -g -o fa fa.c
[root@localhost test1]# gdb fa
GNU gdb Fedora (6.8-29.fc10)
Copyright (C) 2008 Free Software Foundation, Inc.
License GPLv3+: GNU GPL version 3 or later <http://gnu.org/licenses/gpl.html>
This is free software: you are free to change and redistribute it.
There is NO WARRANTY, to the extent permitted by law.  Type "show copying"
and "show warranty" for details.
This GDB was configured as "i386-redhat-linux-gnu"...
(gdb)
```

2. GDB 的常用命令

（1）运行程序

run：运行已加载的程序。

kill：结束正运行的程序。

step：单步调试正运行的程序，运行一行源程序并进入函数内部。

next：单步调试正运行的程序，运行一行源程序但不进入函数内部。

jump：在指定处继续运行程序。

continue：继续运行程序。

finish：运行至当前函数结尾并返回。

until：运行至下一个地址大于当前地址的源程序行或一个指定的源程序行。

（2）查看栈内容

bt：显示所有栈内容。

frame：选择一栈地址并显示其中内容。

down：选择被当前栈所调用的栈地址并显示其中内容。

up：选择调用当前栈的栈地址并显示其中内容。

return：返回调用当前栈的栈地址。

（3）查看数据

print：显示表达式值。

set：设置变量值。

display：在每次程序运行停止时显示表达式值。

delete display：消除表达式值显示。

x：显示指定内存内容。

（4）查看源文件

list：显示源文件。

dir：定义调试程序的源文件路径。

（5）设置/删除断点

break：设置断点。

clear：清除断点。

watch：设置表达式监视对象。

ignore：设置无效的断点号。

delete：删除断点（指定断点号）。

info break：查看全部断点。

（6）shell 命令

在 GDB 调试环境中，可以使用 shell 命令查看程序环境及状态。

cd：改变工作目录。

shell：执行 shell 命令。

pwd ：显示工作目录。

search：在源文件中查找字符串。

info：查看 debug 状态。

（7）GDB 部分命令示例

```
[root@localhost test1]# gdb fa
GNU gdb Fedora (6.8-29.fc10)
Copyright (C) 2008 Free Software Foundation, Inc.
License GPLv3+: GNU GPL version 3 or later <http://gnu.org/licenses/gpl.html>
This is free software: you are free to change and redistribute it.
There is NO WARRANTY, to the extent permitted by law.  Type "show copying"
and "show warranty" for details.
This GDB was configured as "i386-redhat-linux-gnu"...
(gdb) break 5
Breakpoint 1 at 0x804843c: file fa.c, line 5.
(gdb) run
Starting program: /home/fjut/test1/fa

Breakpoint 1, main () at fa.c:6
6          scanf("%d",&n);
Missing separate debuginfos, use: debuginfo-install glibc-2.9-2.i686
(gdb) next
5
7          if(n>10)
(gdb) next
14         for(i=1;i<=n;i++)
(gdb) next
16           j=j*i;
(gdb)
```

以上代码设置断点在第 5 行，输入命令"run"，运行到第 5 行结束，第 6 行的代码为"scanf("%d", &n)"，接着可以输入"next"单步运行。

```
(gdb) continue
Continuing.
i=1
i=2
i=3
i=4
i=5
result=120

Program exited with code 013.
(gdb)
```

最后运行"continue"，完成剩下的代码运行。

```
(gdb) shell ls
fa fa.c fa.i fa.o fa.s
```

以上是运行 shell 命令"ls"。

```
(gdb) quit
[root@localhost test1]# ls
```

运行"quit"可以退出 GDB 的调试环境。

2.4 Linux 程序编译基础

2.4.1 Makefile 文件

Makefile 用于描述系统中模块之间的相互依赖关系，以及产生目标文件所要执行的命令。Makefile 文件内容由依赖关系和规则两部分组成。依赖关系由一个目标和一组该目标所依赖的源文件组成。目标就是将要创建或更新的文件，最常见的是可执行文件。规则用来说明怎样使用所依赖的文件来建立目标文件。

当 Make 运行时，会读取 Makefile 来确定要建立的目标文件或其他文件，然后对源文件的日期和时间进行比较，从而决定使用哪些规则来创建目标文件。一般情况下，在建立目标文件之前，可能要建立一些中间性质的目标文件。这时，Make 也是使用 Makefile 来确定这些目标文件的创建顺序，以及用于它们的规则序列。

一般情况下，Makefile 与项目的源文件组织在同一个目录中。另外，系统中可以有多个 Makefile，通常一个项目使用一个 Makefile 就可以了；如果项目很大，可以考虑将它分成较小的部分，然后用不同的 Makefile 来管理项目的不同部分。

Make 和 Makefile 配合使用，能给项目程序管理带来极大的便利，除了用于管理源代码的编译之外，还用于建立手册页，同时还能将应用程序安装到指定的目录。

1. Makefile 中的依赖关系

依赖关系规定了编译后得到的应用程序跟生成它的各个源文件之间的关系。Make 自动生成和维护的通常是可执行模块或应用程序的目标，目标的状态取决于它所依赖的那些模块的状态。Make 的思想是为每一块模块都设置一个时间标记，然后根据时间标记和依赖关系来决定哪一些文件需要更新。一旦依赖模块的状态改变了，Make 就会根据时间标记的新旧执行预先定义的一组命令来生成新的目标。

默认时，Make 只更新 Makefile 中的第一个目标，如果希望更新多个目标文件，可以使用一个特殊的目标 all。例如，在一个 Makefile 中更新 main 和 hello 这两个程序文件，加入语句：

all: main hello

2. Makefile 中的规则

除了指明目标和模块之间的依赖关系之外，Makefile 还要定义相应的规则来描述如何生成目标，或者说使用哪些命令来根据依赖模块产生目标。

实际上，Makefile 是以相关行为基本单位的，相关行用来描述目标、模块及规则（即命令行）三者之间的关系。一个相关行格式通常为：

目标：[依赖模块][;命令]

冒号左边是目标（模块）名；冒号右边是目标所依赖的模块名，紧跟着的规则（命令行）

是由依赖模块产生目标所使用的命令。

习惯上写成多行形式：

目标：[依赖模块]

命令 1

命令 2

如果相关行写成一行，"命令"之间用分号"；"隔开；如果分成多行书写，后续的行务必以 tab 字符为先导。对于 Makefile 而言，空格字符和 tab 字符是不同的。所有规则所在的行必须以 tab 键开头，而不是空格键。

如果在 Makefile 文件中的行尾加上空格键的话，会导致 Make 命令运行失败。

3．Makefile 中的宏

在 Makefile 中可以使用诸如 XLIB、UIL 等类似于 Shell 变量的标识符，这些标识符在 Makefile 中称为"宏"，可以代表一些文件名或选项。宏的作用类似于 C 语言中的 define，利用它来代表某些多处使用而又可能发生变化的内容，可以节省重复修改的工作，还可以避免遗漏。

Makefile 的宏分为两类，一类是用户自己定义的宏，一类是系统内部定义的宏。用户定义的宏必须在 Makefile 或命令行中明确定义，系统定义的宏不由用户定义。

（1）用户定义的宏

下面是一个包含宏的 Makefile 文件，将其命名为 Mymakefile1：

```
all: main
# 使用的编译器
CC = gcc
#包含文件所在目录
INCLUDE = .
# 在开发过程中使用的选项
CFLAGS = -g -Wall –ansi
# 在发行时使用的选项
# CFLAGS = -O -Wall –ansi
main: main.o f1.o f2.o
$(CC) -o main main.o f1.o f2.o
main.o: main.c def1.h
$(CC) -I$(INCLUDE) $(CFLAGS) -c main.c
f1.o: f1.c def1.h def2.h
$(CC) -I$(INCLUDE) $(CFLAGS) -c f1.c
f2.o: f2.c def2.h def3.h
$(CC) -I$(INCLUDE) $(CFLAGS) -c f2.c
```

1）在 Makefile 中，注释以#开头，至行尾结束。注释不仅可以帮助别人理解 Makefile，如果时间久了，有些东西编写者自己也会忘掉，它们对 Makefile 的编写者来说也是很有必要的。

2）宏的定义。既可以在 Make 命令行中定义宏，也可以在 Makefile 中定义宏。在 Makefile 中定义宏的基本语法为：

宏标识符=值列表

其中，宏标识符即宏的名称通常全部大写，但它实际上可以由大小写字母、阿拉伯数字和下划线构成；等号左右的空白符没有严格要求，因为它们最终将被 Make 删除；值列表既可以是零项，也可以是一项或者多项。例如：

LIST_VALUE = one two three

当一个宏定义之后，就可以通过"$(宏标识符)"或者"${宏标识符}"来访问这个标识符所代表的值了。

3）在 Makefile 中，宏经常用作编译器的选项。很多时候，处于开发阶段的应用程序在编译时是不用优化的，但是却需要调试信息；而正式版本的应用程序却正好相反，没有调试信息的代码不仅所占内存较小，进行过优化的代码运行起来也更快。

需要注意的是，Makefile 中当自定义变量和预定义变量发生冲突时，Makefile 将以自定义变量为主，当然在应用过程中应尽量避免出现此种情况。

4）除了在 Makefile 中定义宏的值之外，还可以在 Make 命令行中加以定义。例如：

$ make CC=c89

当 Make 命令行中的宏定义跟 Makefile 中的定义有冲突时，以命令行中的定义为准。当在 Makefile 文件之外使用时，宏定义必须作为单个参数进行传递，所以要避免使用空格，但是更妥当的方法是使用引号。例如：

$ make "CC = c89"

这样就不必担心空格所引起的问题了。现在将前面的编译结果删掉，来测试一下Mymakefile1 的工作情况。命令如下：

$ rm *.o main

$ make -f Mymakefile1

gcc -I. -g -Wall -ansi -c main.c

gcc -I. -g -Wall -ansi -c f1.c

gcc -I. -g -Wall -ansi -c f2.c

gcc -o main main.o f1.o f2.o

$

如上结构所示，Make 会用相应的定义来替换宏引用$(CC)、$(CFLAGS)和$(INCLUDE)，这跟 C 语言中的宏的用法比较相似。

（2）内部宏

上面介绍了用户定义的宏，现在介绍 Makefile 的内部宏。常用的内部宏见表 2-1。

表 2-1　Makefile 常见的预定义变量

预定义变量	含　义
$*	不包含扩展名的目标文件名称
$+	所有的依赖文件，以空格分开，并以出现的先后为序，可能包含重复的依赖文件
$<	第一个依赖文件的名称
$?	所有的依赖文件，以空格分开，这些依赖文件的修改日期比目标的创建日期晚
$@	目标的完整名称
$^	所有的依赖文件，以空格分开，不包含重复的依赖文件

（续）

预定义变量	含　义
$%	如果目标是归档成员，则该变量表示目标的归档成员名称。例如，如果目标名称为 mytarget.so(image.o)，则$@ 为 mytarget.so，而$% 为 image.o
AR	归档维护程序的名称，默认值为 ar
ARFLAGS	归档维护程序的选项
AS	汇编程序的名称，默认值为 as
ASFLAGS	汇编程序的选项
CC	C 编译器的名称，默认值为 cc
CCFLAGS	C 编译器的选项
CPP	C 预编译器的名称，默认值为$(CC) -E
CPPFLAGS	C 预编译器的选项
CXX	C++编译器的名称，默认值为 g++
CXXFLAGS	C++编译器的选项
FC	Fortran 编译器的名称，默认值为 f77
FFLAGS	Fortran 编译器的选项

4. 构建多个目标

有时候，要在一个 Makefile 中生成多个单独的目标文件，或者将多个命令放在一起。比如，在下面的示例 Mymakefile2 中，将添加一个 clean 选项来清除不需要的目标文件，然后用 install 选项将生成的应用程序移动到另一个目录中去。

```
all: main
# 使用的编译器
CC = gcc
# 安装位置
INSTDIR = /usr/local/bin
# include 文件所在位置
INCLUDE = .
# 开发过程中所用的选项
CFLAGS = -g -Wall –ansi
# 发行时用的选项
# CFLAGS = -O -Wall –ansi
main: main.o f1.o f2.o
$(CC) -o main main.o f1.o f2.o
main.o: main.c def1.h
$(CC) -I$(INCLUDE) $(CFLAGS) -c main.c
f1.o: f1.c def1.h def2.h
$(CC) -I$(INCLUDE) $(CFLAGS) -c f1.c
f2.o: f2.c def2.h def3.h
$(CC) -I$(INCLUDE) $(CFLAGS) -c f2.c
clean:
```

```
-rm main.o f1.o f2.o
install: main
@if [ -d $(INSTDIR) ]; \
then \
cp main $(INSTDIR);\
chmod a+x $(INSTDIR)/main;\
chmod og-w $(INSTDIR)/main;\
echo "Installed in $(INSTDIR)";\
else \
echo "Sorry, $(INSTDIR) does not exist";\
fi
```

1）在这个 Makefile 中虽然定义有一个特殊的目标 all，但是最终还是将 main 作为目标。因此，如果执行 Make 命令时没有在命令行中给出一个特定目标的话，仍然会编译链接 main 程序。

2）两个目标：clean 和 install。目标 clean 没有依赖模块，因为没有时间标记可供比较，所以它总被执行，它的作用是引出后面的 rm 命令来删除某些目标文件。rm 命令以"-"开头，表示 Make 将忽略命令结果，所以即使没有目标供 rm 命令删除而返回错误时，make clean 依然继续向下执行。

目标 install 依赖于 main，所以 Make 必须在执行安装命令前先建立 main。用于安装的指令由一些 Shell 命令组成。

3）Make 调用 Shell 来执行规则，并且为每条规则生成一个新的 Shell，所以要用一个 Shell 来执行这些命令的话，必须添加反斜杠"\"以使所有命令位于同一个逻辑行上。这条命令用 @开头，表示在执行规则前不会向标准输出打印命令。

为了安装应用程序，目标 install 会一条接一条地执行若干命令，并且执行下一条命令之前，不会检查上一条命令是否成功。若想只有当前面的命令取得成功时，随后的命令才得以执行的话，可以在命令中加入&&，代码如下：

```
@if [ -d $(INSTDIR) ]; \
then \
cp main $(INSTDIR) &&\
chmod a+x $(INSTDIR)/main && \
chmod og-w $(INSTDIR/main && \
echo "Installed in $(INSTDIR)";\
else \
echo "Sorry, $(INSTDIR) does not exist"; false ; \
fi
```

这是 Shell 的"与"指令，只有在当前的命令成功时随后的命令才被执行。这里不必关心前面命令是否取得成功，只需注意这种用法就可以了。

要想在/usr/local/bin 目录安装新命令必须具有特权，所以调用 make install 命令之前，可以让 Makefile 使用一个不同的安装目录，或者修改该目录的权限，或切换到 root 用户，代码如下：

```
$ rm *.o main
$ make -f Mymakefile2
gcc -I. -g -Wall -ansi -c main.c
gcc -I. -g -Wall -ansi -c f1.c
gcc -I. -g -Wall -ansi -c f2.c
gcc -o main main.o f1.o f2.o
$ make -f Mymakefile2
make: Nothing to be done for 'all'.
$ rm main
$ make -f Mymakefile2 install
gcc -o main main.o f1.o f2.o
Installed in /usr/local/bin
$ make -f Mymakefile2 clean
rm main.o f1.o f2.o
$
```

首先，删除 main 和所有目标文件程序，由于将 all 作为目标，所以 Make 命令会重新编译 main。当再次执行 Make 命令时，由于 main 是最新的，所以 Make 什么也不做。之后，删除 main 程序文件，并执行 make install，这会重新建立二进制文件 main 并将其复制到安装目录。最后，运行 make clean 命令，来删去所有目标程序。

5. 内部规则

到目前为止，已经能够在 Makefile 中给出相应的规则来指出具体的处理过程。实际上，除了显式给出的规则外，Make 还具有许多内部规则，这些规则是由预先规定的目标、依赖文件及其命令组成的相关行。在内部规则的帮助下，可以使 Makefile 变得更加简洁，尤其是在具有许多源文件的时候。现在以实例加以说明，首先建立一个名为 foo.c 的 C 程序源文件，文件内容如下：

```
#include
int main()
{
printf("Hello World\n");
exit(EXIT_SUCCESS);
}
```

用 Make 命令来编译它：

```
$ make foo
cc foo.c -o foo
$
```

这里尽管没有指定 Makefile，但是 Make 仍然能知道如何调用编译器，并且调用的是 CC 而不是 GCC 编译器。这在 Linux 上没有问题，因为 CC 常常会链接到 GCC 程序。这完全得益于 Make 内建的内部规则，另外这些内部规则通常使用宏，所以只要为这些宏指定新的值，就可以改变内部规则的默认动作，代码如下：

```
$ rm foo
```

```
$ make CC=gcc CFLAGS="-Wall -g" foo
gcc -Wall -g foo.c -o foo
$
```

用 Make 命令加-p 选项后，可以打印出系统默认定义的内部规则。它们包括系统预定义的宏以及产生某些种类后缀的文件的内部相关行。内部规则涉及的文件种类很多，它不仅包括 C 源程序文件及其目标文件，还包括 SCCS 文件、YACC 文件和 LEX 文件，甚至还包括 Shell 文件。

当然，人们更关心的是如何利用内部规则来简化 Makefile。比如，让内部规则来负责生成目标，而 Makefile 只指定依赖关系，这样 Makefile 就简洁多了，代码如下：

```
main.o: main.c def1.h
f1.o: f1.c def1.h def2.h
f2.o: f2.c def2.h def3.h
```

6．后缀规则

前面已经看到，有些内部规则会根据文件的后缀（相当于 Windows 系统中的文件扩展名）来采取相应的处理。即当 Make 处理带有一种后缀的文件时，就知道使用哪些规则来建立一个带有另外一种后缀的文件，最常见的是用以.c 结尾的文件来建立以.o 结尾的文件，即把源文件编译成目标程序，但是不链接。

当需要在不同的平台（如 Windows 和 Linux）下编译源文件时，假设源代码是 C++编写的，那么 Windows 下其后缀则为.cpp，不过 Linux 使用的 Make 版本没有编译.cpp 文件的内部规则，但是有一个用于.cc 的规则，因为在 Linux 操作系统中 C++文件扩展名通常为.cc。

这时候，要么为每个源文件单独指定一条规则，要么为 Make 建立一条新规则，告诉它如何用.cpp 为扩展名的源文件来生成目标文件。如果项目中的源文件较多的话，后缀规则就可以派上用场了。要添加一条新后缀规则，首先在 Makefile 文件中加入一行来告诉 Make 新后缀是什么，然后就可以添加使用这个新后缀的规则了。这时，Make 要用到一条专用的语法：

.<旧后缀名>.<新后缀名>:

其作用是定义一条通用规则，用来将带有旧后缀名的文件变成带有新后缀名的文件，文件名保持不变。例如，要将.cpp 文件编译成.o 文件，可以使用一个新的通用规则：

.SUFFIXES: .cpp

.cpp.o:

$(CC) -xc++ $(CFLAGS) -I$(INCLUDE) -c $<

上面的 “.cpp .o:”告诉 Make 这些规则用于把后缀为.cpp 的文件转换成后缀为.o 的文件，标志“-xc ++”的作用是告诉 GCC 这次要编译的源文件是 C++源文件。这里使用一个宏“$<”来通指需要编译的文件的名称，不管这些文件名具体是什么，所有以.cpp 为后缀的文件将被编译成以.o 为后缀的文件，如已是 app.cpp 的文件将变成 app.o。

只需要 Make 定义如何把.cpp 文件变成.o 文件就行了，所以，当调用 Make 程序时，它会使用新规则把类似 app.cpp 这样的程序变成 app.o，然后使用内部规则将 app.o 文件链接成一个可执行文件 app。

现在，Make 已经知道如何处理扩展名为.cpp 的 C++源文件了。除此之外，还可以通过后缀规则将文件从一种类型转换为另一种类型。不过，较新版本的 Make 包含一个语法可以达到同样的效果。例如，模式规则使用%作为匹配文件名的通配符，而不单独依赖于文件扩展名。以下模式规则相当于上面处理.cpp 的规则：

```
%.cpp: %o
$(CC) -xc++ $(CFLAGS) -I$(INCLUDE) -c $<
```

7．Makefile 的举例

1）命名和实现为 Mymakefile3 的文件内容如下：

```
main: main.o f1.o f2.o
gcc -o main main.o f1.o f2.o
main.o: main.c def1.h
gcc -c main.c
f1.o: f1.c def1.h def2.h
gcc -c f1.c
f2.o: f2.c def2.h def3.h
gcc -c f2.c
```

注意，这里没有使用默认名 makefile 或者 Makefile，所以一定要在 Make 命令行中加上-f 选项。如果在没有任何源代码的目录下执行命令"make -f Mymakefile3"的话，系统将提示下面的消息：

```
make: *** No rule to make target 'main.c', needed by 'main.o'. Stop.
```

Make 命令将 Makefile 中的第一个目标即 main 作为要构建的文件，所以它会寻找构建该文件所需要的其他模块，并判断出必须使用一个称为 main.c 的文件。因为迄今尚未建立该文件，而 Makefile 又不知道如何建立它，所以只好报告错误。

2）创建头文件，命令如下：

```
$ touch def1.h
$ touch def2.h
$ touch def3.h
```

3）将 main 函数放在 main.c 文件中，让它调用 function2 和 function3，但将这两个函数的定义放在另外两个源文件中。由于这些源文件含有#include 命令，所以它们肯定依赖于所包含的头文件，代码如下：

```
/* main.c */
#include
#include "def1.h"
extern void function2();
extern void function3();
int main()
{
function2();
function3();
exit (EXIT_SUCCESS);
}
/* f1.c */
#include "def1.h"
```

```
#include "def2.h"
void function2() {
}
/* f2.c */
#include "def2.h"
#include "def3.h"
void function3()
```

4）再次运行 Make 程序：

```
$ make -f Mymakefile3
gcc -c main.c
gcc -c f1.c
gcc -c f2.c
gcc -o main main.o f1.o f2.o
$
```

顺利通过，说明 Make 命令已经正确处理了 Makefile 描述的依赖关系，并确定出了需要建立哪些文件，以及它们的建立顺序。当这些命令执行时，Make 程序会按照执行情况来显示这些命令。

5）修改 def2.h，看 Makefile 能否对此做出相应的回应：

```
$ touch def2.h
$ make -f Mymakefile3
gcc -c f1.c
gcc -c f2.c
gcc -o main main.o f1.o f2.o
$
```

这说明当 Make 命令读取 Makefile 后，只对受 def2.h 的变化影响的模块进行了必要的更新，注意它的更新顺序，它先编译了 C 程序，最后链接生产了可执行文件。

6）删除目标文件，命令如下：

```
$ rm f1.o
```

7）运行 Make 命令，代码如下：

```
$ make -f Mymakefile3
gcc -c f1.c
gcc -o main main.o f1.o f2.o
$
```

2.4.2　Make 工具及其应用

Make 是 Linux 下的一款程序自动维护工具，配合 Makefile 的使用，就能够根据程序中模块的修改情况，自动判断应该对哪些模块重新编译，从而保证软件是由最新的模块构成。

Make 命令对于构建具有多个源文件的程序有很大的帮助。当 Make 命令运行时，会读取 Makefile 来确定要建立的目标文件或其他文件，然后对源文件的日期和时间进行比较，从而决定使用哪些规则来创建目标文件。一般情况下，在建立起最终的目标文件之前，肯定免不了要建立一些中间性质的目标文件。这时，Make 命令也是使用 Makefile 来确定这些目标文件的创建顺序，以及用于它们的规则序列。

1. Make 程序的命令行选项和参数

Make 程序能够根据程序中各模块的修改情况，自动判断应对哪些模块重新编译，保证软件是由最新的模块构建的。至于检查哪些模块，以及如何构建软件由 Makefile 文件来决定。

Make 可以在 Makefile 中进行配置，也可以利用 Make 程序的命令行选项对它进行即时配置。Make 命令参数的典型序列如下：

make [-f makefile 文件名][选项][宏定义][目标]

这里用"[]"括起来表示是可选的。命令行选项由破折号"-"指明，后面跟选项，例如：

make -e

如果需要多个选项，可以只使用一个破折号，例如：

make -kr

也可以每个选项使用一个破折号，例如：

make -k -r

甚至混合使用也行，例如：

make -e -kr

Make 命令本身的命令行选项较多，这里只介绍在开发程序时最为常用的 3 个：

-k：如果使用该选项，即使 Make 程序遇到错误也会继续向下运行；如果没有该选项，在遇到第一个错误时 Make 程序马上就会停止，那么后面的错误情况就不得而知了，因此可以利用这个选项来查出所有有编译问题的源文件。

-n：该选项使 Make 程序进入非执行模式，也就是说将原来应该执行的命令输出，而不是执行。

-f：指定作为 Makefile 文件的名称。如果不用该选项，那么 Make 程序首先在当前目录查找名为 makefile 的文件，如果没有找到，它就会转而查找名为 Makefile 的文件。如果在 Linux 下使用 GNU Make 的话，它会首先查找 GNUmakefile，之后再搜索 makefile 和 Makefile。按照惯例，许多 Linux 程序员使用 Makefile，因为这样能使 Makefile 出现在目录中所有以小写字母命名的文件的前面。所以，最好不要使用 GNUmakefile 这一名称，因为它只适用于 Make 程序的 GNU 版本。

当构建指定目标的时候，如要生成某个可执行文件，那么就可以在 Make 命令行中给出该目标的名称。如果命令行中没有给出目标，Make 命令会设法构建 Makefile 中的第一个目标。可以利用这一特点，将 all 作为 Makefile 中的第一个目标，然后将目标作为 all 所依赖的目标，这样，当命令行中没有给出目标时，也能确保它会被构建。

2. 用 Make 管理程序库

一般来说，程序库也是一种由一组目标程序构成的以.a 为扩展名的文件，所以，Make 命令也可以用来管理这些程序库。实际上，为了简化程序库的管理，Make 程序还专门设有一个语法：lib(file.o)，这意味着目标文件 file.o 以库文件 lib.a 的形式存放，也意味着 lib.a 库依赖于目标程序 file.o。此外，Make 命令还具有一个内部规则来管理程序库，该规则相当于：

```
.c.a:
$(CC) -c $(CFLAGS) $<
$(AR) $(ARFLAGS) $@ $*.o
```

其中，宏 "$(AR)" 和 "$(ARFLAGS)" 分别表示指令 AR 和选项 rv。如上所见，要告诉 Make 用.c 文件生成.a 库，必须用到两个规则：第一个规则是说把源文件编译成一个目标程序文件，第二个规则表示使用 AR 指令向库中添加新的目标文件。

所以，如果有一个名为 filed 的库，其中含有 bar.o 文件，那么第一个规则中的 "$<" 会被替换为 bar.c；第二个规则中的 "$@" 被库名 filed.a 所替代，而 "$*" 将被 bar 所替代。

下面举例说明如何用 Make 来管理库。Mymakefile4 代码如下：

```
all: main
# 使用的编译器
CC = gcc
# 安装位置
INSTDIR = /usr/local/bin
# include 文件所在位置
INCLUDE = .
# 开发过程中使用的选项
CFLAGS = -g -Wall –ansi
# 用于发行时的选项
# CFLAGS = -O -Wall –ansi
# 本地库
MYLIB = mylib.a
main: main.o $(MYLIB)
$(CC) -o main main.o $(MYLIB)
$(MYLIB): $(MYLIB)(f1.o) $(MYLIB)(f2.o)
main.o: main.c def1.h
f1.o: f1.c def1.h def2.h
f2.o: f2.c def2.h def3.h
clean:
-rm main.o f1.o f2.o $(MYLIB)
install: main
@if [ -d $(INSTDIR) ]; \
then \
cp main $(INSTDIR);\
chmod a+x $(INSTDIR)/main;\
chmod og-w $(INSTDIR)/main;\
echo "Installed in $(INSTDIR)";\
else \
echo "Sorry, $(INSTDIR) does not exist";\
fi
```

Mymakefile4 的运行如下：

```
$ rm -f main *.o mylib.a
$ make -f Mymakefile4
```

```
gcc -g -Wall -ansi -c -o main.o main.c
gcc -g -Wall -ansi -c -o f1.o f1.c
ar rv mylib.a f1.o
a - f1.o
gcc -g -Wall -ansi -c -o f2.o f2.c
ar rv mylib.a f2.o
a - f2.o
gcc -o main main.o mylib.a
$ touch def3.h
$ make -f Mymakefile4
gcc -g -Wall -ansi -c -o f2.o f2.c
ar rv mylib.a f2.o
r - f2.o
gcc -o main main.o mylib.a
$
```

现在对上面的例子做必要的说明：首先删除全部目标程序文件和程序库，然后让 Make 重新构建 main，因为当链接 main.o 时需要用到库，所以要先编译和创建库。此后还测试 f2.o 的依赖关系，我们知道如果 def3.h 发生了改变，那么必须重新编译 f2.c，事实表明 Make 在重新构建 main 可执行文件之前，正确地编译了 f2.c 并更新了库。

本章小结

本章主要介绍了 Linux 常用 Shell 命令的使用，以及 Linux 下支持的程序开发软件工具，包括 vi、GCC、GDB 以及 Makefile/Make 等，为在 Linux 环境下的嵌入式开发提供技术基础。

习题与思考题

2-1　Linux 与 Windows 在界面、应用程序安装与使用方面有哪些不同？

2-2　Linux 终端界面的主要参数有哪些？

2-3　总结 Linux 常用命令的使用要求与特点。

2-4　总结 Linux 程序开发工具软件的应用要求与特点。

第3章　嵌入式 Linux 开发环境的构建

软件开发一般可以分为两种开发模式：本地开发和交叉开发。本地开发模式是指开发软件的系统与运行软件的系统是相同的；交叉开发模式是指开发软件的系统与运行软件的系统是不同的。为了满足后续章节嵌入式软件开发的要求，本章介绍 Linux 环境下的交叉编译环境搭建。

本章主要内容：
- Linux 环境下的嵌入式系统开发模式
- 嵌入式 Linux 交叉编译环境的搭建
- Uboot 的配置编译与移植
- 嵌入式 Linux 内核的配置编译与移植
- 嵌入式 Linux 根文件系统的构建与移植

3.1 Linux 环境下的嵌入式系统开发模式

嵌入式系统一般都采用"宿主机/目标板"的交叉开发模式，宿主机和目标板可通过网络、串口线等连接起来。宿主机包含了目标板程序开发所需的编译环境，程序在宿主机上编译完成后，移植到目标板上执行，而在目标板上不包含编译环境，只能支持程序的运行，大大降低了目标板的硬件成本，如图 3-1 所示。

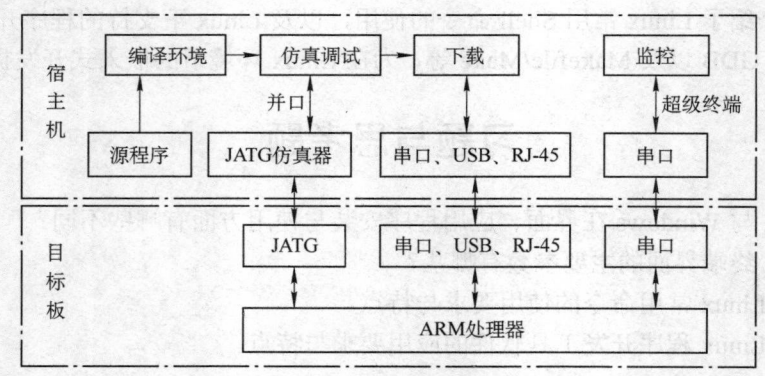

图 3-1　宿主机/目标板的交叉开发模式

嵌入式系统的开发过程一般包括以下步骤和内容：

1）在宿主机上建立开发环境。操作系统一般使用 Linux，选择定制安装或全部安装，通过网络下载相应的 GCC 交叉编译器并安装，如 arm-linux-gcc、arm-uclibc-gcc 等，或者安装目标板提供的相关交叉编译器。

2）配置宿主机。Minicom 软件的作用是支持调试嵌入式目标板时信息输出用到的监视器和键盘、鼠标输入等工具。Minicom 常用的串口参数为波特率 115200，数据位 8 位，停止位 1 位，无奇偶校验，软硬件流控设为无。在 Windows 下的超级终端的配置也是如此。

配置网络主要是配置网络文件系统（NFS）以及 TFTP 等，需要关闭防火墙，从而简化嵌入式目标板的网络调试环境的设置过程。

3）建立引导装载程序 BootLoader。基于开源代码的 BootLoader，如 UBoot、BLOB、VIVI、LILO、ARM-Boot、RED-Boot 等，需要根据具体芯片进行移植修改。

4）建立嵌入式 Linux 操作系统，如μCLiunx、ARM-Linux、Wince 和μCos 等。

5）建立根文件系统。下载 BusyBox 软件进行功能裁减，制作一个最基本的根文件系统，再根据目标板的应用需要添加其他程序，需要使用 mkcramfs 等工具制作映像文件。

6）开发驱动程序。

7）开发应用程序。

8）移植引导装载程序、内核、根文件系统、驱动程序和应用程序到目标板中运行。

3.2　嵌入式 Linux 交叉编译环境的搭建

3.2.1　宿主机交叉编译工具的配置

在第 2 章介绍了程序编译的步骤和要求后，知道所有的高级语言源程序都要求通过编译软件的编译产生可执行的目标程序。

为了达到交叉开发的目的，需要在宿主机上安装交叉编译工具。安装交叉编译工具共有 3 种方法：第一种方法是获取别人编译好的工具链直接使用，缺点是不一定满足自己的需要；第二种方法是利用 crosstool 脚本创建自己的交叉编译工具链；第三种方法是手动逐步编译自己的交叉编译工具链。

为了满足后续章节的交叉编译需要，本章采用第一种方法安装目标板提供的编译好的工具链 EABI4.3.3。具体的安装步骤如下：

1. 复制工具链 EABI4.3.3 到指定的目录并解压到根目录下

```
[root@localhost Linux平台开发工具包]# cp EABI-4.3.3_EmbedSky_20091210
.tar.bz2 /opt
[root@localhost Linux平台开发工具包]# cd /opt
[root@localhost opt]# ls
EABI-4.3.3_EmbedSky_20091210.tar.bz2
[root@localhost opt]# tar jxf EABI-4.3.3_EmbedSky_20091210.tar.bz2 -C /

[root@localhost opt]# ls
EABI-4.3.3_EmbedSky_20091210.tar.bz2   EmbedSky

[root@localhost opt]# ls
EABI-4.3.3_EmbedSky_20091210.tar.bz2   EmbedSky
[root@localhost opt]# cd EmbedSky/
[root@localhost EmbedSky]# ls
4.3.3  crosstools_3.4.5_softfloat
[root@localhost EmbedSky]# cd 4.3.3/bin
[root@localhost bin]# ls
arm-linux-addr2line    arm-none-linux-gnueabi-addr2line
arm-linux-ar           arm-none-linux-gnueabi-ar
arm-linux-as           arm-none-linux-gnueabi-as
arm-linux-c++          arm-none-linux-gnueabi-c++
arm-linux-c++filt      arm-none-linux-gnueabi-c++filt
arm-linux-cpp          arm-none-linux-gnueabi-cpp
```

```
arm-linux-g++          arm-none-linux-gnueabi-g++
arm-linux-gcc          arm-none-linux-gnueabi-gcc
arm-linux-gcc-4.3.3    arm-none-linux-gnueabi-gcc-4.3.3
arm-linux-gcov         arm-none-linux-gnueabi-gcov
arm-linux-gdb          arm-none-linux-gnueabi-gdb
arm-linux-gdbtui       arm-none-linux-gnueabi-gdbtui
arm-linux-gprof        arm-none-linux-gnueabi-gprof
arm-linux-ld           arm-none-linux-gnueabi-ld
arm-linux-nm           arm-none-linux-gnueabi-nm
arm-linux-objcopy      arm-none-linux-gnueabi-objcopy
arm-linux-objdump      arm-none-linux-gnueabi-objdump
```

2. 配置环境变量 PATH

```
[root@localhost bin]# export PATH=$PATH:/opt/EmbedSky/4.3.3/bin
[root@localhost bin]#
```

3. 通过查看安装后的版本信息检测安装成功与否

```
[root@localhost bin]# arm-linux-gcc -v
Using built-in specs.
Target: arm-none-linux-gnueabi
Configured with: /scratch/maxim/arm-lite/src-4.3-arm-none-linux-gnueabi-lite/gcc
-4.3/configure --build=i686-pc-linux-gnu --host=i686-pc-linux-gnu --target=arm-n
one-linux-gnueabi --enable-threads --disable-libmudflap --disable-libssp --disab
le-libstdcxx-pch --with-gnu-as --with-gnu-ld --with-specs='%{funwind-tables|fno-
unwind-tables|mabi:*|ffreestanding|nostdlib:;:-funwind-tables}' --enable-languag
es=c,c++ --enable-shared --enable-symvers=gnu --enable-__cxa_atexit --with-pkgve
rsion='Sourcery G++ Lite 2009q1-176' --with-bugurl=https://support.codesourcery.
com/GNUToolchain/ --disable-nls --prefix=/opt/codesourcery --with-sysroot=/opt/c
odesourcery/arm-none-linux-gnueabi/libc --with-build-sysroot=/scratch/maxim/arm-
lite/install-4.3-arm-none-linux-gnueabi-lite/arm-none-linux-gnueabi/libc --with-
gmp=/scratch/maxim/arm-lite/obj-4.3-arm-none-linux-gnueabi-lite/host-libs-2009q1
-176-arm-none-linux-gnueabi-i686-pc-linux-gnu/usr --with-mpfr=/scratch/maxim/arm
-lite/obj-4.3-arm-none-linux-gnueabi-lite/host-libs-2009q1-176-arm-none-linux-gn
ueabi-i686-pc-linux-gnu/usr --disable-libgomp --enable-poison-system-directories
 --with-build-time-tools=/scratch/maxim/arm-lite/install-4.3-arm-none-linux-gnue
abi-lite/arm-none-linux-gnueabi/bin --with-build-time-tools=/scratch/maxim/arm-l
ite/install-4.3-arm-none-linux-gnueabi-lite/arm-none-linux-gnueabi/bin
Thread model: posix
gcc version 4.3.3 (Sourcery G++ Lite 2009q1-176)
```

3.2.2 宿主机串口工具的配置与使用

在嵌入式交叉开发模式中，为了实现宿主机与目标板（即开发板）之间的通信，在宿主机上也需要安装相应的通信接口与协议。目前主要有 3 种硬件连接的方式：串口、网络、JTAG。

串口工具可以用来实现宿主机同目标板之间的命令通信和文件收发，常用的串口工具如DNW、超级终端、Minicom 等。下面以超级终端和 Minicom 为例进行介绍。

1. Windows 下超级终端的设置

超级终端是 Windows 的一种串口工具，用于实现基于串口的命令通信和文件收发。

1）使用串口线将宿主机同 TQ2440 开发板连接。

2）打开超级终端。通过"开始"→"附件"→"通讯"→"超级终端"打开超级终端，如图 3-2 所示。

3）设置端口参数。在新建连接和选择 COMx 后，根据开发板引导程序中串口的初始化参数，进行设置。每秒位数：115200，数据位：8，奇偶校验：无，停止位：1，数据流控制：

无,如图 3-3 所示。

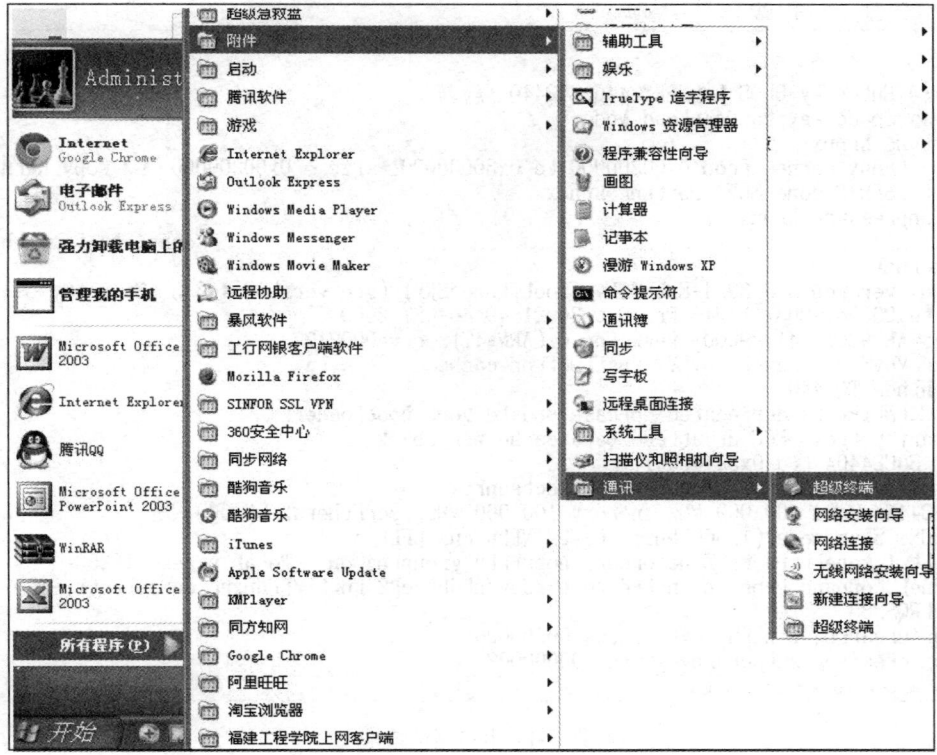

图 3-2　打开超级终端

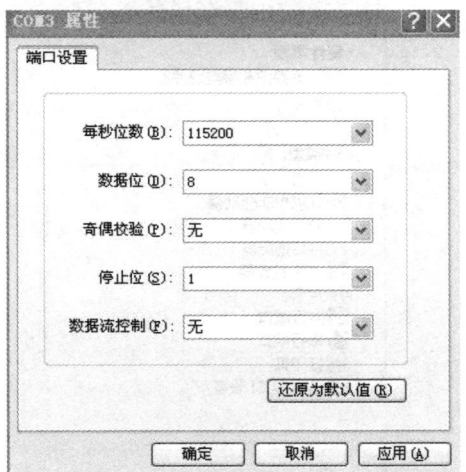

图 3-3　端口设置

4)开发板重启后,在超级终端窗口可看到开发板的启动信息,如图 3-4 所示。

2. Linux 下的 Minicom 设置

1)虚拟机的串口设置如图 3-5 所示。

2)对于还未安装 Minicom 的 Linux 操作系统,要先进行 Minicom 的安装。本章采用 Fedora10 操作系统,如图 3-6 所示。

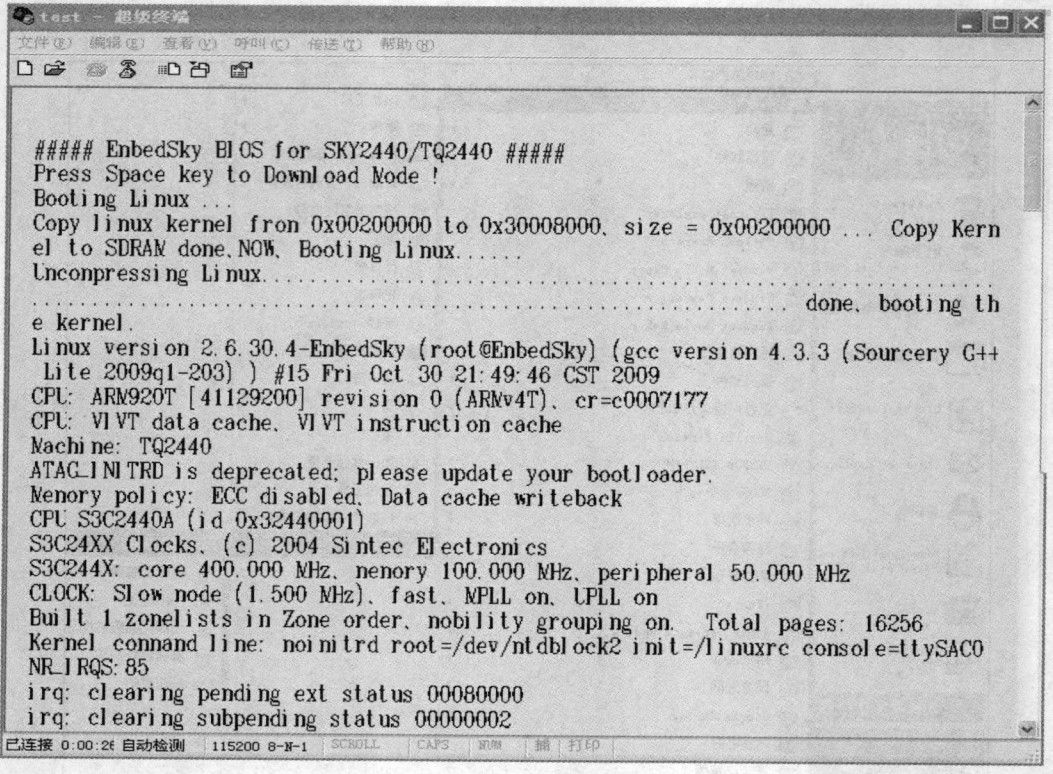

图 3-4　串口测试结果

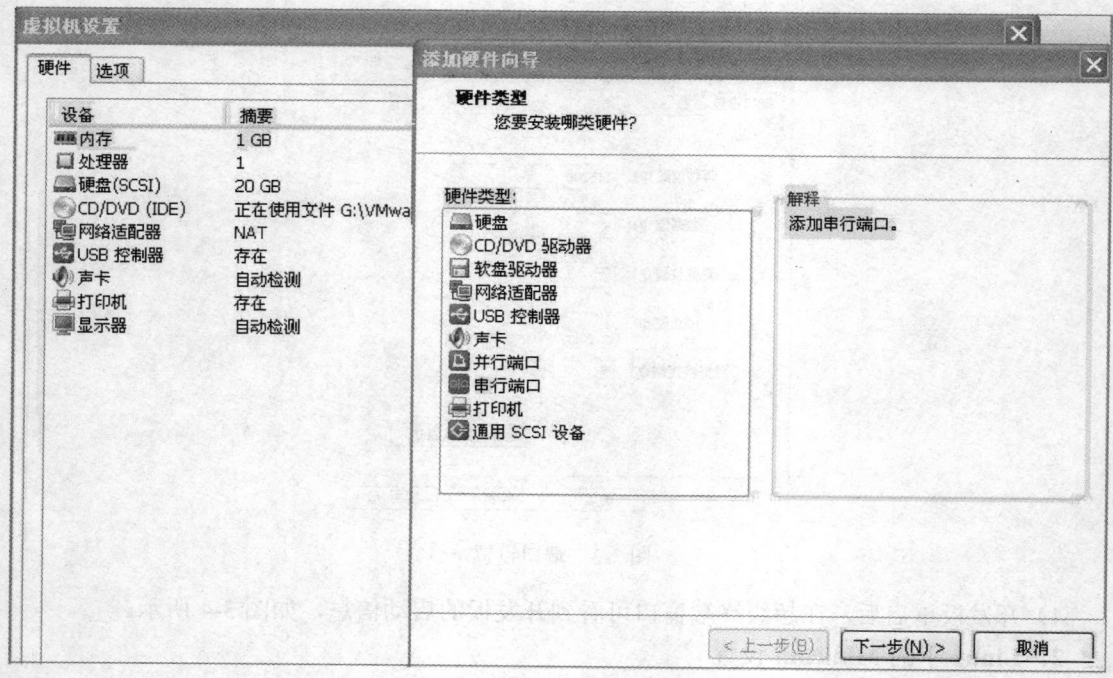

图 3-5　串口设置

3）进行 minicom –s 的配置，如图 3-7 所示。

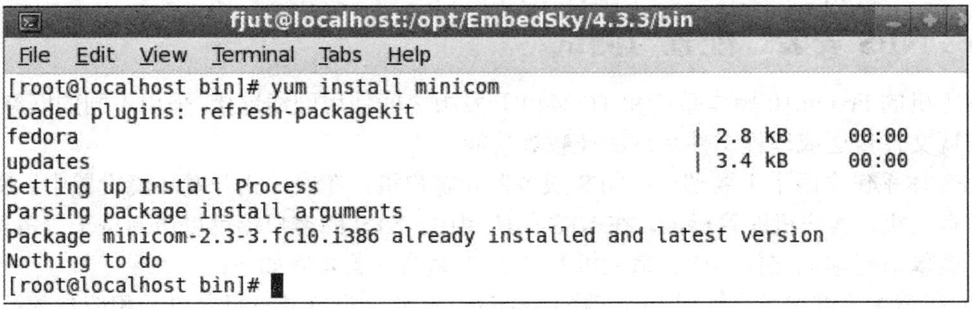

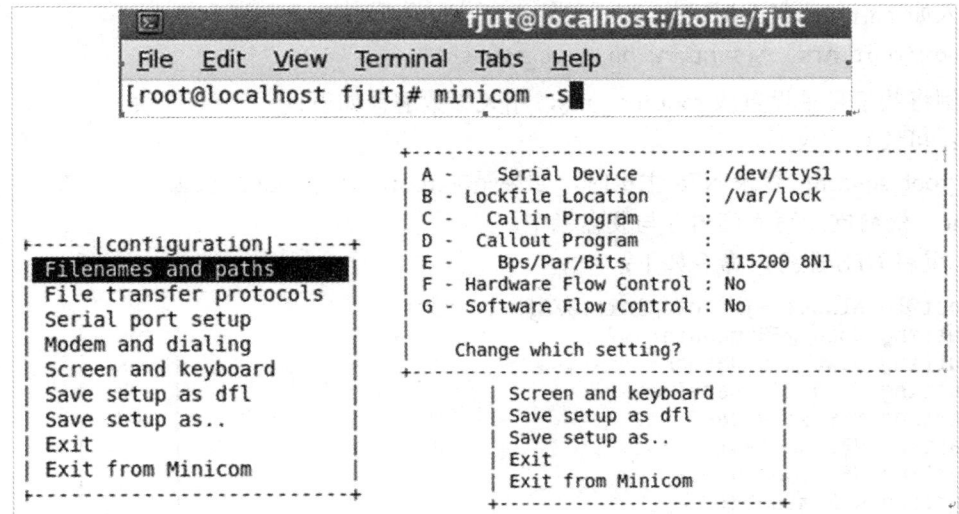

图 3-6　安装 Minicom

图 3-7　minicom –s 设置

4）重启开发板，在 Minicom 窗口可看到开发板的启动信息，如图 3-8 所示。

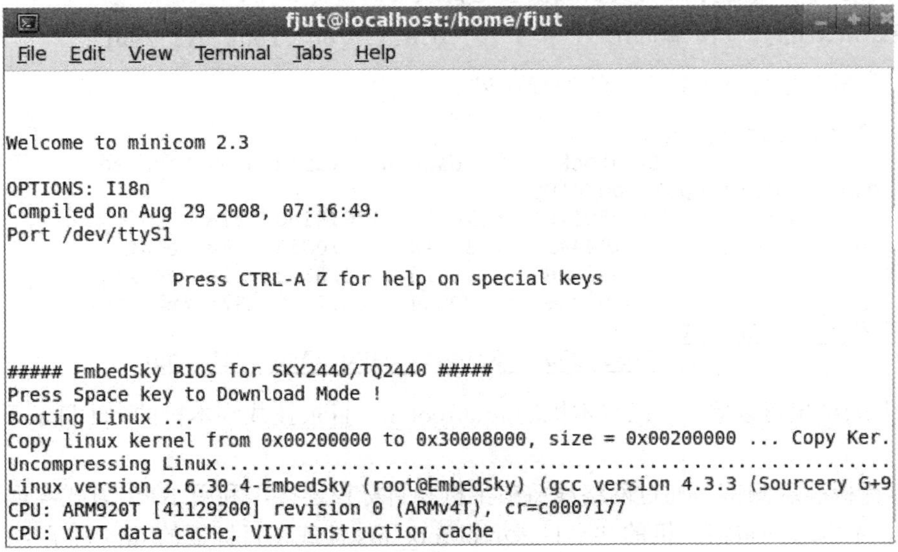

图 3-8　Minicom 测试

3.2.3 NFS 安装、配置与测试

宿主机的 Fedora10 操作系统和 TQ2440 开发板之间使用网线连接，采用不同的网络协议，可以实现文件传送或远程文件系统的挂载等功能。

NFS 体系包含两个主要部分：NFS 服务器和客户机。在嵌入式开发环境设置中，NFS 服务器即宿主机，客户机即目标板。在 NFS 的应用中，NFS 的客户端可以访问位于服务器上的文件，就像访问本地文件一样。宿主机 NFS 的安装与配置步骤如下：

1）在宿主机的终端，通过 vi 修改/etc/exports 文件，设置共享目录以及相应参数：

```
[root@localhost init.d]# vi /etc/exports
```

写入如下语句，保存后退出。

```
/root/root_nfs  *(sync,rw,no_root_squash)
```

本例将共享目录设置成/root/root_nfs，相关参数解释如下：

rw：可读写的权限。

no_root_squash：登录 NFS 主机时，如果是非 root，具有 root 的权限。

sync：资料同步写入到内存与硬盘当中。

2）重启 NFS 服务，命令如下：

```
[root@localhost ~]# /etc/init.d/nfs restart
Shutting down NFS mountd:                           [  OK  ]
Shutting down NFS daemon:                           [  OK  ]
Shutting down NFS services:                         [  OK  ]
Starting NFS services:                              [  OK  ]
Starting NFS quotas:                                [  OK  ]
Starting NFS daemon:                                [  OK  ]
Starting NFS mountd:                                [  OK  ]
[root@localhost ~]#
```

3）本机挂载测试。将本机的共享目录通过 NFS 协议加载到本机的/opt 目录下，即利用本机加载先测试 NFS 的服务器端安装及设置是否成功，命令如下：

```
[root@localhost /]# mount -t nfs 127.0.0.1:/root/root_nfs /opt
```

加载后利用 df 命令查看本机的加载结果：

```
[root@localhost /]# df
Filesystem            1K-blocks      Used Available Use% Mounted on
/dev/mapper/VolGroup00-LogVol00
                       18320140   5374364  12015168  31% /
/dev/sda1                194442     13548    170855   8% /boot
tmpfs                    516908        76    516832   1% /dev/shm
.host:/                58582720  56289984   2292736  97% /mnt/hgfs
127.0.0.1:/root/root_nfs
                       18320256   5374464  12015232  31% /opt
```

从以上的结果可以看到，已将本机的/root/root_nfs 目录挂载到本机的/opt 目录下，表示挂载成功。

4）目标板挂载测试。通过网络线将宿主机和目标板连接，利用 NFS 方式实现目标板的远程挂载。本例选择将宿主机的共享目录/root/root_nfs 挂载在目标板的/tmp 目录下。

① 关闭防火墙，命令如下：

```
[root@localhost ~]# service iptables stop
iptables: Flushing firewall rules:                      [  OK  ]
iptables: Setting chains to policy ACCEPT: filter       [  OK  ]
iptables: Unloading modules:                            [  OK  ]
```

② 在目标板的终端下挂载宿主机 NFS 到目标板的/tmp 目录下，命令如下：

```
[root@EmbedSky /]# mount -t nfs -o nolock,rsize=1024,wsize=1024 192.168.1.7:/roo
t/root_nfs /tmp
[root@EmbedSky /]#
```

③ 利用 df 命令查看目标板挂载后的情况：

```
[root@EmbedSky /]# df
Filesystem              1K-blocks       Used Available Use% Mounted on
/dev/root                  257536      51584    205952  20% /
tmpfs                    18320140    5374604  12014928  31% /tmp
192.168.1.7:/root/root_nfs
                         18320140    5374604  12014928  31% /tmp
```

以上表明 NFS 设置成功。

3.2.4　TFTP 安装、配置与测试

1. 宿主机 TFTP 安装

本例采用 yum 的方式在宿主机上安装 TFTP 服务器工具以及 xinetd 协议。

1）安装 TFTP 工具，命令如下：

```
[root@localhost etc]# yum install tftp tftp-server
```

2）安装 xinetd 协议，命令如下：

```
[root@localhost etc]# yum install xinetd
```

3）设置 TFTP 参数：通过修改/etc/xinetd.d/tftp 文件实现设置。其中 server_args 参数所设置的为共享目录，本例为/var/lib/tftpboot，命令如下：

```
service tftp
{
        socket_type         = dgram
        protocol            = udp
        wait                = yes
        user                = root
        server              = /usr/sbin/in.tftpd
        server_args         = -s /var/lib/tftpboot
        disable             = no
        per_source          = 11
        cps                 = 100 2
        flags               = IPv4
}
```

4）重启 xinetd 协议，命令如下：

```
[root@localhost etc]# /etc/init.d/xinetd start
Starting xinetd:                                        [  OK  ]
```

5）可以通过 netstat –a|grep tftp 测试是否启动 TFTP 服务，命令如下：

```
[root@localhost etc]# netstat -a|grep tftp
udp        0        0 *:tftp                       *:*
```

2. 宿主机 TFTP 测试

1）设置共享目录权限，命令如下：

```
[root@localhost lib]# chmod 777 /var/lib/tftpboot/
```

2）在共享目录 tftproot 下新建 hello.c 文件用于测试结果，命令如下：

```
[root@localhost tftpboot]# vi hello.c
[root@localhost tftpboot]# ls
hello.c
```

3）关闭防火墙，并重启 TFTP，命令如下：

```
[root@localhost lib]# service iptables stop
iptables: Flushing firewall rules:                        [  OK  ]
iptables: Setting chains to policy ACCEPT: filter         [  OK  ]
iptables: Unloading modules:                              [  OK  ]
[root@localhost lib]# /etc/init.d/xinetd restart
Stopping xinetd:                                          [  OK  ]
Starting xinetd:                                          [  OK  ]
```

4）连接本机 192.168.1.7，并通过 get 命令获取 hello.c 测试文件，命令如下：

```
[root@localhost /]# tftp 192.168.1.7
tftp> get hello.c
```

5）显示获取结果：

```
[root@localhost /]# ls
arm    dev      home        media  proc  selinux  tmp  vmware-tools-distrib
bin    etc      lib         mnt    root  srv      usr
boot   hello.c  lost+found  opt    sbin  sys      var
```

在本机的/目录中接收到了 hello.c。

3．目标板与宿主机之间的 TFTP 测试

1）将宿主机与目标板通过网络线连接，并将二者设置为同一网段。具体方法：本例将宿主机的 IP 地址设置为 192.168.1.7，并将目标板的 IP 地址设置为 192.168.1.6，将宿主机 Fedora 的网络设置为"桥接"。

2）网络传送文件。本例将存放在宿主机共享目录/var/lib/tftpboot 下的 hello.c 传送到目标板的/目录下，命令如下：

```
[root@EmbedSky /]# tftp -g -r hello.c 192.168.1.7
[root@EmbedSky /]# ls
bin        hello.c     lost+found  root      usr
dev        home        mnt         sbin      var
etc        lib         opt         sys       web
hello      linuxrc     proc        tmp       zs
```

3）用 ls 命令查看到在目标板的/目录下接收到 hello.c 文件，表示 TFTP 测试成功。

3.3 UBoot

嵌入式系统的软件体系结构如图 1-2 所示，本节介绍引导程序 BootLoader 的配置、编译与移植。

3.3.1 BootLoader 简介

BootLoader 是嵌入式系统在加电后执行的第一个程序，在它完成 CPU 和相关硬件的初始化之后，再将操作系统映像或固化的嵌入式应用程序加载到内存中，然后跳转到操作系统所在的空间，引导操作系统运行。常见的 BootLoader 有 RedBoot、ARMboot、PPCBoot、VIVI 和 UBoot 等。

BootLoader 具有很多共性，一些 BootLoader 能够支持多种体系结构的嵌入式系统。例如，UBoot 能够支持 PowerPC、ARM、MIPS 和 x86 等多种 CPU 体系结构，支持的目标板有上百种。通常，它们都能够自动从存储介质上启动，都能够引导操作系统启动，并且支持串口和以太网接口。

BootLoader 启动大多数都分为两个阶段：

第一阶段主要包含依赖于 CPU 的体系结构硬件初始化的代码，通常都用汇编语言来实现。这个阶段的任务有：

1）基本的硬件设备初始化（屏蔽所有的中断、关闭处理器内部指令/数据 Cache 等）。

2）为第二阶段准备 RAM 空间，并复制 BootLoader 的第二阶段代码到 RAM。

3）设置堆栈。

4）跳转到第二阶段的 C 程序入口点。

第二阶段通常用 C 语言编写，以便实现更复杂的功能，也使程序有更好的可读性和可移植性。这个阶段的任务有：

1）初始化本阶段要使用到的硬件设备。

2）检测系统内存映射。

3）将内核映像和根文件系统映像从 Flash 读到 RAM。

4）为内核设置启动参数。

5）调用内核。

3.3.2 UBoot 代码分析

UBoot（Universal BootLoader）是由 PPCBoot 发展起来的，PPCBoot 并入了 ARMboot，以及其他一些 Arch 的 BootLoader，开发出了 UBoot，也是遵循 GPL 条款的开放源码项目。

UBoot 能够支持 x86、ARM、MIPS、PowerPC 等硬件架构，也能支持多种嵌入式操作系统内核，如 Linux、VxWorks、QNX、LynxOS 等，具有较高的可靠性和稳定性。

UBoot 提供两种操作模式：启动加载（Boot Loading）模式和下载（Down Loading）模式，具有以下几个主要功能。

1）系统引导：支持 NFS 挂载以及 RAMDISK（压缩或非压缩）形式的根文件系统。

2）基本辅助功能：强大的操作系统接口功能，可灵活设置、传递多个关键参数给操作系统，适合系统在不同开发阶段的调试要求与产品发布，尤其对 Linux 支持最为强劲；支持目标板环境参数的多种存储方式，如 Flash、NVRAM、EEPROM；CRC32 校验，可校验 Flash 中内核、RAMDISK 镜像文件是否完好。

3）多种设备的驱动支持：串口、SDRAM、Flash、以太网、LCD、NVRAM、EEPROM、键盘、USB、PCMCIA、PCI、RTC 等驱动支持。

4）上电自检功能：SDRAM、Flash 大小自动检测，SDRAM 故障检测，CPU 型号检测等。

5）特殊功能：XIP 内核引导。

本小节以 UBoot 1.1.6 源代码为例进行 UBoot 代码结构的简要分析。

1. UBoot 源代码框架

将 UBoot 1.1.6 下载后，解压可以看到 UBoot 的源代码目录，下面针对部分重要目录以及重要文件加以说明。

1）cpu 目录：存放与处理器相关的文件，包括 cpu.c、interrupt.c、start.s、u-boot.lds 等程序文件。其中，文件 cpu.c 初始化 CPU，设置指令 Cache 和数据 Cache 等；interrupt.c 设置系统的各种中断和异常；start.s 是 UBoot 启动时执行的第一个文件，它主要做最早期的系统初始化、代码重定向和设置系统堆栈，为进入 UBoot 第二阶段的 C 程序奠定基础；u-boot.lds 链接脚本文件，对于程序文件的编译非常重要。

2）board 目录：存放已经支持的开发板相关文件，包含 SDRAM 初始化代码、Flash 底层驱动、板级初始化文件。其中的 config.mk 文件定义了 TEXT_BASE，也就是代码在内存的起始地址等。

3）common 目录：存放与处理器体系结构无关的通用代码。UBoot 的命令解析代码 command.c、所有命令的上层代码 cmd_*.c、UBoot 环境变量处理代码 env_*.c 等都位于该目录下。

4）drivers 目录：存放几乎所有外围芯片的驱动，如网卡、USB、串口、LCD、NAND Flash 等。

5）include 目录：存放头文件，包括各 CPU 的寄存器定义、文件系统、网络等。configs 子目录下的文件是与目标板相关的配置头文件。

6）lib_arm 目录：存放处理器体系相关的初始化文件。比较重要的是其中的 board.c 文件，几乎是 UBoot 的所有架构第二阶段代码入口函数和相关初始化函数存放的地方。

7）fs 目录：存放 UBoot 所支持的文件系统格式的源代码。

8）net 目录：存放网络协议，如 NFS、TFTP、RARP、DHCP 等。

2. UBoot 主要源代码分析

下面以 UBoot 1.1.16 为例，结合 UBoot 执行的一般流程，简要分析其源代码。

（1）程序入口

首先是 u-boot.lds，保存在./u-boot1.1.6/broad/u-boot.lds 中。它决定了 UBoot 可执行映像的连接方式，以及各程序段的装载地址（装载域）和执行地址（运行域）。

```
OUTPUT_ARCH(arm)
ENTRY(_start)
SECTIONS
{
    . = 0x00000000;

    . = ALIGN(4);
    .text         :
    {
        cpu/arm920t/start.o   (.text)              //ARM920T 架构 UBoot 程序入口点
            board/EmbedSky/boot_init.o (.text)
        *(.text)
    }
```

从.text 段中可知，UBoot 程序入口点为 cpu/arm920t/start.o。该文件是由 cpu/arm920t/start.s 源代码编译而成的目标文件，因此 UBoot 启动第一阶段为 start.s 源代码，以下将结合 S3C2440

手册简要分析 start.s 源代码。

（2）UBoot 主入口

在 start.s 源代码中，第一段程序定义了 UBoot 的主入口，以及异常向量的跳转地址，部分代码如下：

```
.globl _start
_start:    b          reset
    ldr   pc, _undefined_instruction
    ldr   pc, _software_interrupt
    ldr   pc, _prefetch_abort
    ldr   pc, _data_abort
    ldr   pc, _not_used
    ldr   pc, _irq
    ldr   pc, _fiq
```

以上汇编代码中"_start:"定义程序的入口地址；另外利用 ldr 跳转指令，将各个异常向量的跳转地址保存到 PC 寄存器中，如"ldr　　pc, _undefined_instruction"，该句将发生无定义指令时异常的跳转地址保存到 PC 寄存器中。PC 寄存器（寄存器 15）存放程序计数器。

（3）设置 CPU 为 SVC（管理）模式

UBoot 在引导程序执行的过程中会先将 CPU 设置为 SVC（管理）模式。如 ARM920T 的 CPU 共有 7 种工作模式，包括用户模式、管理模式、外部中断模式、快中断模式、中止模式、未定义模式、系统模式。而在引导阶段将 CPU 设置为 SVC（管理）模式的原因是在此种模式下，操作系统处于保护模式，而且能够访问最多的硬件资源。UBoot 的主要目的就是初始化硬件资源，所以在此阶段将 CPU 设置为 SVC（管理）模式。设置的方法是根据 S3C2440 的芯片手册通过 CPRS 寄存器的设置来实现。

（4）关闭看门狗

看门狗是一个定时器，主要用于防止死循环等现象的发生。在引导程序阶段一般无需看门狗，所以此处将其关闭，用于防止出现一直复位重启，待正常运行后可再将看门狗开启。

关闭看门狗的方法是通过设置看门狗控制寄存器 pWTCON 来实现，可将 pWTCON 寄存器清零，具体代码如下：

```
ldr   r0, =pWTCON      //将 pWTCON 变量的值（即 pWTCON 寄存器的地址）放入 R0
                        寄存器中
mov   r1, #0x0         //将 0x0 的立即数放入 R1 寄存器中
str   r1, [r0]         //将 R1 寄存器的值放入 R0 寄存器所保存的地址中
```

（5）关闭中断

UBoot 的启动阶段只是完成硬件初始化以及环境参数的设置、内核代码复制等工作，无需用到中断，因此在此阶段可将中断进行屏蔽，避免中断的发生导致引导程序运行失败。关闭中断的主要方法是通过设置中断屏蔽寄存器来实现。如根据 S3C2440 的中文手册，可以查到控制中断屏蔽的寄存器有 INTMSK 寄存器（中断屏蔽寄存器）、INTSUBMSK 寄存器（中断次级屏蔽寄存器）等。

（6）设置 CPU 时钟

在引导程序中需要对时钟分频控制寄存器（CLKDIVN）进行设置。如 S3C2440A 中的时

钟控制逻辑可以产生必须的时钟信号，包括 CPU 的 FCLK、AHB 总线外设的 HCLK 以及 APB 总线外设的 PCLK。此 3 种不同的时钟信号用以满足不同外设的时钟需求。其中，FCLK 是提供给 ARM920T 的时钟；HCLK 是提供给用于 ARM920T、存储器控制器、中断控制器、LCD 控制器、DMA 和 USB 主机模块的 AHB 总线的时钟；PCLK 是提供给用于外设如 WDT、IIS、IIC、PWM 定时器、MMC/SD 接口、ADC、UART、GPIO、RTC 和 SPI 的 APB 总线的时钟。

（7）关闭 MMU、Cache

此部分的代码主要是设置 ARM920T 中的 CP15 协处理器，它用于配置和控制缓存、内存管理单元、保护系统、时钟模式和其他系统选项。在引导程序阶段，需要对 C0、C7、C8 进行设置。C0、C1、C7、C8 都是 ARM920T 协处理器 CP15 的寄存器，C7 是 Cache 控制寄存器，C8 是 TLB 控制寄存器。具体代码分析如下：

```
cpu_init_crit:
/* flush v4 I/D caches */
mov  r0, #0
mcr  p15, 0, r0, c7, c7, 0 /* flush v3/v4 cache */
mcr  p15, 0, r0, c8, c7, 0 /* flush v4 TLB */
/* disable MMU stuff and caches */
mrc  p15, 0, r0, c1, c0, 0
bic  r0, r0, #0x00002300    @ clear bits 13, 9:8 (--V- --RS)
bic  r0, r0, #0x00000087    @ clear bits 7, 2:0 (B--- -CAM)
orr  r0, r0, #0x00000002    @ set bit 2 (A) Align
orr  r0, r0, #0x00001000    @ set bit 12 (I) I-Cache
mcr  p15, 0, r0, c1, c0, 0
```

（8）初始化内存控制器

初始化内存控制器主要是对系统总线的初始化，初始化存储器的位宽、速度、刷新率等重要参数，NOR Flash、SDRAM 才可以被系统使用。此部分 UBoot 的代码将通过跳转指令，跳转到 lowlevel_init.s 中的 lowlevel_init 函数中执行。具体代码如下：

```
mov ip, lr
bl   lowlevel_init
mov lr, ip
mov pc, lr
```

（9）初始化堆栈

初始化堆栈是为了给第二阶段的 C 语言准备 RAM 空间，预留出内存空间做堆栈使用，包括动态分配内存空间、全局数据区空间、快速中断和外部中断的栈内存空间。具体代码如下：

```
stack_setup:
    ldr    r0, _TEXT_BASE            /* upper 128 KB: relocated uboot     */
    sub    r0, r0, #CFG_MALLOC_LEN   /* malloc area                       */
    sub    r0, r0, #CFG_GBL_DATA_SIZE /* bdinfo                           */
```

（10）BSS 段清零

BSS（Block Started by Symbol）段通常是用来存放程序中未初始化的全局变量的一块内存区域。BSS 段属于静态内存分配，具体代码如下：

```
clear_bss:
    ldr    r0, _bss_start        /* find start of bss segment    */
    ldr    r1, _bss_end          /* stop here                    */
    mov    r2, #0x00000000       /* clear                        */
```

（11）转到 start_armboot 中执行

跳入第二阶段的 C 语言代码入口_start_armboot：

ldr pc, _start_armboot

_start_armboot: .word start_armboot

（12）start_armboot.c 函数

start_armboot.c 函数的定义在 lib_arm/board.c 中，是 UBoot 引导程序第二阶段的函数，用 C 语言编写，同时还是整个 UBoot 的主函数。该函数主要调用一系列的初始化函数，具体代码如下：

```
for (init_fnc_ptr = init_sequence; *init_fnc_ptr; ++init_fnc_ptr) {
        if ((*init_fnc_ptr)() != 0) {
                hang ();}
```

通过 for 循环，调用"（*init_fnc_ptr)()"实现各个函数的调用。

3.3.3　UBoot 的移植

本小节针对开发板 TQ2440 进行 UBoot 的移植，使用 UBoot 1.1.6 作为引导程序源代码，使用 EABI4.3.3 作为交叉编译工具。如果开发板不同，请参考使用。

1．准备工作

1）下载 UBoot 1.1.6.tar.gz 并将其解压到/opt 目录下。

2）安装交叉编译工具 EABI4.3.3，具体步骤参考 3.2.1 小节。

2．具体步骤及目的

1）修改文件 vi /opt/u-boot-1.1.6/cpu/arm920t/config.mk，进入后将-msoft-float（软浮点编译）注释掉，是为了使用硬浮点编译。

```
PLATFORM_RELFLAGS += -fno-strict-aliasing  -fno-common -ffixed-r8

PLATFORM_CPPFLAGS += -march=armv4t
```

2）解压 UBoot1.1.6，进入 UBoot 目录，修改 Makefile。

在 smdk2410_config :   unconfig

@$(MKCONFIG) $(@:_config=) arm arm920t smdk2410 NULL s3c24x0 后面加上对开发板的配置：

```
tq2440_config:          unconfig
        @$(MKCONFIG) $(@:_config=) arm arm920t tq2440 NULL s3c24x0
```

其中，arm 指明开发板核心芯片的架构；arm920t 为核心芯片型号；tq2440 为开发板名，此处对应的是 board 目录下的 tq2440 目录；NULL 为开发者或经销商；s3c24x0 为片上系统。

然后指定交叉编译器为：

```
ifeq ($(ARCH),arm)
CROSS_COMPILE = arm-linux-
endif
```

注：本小节利用 EABI4.3.3 来完成交叉编译工作。

3）针对所使用的开发板，新建开发板目录，并做必要的文件复制替换工作。

修改完 Makefile 后，在 board 目录下，新建自己的开发板目录 tq2440，并将 smdk2410 目录下的所有文件复制到 tq2440 目录中，把 smdk2410.c 改为 tq2440.c；然后将 board 目录下所有文件夹全部删除，只留 tq2440。具体步骤如下：

① 把 tq2440 目录移动到上级目录 "mv　tq2440 ../"。

② 强制删除 board 中的文件 "rm -rf　*"

③ 将 tq2440 目录重新移动到 board 中 "mv　../tq2440　./"。

4）修改 tq2440 目录下的 Makefile 文件，用来指定编译目标：

```
COBJS    := tq2440.o flash.o
SOBJS    := lowlevel_init.o
```

在 include/configs 目录下创建开发板的配置头文件，把 smdk2410.h 改名为 tq2440.h，再把所有的文件全部删除，只留 tq2440.h。

5）修改 SDRAM 配置。在 board/tq2440/lowlevel_init.s 中，检查 B1～B7 的位宽设置：

```
#define B1_BWSCON              (DW16)
#define B2_BWSCON              (DW16)
#define B3_BWSCON              (DW16 + WAIT + UBLB)
#define B4_BWSCON              (DW16)
#define B5_BWSCON              (DW8)
#define B6_BWSCON              (DW32)
#define B7_BWSCON              (DW32)
```

此设置需根据开发板的芯片手册，源代码结合 S3C2410 开发板，主要是对 B1、B5、B6 进行修改。

6）修改 SDRAM 的刷新参数。根据芯片手册中的 HCLK 设置 SDRAM 的刷新参数，主要是 REFCNT 寄存器，开发板 HCLK 为 100MHz，将 "#define REFCNT　0x1113" 改为 "#define REFCNT　0x4f4"。

```
#define REFCNT          0x4f4    /* period=15.6μs, HCLK=60MHz, (2048+1-15
.6*60) */
```

7）修改系统时钟。由于 S3C2440 的时钟计算公式、NAND 操作和 S3C2410 不太一样，对于 S3C2440 开发板，将 FCLK 设为 400MHz，分频比 FCLK：HCLK：PCLK=1：4：8。具体操作如下：

修改 board/tq2440/tq2440.c 中的 board_init 函数：

```
/* S3C2440: Mpll,Upll = (2*m * Fin) / (p * 2^s), m = M (the value for divider M)+ 8, p = P (the
value for divider P) + 2*/
    #define S3C2440_MPLL_400MHZ      ((0x7f<<12)|(0x02<<4)|(0x01))
    #define S3C2440_UPLL_48MHZ       ((0x38<<12)|(0x02<<4)|(0x02))
    #define S3C2440_CLKDIV           0x05      /* FCLK：HCLK：PCLK = 1：4：8 */
/* S3C2410: Mpll,Upll = (m * Fin) / (p * 2^s), m = M (the value for divider M)+ 8, p = P (the
value for divider P) + 2*/
    #define S3C2410_MPLL_200MHZ      ((0x5c<<12)|(0x04<<4)|(0x00))
    #define S3C2410_UPLL_48MHZ       ((0x28<<12)|(0x01<<4)|(0x02))
    #define S3C2410_CLKDIV           0x03      /* FCLK：HCLK：PCLK = 1：2：4 */
```

```
int board_init (void)
{
    S3C24X0_CLOCK_POWER * const clk_power =
    S3C24X0_GetBase_CLOCK_POWER();
    S3C24X0_GPIO * const gpio = S3C24X0_GetBase_GPIO();
    /* set up the I/O ports */
    gpio->GPACON = 0x007FFFFF;
    gpio->GPBCON = 0x00044555;
    gpio->GPBUP = 0x000007FF;
    gpio->GPCCON = 0xAAAAAAAA;
    gpio->GPCUP = 0x0000FFFF;
    gpio->GPDCON = 0xAAAAAAAA;
    gpio->GPDUP = 0x0000FFFF;
    gpio->GPECON = 0xAAAAAAAA;
    gpio->GPEUP = 0x0000FFFF;
    gpio->GPFCON = 0x000055AA;
    gpio->GPFUP = 0x000000FF;
    gpio->GPGCON = 0xFF95FFBA;
    gpio->GPGUP = 0x0000FFFF;
    gpio->GPHCON = 0x002AFAAA;
    gpio->GPHUP = 0x000007FF;
    /*support both of S3C2410 and S3C2440*/
    if ((gpio->GSTATUS1 == 0x32410000) || (gpio->GSTATUS1 == 0x32410002))
    {
        /*FCLK：HCLK：PCLK = 1：2：4*/
        clk_power->CLKDIVN = S3C2410_CLKDIV;
        /* change to asynchronous bus mod */
         __asm__(      "mrc      p15, 0, r1, c1, c0, 0\n"      /* read ctrl register    */
                       "orr      r1, r1, #0xc0000000\n"       /* Asynchronous          */
                       "mcr      p15, 0, r1, c1, c0, 0\n"      /* write ctrl register   */
                       :::"r1"
                     );
        /* to reduce PLL lock time, adjust the LOCKTIME register */
        clk_power->LOCKTIME = 0xFFFFFF;
        /* configure MPLL */
        clk_power->MPLLCON = S3C2410_MPLL_200MHZ;
        /* some delay between MPLL and UPLL */
        delay (4000);
        /* configure UPLL */
        clk_power->UPLLCON = S3C2410_UPLL_48MHZ;
```

```
        /* some delay between MPLL and UPLL */
        delay (8000);
        /* arch number of SMDK2410-Board */
        gd->bd->bi_arch_number = MACH_TYPE_SMDK2410;
    }
    else
    {
        /* FCLK：HCLK：PCLK = 1：4：8 */
        clk_power->CLKDIVN = S3C2440_CLKDIV;
        /* change to asynchronous bus mod */
        __asm__(    "mrc    p15, 0, r1, c1, c0, 0\n"    /* read ctrl register    */
                    "orr    r1, r1, #0xc0000000\n"      /* Asynchronous          */
                    "mcr    p15, 0, r1, c1, c0, 0\n"    /* write ctrl register   */
                    :::"r1"
                    );
        /* to reduce PLL lock time, adjust the LOCKTIME register */
        clk_power->LOCKTIME = 0xFFFFFF;
        /* configure MPLL */
        clk_power->MPLLCON = S3C2440_MPLL_400MHZ;
        /* some delay between MPLL and UPLL */
        delay (4000);
        /* configure UPLL */
        clk_power->UPLLCON = S3C2440_UPLL_48MHZ;
        /* some delay between MPLL and UPLL */
        delay (8000);
         /* arch number of SMDK2440-Board */
        gd->bd->bi_arch_number = MACH_TYPE_S3C2440;
    }
     /* adress of boot parameters */
    gd->bd->bi_boot_params = 0x30000100;
    icache_enable();
    dcache_enable();
    return 0;
}
```

8）在 cpu/arm920t/s3c24x0/speed.c 中修改以下内容。

① 添加 gd 变量（必要时）：

在程序开头增加一行"DECLARE_GLOBAL_DATA_PTR"，才可以使用 gd 变量。gd 在 global_data.h 中的 DECLARE_GLOBAL_DATA_PTR 申明，即在 <TOPDIR>/include/asm/global_data.h 中定义。

```
#define DECLARE_GLOBAL_DATA_PTR        register volatile gd_t *gd asm ("r8")
```

声明一个寄存器变量 gd 占用 r8，因此 gd 不占内存，同时避免编译器把 r8 分配给其他变量。所以 gd 就是 r8，用 r8 来保存内存地址，达到全局使用目的。

注：此步骤应当缺少 DECLARE_GLOBAL_DATA_PTR 声明时才进行添加。

② 修改 get_PLLCLK 函数：

```
static ulong get_PLLCLK(int pllreg)
{
    S3C24X0_CLOCK_POWER * const clk_power = S3C24X0_GetBase_CLOCK_ POWER();
    ulong r, m, p, s;
    if (pllreg == MPLL)
            r = clk_power->MPLLCON;
    else if (pllreg == UPLL)
            r = clk_power->UPLLCON;
    else
            hang();
    m = ((r & 0xFF000) >> 12) + 8;
    p = ((r & 0x003F0) >> 4) + 2;
    s = r & 0x3;
    /* support both of S3C2410 and S3C2440 */
    if (gd->bd->bi_arch_number == MACH_TYPE_SMDK2410)
        return((CONFIG_SYS_CLK_FREQ * m) / (p << s));
    else
        return((CONFIG_SYS_CLK_FREQ * m * 2) / (p << s));    /* S3C2440 */
}
```

③ 修改 get_HCLK、get_PCLK 函数：

```
/* for S3C2440 */
#define S3C2440_CLKDIVN_PDIVN               (1<<0)
#define S3C2440_CLKDIVN_HDIVN_MASK          (3<<1)
#define S3C2440_CLKDIVN_HDIVN_1             (0<<1)
#define S3C2440_CLKDIVN_HDIVN_2             (1<<1)
#define S3C2440_CLKDIVN_HDIVN_4_8           (2<<1)
#define S3C2440_CLKDIVN_HDIVN_3_6           (3<<1)
#define S3C2440_CLKDIVN_UCLK                (1<<3)
#define S3C2440_CAMDIVN_CAMCLK_MASK         (0xf<<0)
#define S3C2440_CAMDIVN_CAMCLK_SEL          (1<<4)
#define S3C2440_CAMDIVN_HCLK3_HALF          (1<<8)
#define S3C2440_CAMDIVN_HCLK4_HALF          (1<<9)
#define S3C2440_CAMDIVN_DVSEN               (1<<12)
/* return HCLK frequency */
ulong get_HCLK(void)
{
```

```
      S3C24X0_CLOCK_POWER * const clk_power =
      S3C24X0_GetBase_CLOCK_POWER();
      unsigned long clkdiv;
      unsigned long camdiv;
      int hdiv = 1;
      /* support both of S3C2410 and S3C2440 */
      if (gd->bd->bi_arch_number == MACH_TYPE_SMDK2410)
      return((clk_power->CLKDIVN & 0x2) ? get_FCLK()/2 : get_FCLK());
      else
      {
            clkdiv = clk_power->CLKDIVN;
            camdiv = clk_power->CAMDIVN;
            /* work out clock scalings */
            switch (clkdiv & S3C2440_CLKDIVN_HDIVN_MASK) {
            case S3C2440_CLKDIVN_HDIVN_1:
                  hdiv = 1;
                  break;
            case S3C2440_CLKDIVN_HDIVN_2:
                  hdiv = 2;
                  break;
            case S3C2440_CLKDIVN_HDIVN_4_8:
                  hdiv = (camdiv & S3C2440_CAMDIVN_HCLK4_HALF) ? 8 : 4;
                  break;
            case S3C2440_CLKDIVN_HDIVN_3_6:
               hdiv = (camdiv & S3C2440_CAMDIVN_HCLK3_HALF) ? 6 : 3;
                  break;
            }
             return get_FCLK() / hdiv;
      }
}
/* return PCLK frequency */
ulong get_PCLK(void)
{
      S3C24X0_CLOCK_POWER * const clk_power =
      S3C24X0_GetBase_CLOCK_POWER();
      unsigned long clkdiv;
      unsigned long camdiv;
      int hdiv = 1;
      /* support both of S3C2410 and S3C2440 */
      if (gd->bd->bi_arch_number == MACH_TYPE_SMDK2410)
```

```
        return((clk_power->CLKDIVN & 0x1) ? get_HCLK()/2 : get_HCLK());
        else
        {
            clkdiv = clk_power->CLKDIVN;
            camdiv = clk_power->CAMDIVN;

            /* work out clock scalings */
        switch (clkdiv & S3C2440_CLKDIVN_HDIVN_MASK) {
          case S3C2440_CLKDIVN_HDIVN_1:
hdiv = 1;
break;
            case S3C2440_CLKDIVN_HDIVN_2:
            hdiv = 2;
    break;
            case S3C2440_CLKDIVN_HDIVN_4_8:
hdiv = (camdiv & S3C2440_CAMDIVN_HCLK4_HALF) ? 8 : 4;
break;
            case S3C2440_CLKDIVN_HDIVN_3_6:
            hdiv = (camdiv & S3C2440_CAMDIVN_HCLK3_HALF) ? 6 : 3;
    break;
            }
            return get_FCLK() / hdiv / ((clkdiv & S3C2440_CLKDIVN_PDIVN)? 2:1);
        }
}
```

9）利用 EABI4.3.3 编译 UBoot，并将编译后的 UBoot 镜像文件烧写到开发板上，启动开发板的 UBoot，结果如下：

```
U-Boot 1.1.6 (May 19 2015 - 01:54:40)

DRAM:  64 MB
Flash: 512 KB
*** Warning - bad CRC, using default environment

In:    serial
Out:   serial
Err:   serial
SMDK2410 #
```

可以查看到开发板中 NOR Flash 的大小信息，在此基础上，在终端中可执行 UBoot 命令。

3.4　嵌入式 Linux 内核的配置编译与移植

本节介绍 Linux 内核的基本组成部分，内核代码的基本结构，并以 Linux2.6.30.4 内核代码为例，讲述其在 TQ2440 开发板上的移植过程。

3.4.1　Linux 内核的源代码结构

Linux 的内核包括系统调用接口、进程管理、内存管理、虚拟文件系统、网络堆栈、设备驱动以及依赖体系结构的代码，如图 3-9 所示。

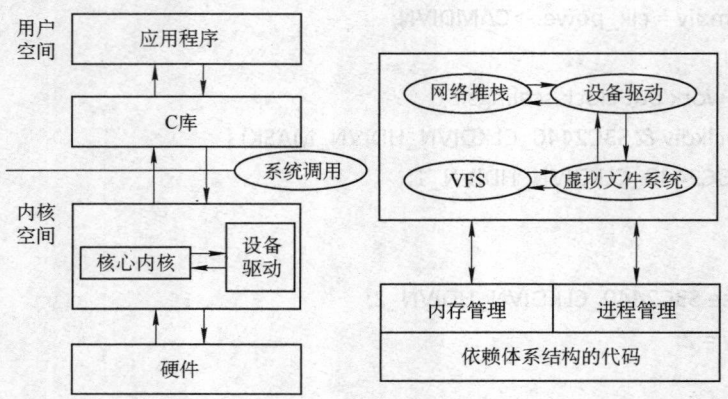

图 3-9　Linux 内核结构简图

系统调用接口（SCI）提供了某些机制执行从用户空间到内核的函数调用。进程管理包含了进程间的切换以及 CPU 的进程调度。

Linux 内存管理采用页管理的方式进行，为了提高效率，如果由硬件管理虚拟内存，那么内存是按照所谓的内存页（对于大部分体系结构来说都是 4KB）方式进行管理的。Linux 包括了管理可用内存的方式，以及物理和虚拟映射所使用的硬件机制。

Linux 虚拟文件系统为文件系统提供了一个通用的接口抽象，在系统调用层和内核所支持的文件系统之间提供了一个交换层。

Linux 网络堆栈在设计上遵循模拟协议本身的分层体系结构。

Linux 内核代码包含了大量的设备驱动程序代码，能够支持特定的硬件设备。另外，Linux 的内核中还包括了依赖体系结构的代码，尽管 Linux 很大程度上独立于所运行的体系结构，但有些元素则需要考虑体系结构才能正常操作并实现更高效率。

本小节以 Linux2.6.30.4 内核为例，介绍 Linux 内核源代码的基本目录结构。将 Linux2.6.30.4 代码解压后，内核代码目录及其解释如下：

```
/Linux2.6.30.4
  --+--/arch          存放体系结构的源代码
   |-- /document      存放一些说明文档
   |-- /drivers       存放驱动程序源代码
   |-- /fs            存放支持文件系统的源代码
   |-- /include       包括编译核心所需要的大部分头文件
   |-- /init          包含核心的初始化代码（不是系统引导代码）
   |-- /ipc           核心进程间通信的代码
   |-- /kernel        内核管理的核心代码
   |-- /lib           核心库代码
   |-- /mm            独立于 CPU 结构的内存管理代码
```

|-- /net   核心的网络部分代码
|-- /scripts   包含用于配置核心的脚本文件
|-- /block   块设备的 I/O 调度
|-- / cypto   常用加密和散列算法
|-- / security   主要包含 Selinux 模块
|-- /sound   音频设备的驱动核心代码
|-- /usr   实现了用于打包和压缩的 cpio 等
|-- /makefile   编译规则文件
|-- /config   配置文件

3.4.2 Linux 内核中的 Kconfig 和 Makefile 文件

在进行 Linux 内核的移植过程中，经常会涉及其中的 3 类文件：Makefile 文件、Kconfig 文件以及.config 文件。内核源代码顶层目录中的 Makefile 文件读取内核配置文件.config 的内容，并递归向下访问全部子目录的 Makefile、Kconfig 文件，完成内核的 build 功能。

1．Kconfig 文件

内核中的 Kconfig 文件可能包含在内核源代码目录的每一级目录下，每个 Kconfig 分别描述了所属目录源文件相关的内核配置菜单。常见的 config 语法结构如下：

config symbol   # symbol 就是新的菜单项

options   # options 是在这个新的菜单项下的属性和选项

其中 options 部分有类型定义、依赖性定义、帮助性定义 3 个分类。本小节以 Linux2.6.30.4/drivers/char 目录下的 Kconfig 文件部分模块为例进行说明。

1）类型定义。每个 config 菜单项都要有类型定义，例如：

config 2440_ADC

       bool "2440/TQ2440 Board ADC Driver"

bool（布尔）类型的只能选中或不选中，双引号内的内容为进行菜单式配置时所显示的菜单内容。另外，Kconfig 中对于类型定义还有 tristate（三态）类型（内建、模块、移除）。例如：

config 2440_GPIO_TEST

       tristate "2440/TQ2440 Board GPIO Test(control LED)"

tristate 类型的菜单项多了编译成内核模块的选项。假如选择编译成内核模块，则会在.config 中生成一个 CONFIG_ 2440_GPIO_TEST =m 的配置；假如选择内建，就是直接编译成内核映像，就会在.config 中生成一个 CONFIG_ 2440_GPIO_TEST=y 的配置。

2）依赖性定义。depends on 或 requires，是指此菜单的出现是否依赖于另一个定义。例如：

config 2440_IRQ_TEST

       bool "2440 Board IRQ Test(Buttons test)"

       depends on TQ2440_IRQ_TEST

这个例子表明 2440_IRQ_TEST 菜单项只对 TQ2440 开发板的中断测试有效，即只有选择了 TQ2440_IRQ_TEST，该菜单才可见（可配置）。

3）帮助性定义。在 Kconfig 文件中会看到 "help" 的关键词，用于增加帮助用关键字 help

或---help—。

2. Makefile 文件

在内核源代码中，经常在各级目录下会看见相应的 Makefile 文件，其编写的规则同本书第 2 章相应章节论述的规则一样。本小节以 Linux2.4.30.4/drivers/char/Makefile 为例进行说明。

1）目标定义。目标定义就是用来定义哪些内容要作为模块编译，哪些要编译链接进内核。例如：

```
Obj-y        += misc.o
```

其中，**Obj-y** 表示要由 misc.c 或者 misc.s 文件编译得到 misc.o 并链接进内核，而 obj-m 则表示该文件要作为模块编译。除了 y、m 以外的 obj-x 形式的目标都不会被编译。更常见的做法是根据.config 文件的 CONFIG_ 变量来决定文件的编译方式，例如：

```
obj-$(CONFIG_2440_IRQ_TEST)                += EmbedSky_irq.o
```

除了 obj-形式的目标以外，还有 lib-y（library 库）、hostprogs-y（主机程序）等目标，但是基本都应用在特定的目录和场合下。

2）多文件模块的定义。如果一个模块由多个文件组成，采用模块名加-y 后缀或者-objs 后缀的形式来定义模块的组成文件。例如：

```
obj-$(CONFIG_EXT2) += ext2.o
ext2-y := balloc.o bitmap.o
```

或者写成-objs 的形式：

```
obj-$(CONFIG_EXT2) += ext2.o
ext2-objs := balloc.o bitmap.o
```

模块的名字为 ext2，如果 CONFIG_EXT2 的值是 m，由 balloc.o 和 bitmap.o 两个目标文件最终链接生成 ext2.o，直至 ext2.ko 文件；如果 CONFIG_EXT2 的值是 y，生成的 ext2.o 将被链接进 built-in.o，最终链接进内核。

3）目录层次的迭代，例如：

```
obj-$(CONFIG_COMPUTONE)           += ip2/
```

如果 CONFIG_COMPUTONE 的值为 y 或 m，kbuild 将会把 ip2 目录列入向下迭代的目标中。

3. 配置 Kconfig 以及 Makefile 的应用示例

以 Linux2.6.30.4/drivers/char/Kconfig 文件、Linux2.6.30.4/drivers/char/Makefile 文件中的 IRQ 模块为例，该模块在 Kconfig 文件中的描述内容如下：

```
config SKY2440_IRQ_TEST
        bool "EmbedSky SKY2440 Board IRQ Test(Buttons test)"
        depends on TQ2440_IRQ_TEST
        help
            IRQ Test for EmbedSky SKY2440 Board.
```

当在 Linux 内核的配置操作过程中，选择 "EmbedSky SKY2440 Board IRQ Test(Buttons test)" 选项时，即为选择了 Kconfig 的 CONFIG_SKY2440_IRQ_TEST 选项。

该 IRQ 模块在同级目录下 Makefile 中的描述如下：

```
obj-$(CONFIG_TQ2440_IRQ_TEST)        += EmbedSky_irq.o
```

按照 Makefile 编译规则的描述，将会在相应目录下将 twl4030-gpio.c 编译成 twl4030-

gpio.o。

3.4.3　嵌入式 Linux 内核的配置

配置内核是内核移植中比较重要的一步，本小节依据开发板 TQ2440 的硬件以及其外围设备进行基本的配置，介绍基本选项的选择原则。学习中可参考其配置方法以及基本的配置选项进行相应配置。

Linux 内核的配置主要通过 make config、make oldconfig、make menuconfig、make xconfig 命令来完成。这几条命令都是为了修改内核配置文件.config 文件，不同的是采用的方法不同。make config 命令是采用命令行的方式进行配置；make oldconfig 命令是利用已有的.config 文件进行配置；make menuconfig 命令是采用文本菜单的方式进行配置；make xconfig 命令是采用图形化界面的方式进行配置。本小节将采用 make menuconfig 命令完成配置。

本小节采用天嵌公司提供的 Linux2.6.30.4 内核源代码，同 Linux 官网上所下载的内核源代码相比较，其源代码包增加了天嵌公司针对其开发板所写的配置文件，使用中可以下载 Linux 内核的原始源代码，自己学习修改。配置步骤如下：

1）解压内核源代码压缩包：Linux2.6.30.4_20091030.tar. bz2，命令如下：

```
[root@localhost opt]# tar jxf linux-2.6.30.4_20091030.tar.bz2 -C /
```

进入 Linux2.6.30.4 的目录，内核源代码目录结构如下：

```
[root@localhost linux-2.6.30.4]# ls
arch                        config_EmbedSky_W43_256MB    lib
block                       config_EmbedSky_W43_64MB     MAINTAINERS
config_EmbedSky_A104_256MB  COPYING                      Makefile
config_EmbedSky_A104_64MB   CREDITS                      mm
config_EmbedSky_A70_256MB   crypto                       MP
config_EmbedSky_A70_64MB    Documentation                net
config_EmbedSky_S35_256MB   drivers                      README
config_EmbedSky_S35_64MB    firmware                     REPORTING-BUGS
config_EmbedSky_T35_256MB   fs                           samples
config_EmbedSky_T35_64MB    include                      scripts
config_EmbedSky_VGA_256MB   init                         security
config_EmbedSky_VGA_64MB    ipc                          sound
config_EmbedSky_W35_256MB   Kbuild                       usr
config_EmbedSky_W35_64MB    kernel                       virt
```

其中，Makefile 为编译内核所需要的编译规则文件；以 config 开头的文件，即天嵌公司针对不同的开发板提供的配置文件，学习中可参考其配置，或自行根据以下步骤手动配置。

2）切换到解压后的目录，启动配置，命令如下：

```
[root@localhost linux-2.6.30.4]# make menuconfig
```

进入内核的配置界面，如图 3-10 所示。

在每个菜单选项之前均有一个方括号，其含义如下：

[*]：该选项加入内核编译。

[]：不选择该选项。

<M>：该选项作为模块编译进内核。

对于选项的选择，只需要键入 Tab 键即可。

3）常用菜单选项设置：

① System Type 选项的选择，如图 3-11 所示。

.config - Linux Kernel v2.6.30.4 Configuration

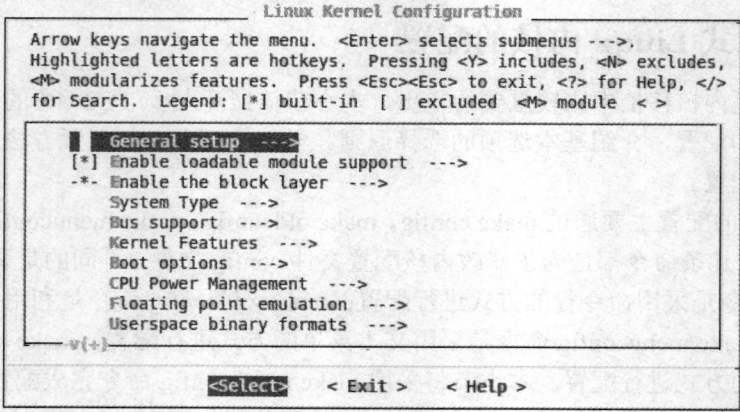

图 3-10　内核配置界面

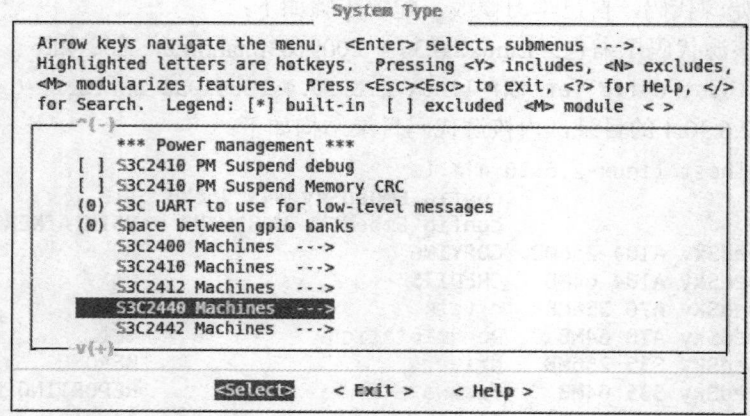

图 3-11　System Type 选项

从 S3C2440 选项中选择 "EmbedSky SKY2440/TQ2440 Board"，由于开发板为 TQ2440，所以该选项为此开发板配置内核特有的，如图 3-12 所示。

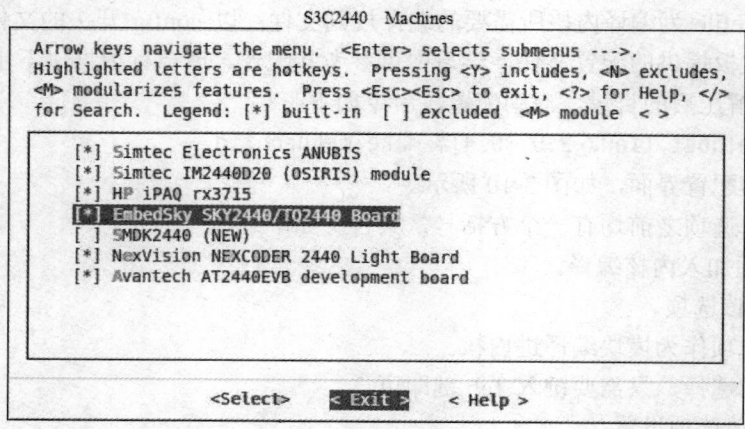

图 3-12　配置开发板类型

②　对于通用选项的补充。General setup—>选项中，移动上下键到指定选项处，选择回车后输入内核版本信息，即 Linux2.6.30.4，如图 3-13 所示。该步骤属于特有步骤，非所有的移植都需要进行此步骤。当选定此信息时，驱动模块在加载时会判断 Linux 版本号是否是 Linux2.6.30.4。

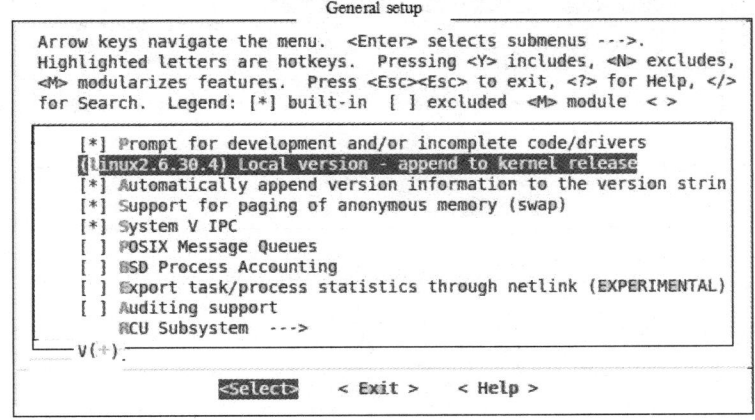

图 3-13　General setup 通用选项

③　对 Kernel Features 选项的选择，如图 3-14 所示。

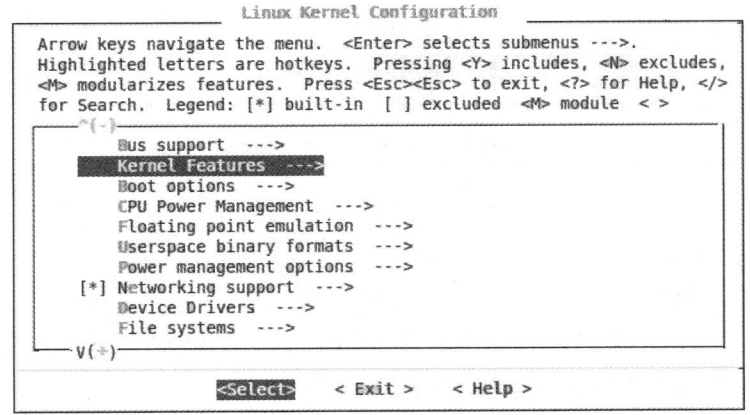

图 3-14　Kernel Features 选项

选择是否支持 EABI 工具，如图 3-15 所示。

④　关闭看门狗选项：在 Device Drivers→Watchdog Timer Support 选项中取消选中，如图 3-16 所示。

若未取消该选项，在开发板启动过程中会造成开发板运行约 1min 后自动重启。

⑤　添加对 YAFFS 文件系统的支持：

首先修改 fs/Kconfig 文件，添加以下内容：

Patched by YAFFS

source "fs/yaffs2/Kconfig"

目的是为了能够在进行内核配置时，添加 YAFFS 选项的配置。

然后修改内核 fs/Makefile，增加了两行：

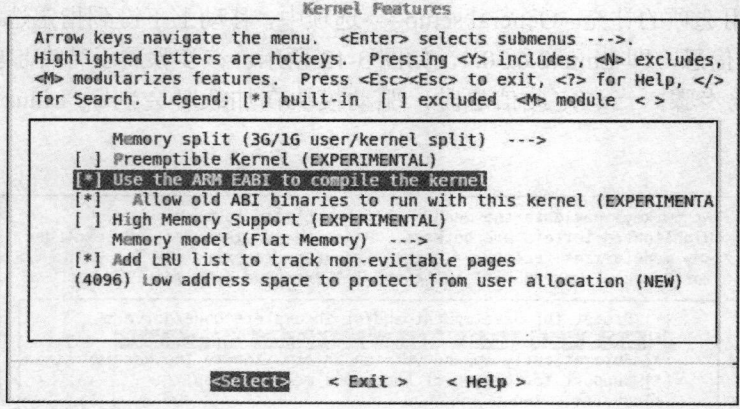

图 3-15　选择支持 EABI 工具

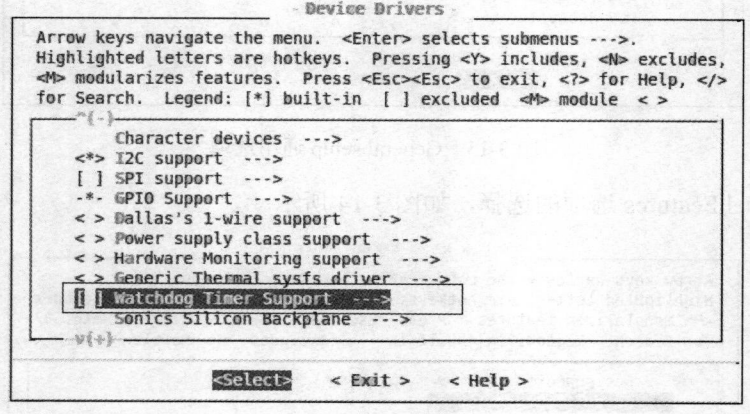

图 3-16　关闭看门狗选项

Patched by YAFFS

obj-$(CONFIG_YAFFS_FS)　　　　　　 += yaffs2/

目的是若操作者选中 YAFFS 的配置，则能够添加对 YAFFS2 源代码的编译。

接着在内核 fs/目录下创建 yaffs2 子目录：

a．将 yaffs2 源代码目录下的 Makefile.kernel 复制到内核 fs/yaffs2/Makefile 文件；

b．将 yaffs2 源代码目录下的 Kconfig 文件复制到内核 fs/yaffs2/目录下；

c．将 yaffs2 源代码目录下的*.c、*.h 文件（不包括子目录下的文件）复制到内核 fs/yaffs2/目录下。

最后就是配置编译内核，让内核支持 YAFFS2 文件系统。

4）确认机器代码：

[root@localhost linux-2.6.30.4]# vi arch/arm/tools/mach-types

在 mach-types 文件中所保存的是机器 ID 代码，请确认其中 S3C2440 所在行中对机器代码的定义与 UBoot 中机器代码的定义是一致的，如图 3-17 所示。

5）保存配置，如图 3-18 所示。

需要说明的是，Linux 内核的配置也可以通过加载原有的配置文件来实现，如图 3-19 所示。

```
root@localhost:/opt/EmbedSky/linux-2.6.30.4
File  Edit  View  Terminal  Tabs  Help
csb335                 ARCH_CSB335            CSB335               351
ixrd425                ARCH_IXRD425           IXRD425              352
iq80315                ARCH_IQ80315           IQ80315              353
nmp7312                ARCH_NMP7312           NMP7312              354
cx861xx                ARCH_CX861XX           CX861XX              355
enp2611                ARCH_ENP2611           ENP2611              356
xda                    SA1100_XDA             XDA                  357
csir_ims               ARCH_CSIR_IMS          CSIR_IMS             358
ixp421_dnaeeth         ARCH_IXP421_DNAEETH    IXP421_DNAEETH       359
pocketserv9200         ARCH_POCKETSERV9200    POCKETSERV9200       360
toto                   ARCH_TOTO              TOTO                 361
S3C2440                ARCH_S3C2440           S3C2440              168
KS8695P                ARCH_KS8695P           KS8695P              363
```

图 3-17　确认机器代码

```
──────────── Linux Kernel Configuration ────────────
Arrow keys navigate the menu.  <Enter> selects submenus --->.
Highlighted letters are hotkeys.  Pressing <Y> includes, <N> excludes,
<M> modularizes features.  Press <Esc><Esc> to exit, <?> for Help, </>
for Search.  Legend: [*] built-in  [ ] excluded  <M> module  < >

        [*] Networking support  --->
            Device Drivers  --->
            File systems  --->
            Kernel hacking  --->
            Security options  --->
        -*- Cryptographic API  --->
            Library routines  --->
            ---
            Load an Alternate Configuration File
            Save an Alternate Configuration File

         <Select>    < Exit >    < Help >
```

图 3-18　保存配置

```
Enter the name of the configuration file you wish
to load.  Accept the name shown to restore the
configuration you last retrieved.  Leave blank to
abort.

arch/arm/configs/s3c2410_defconfig

        < Ok >        < Help >
```

图 3-19　加载原有配置文件

3.4.4　嵌入式 Linux 内核的编译以及烧写

配置完内核菜单的各个选项之后，可以开始内核编译，命令如下：

```
[root@localhost linux-2.6.30.4]# make zImage
  CHK     include/linux/version.h
```

系统自动进行编译，如图 3-20 所示。

如无编译错误，表示编译成功，编译结束后会在 arch/arm/boot 目录下生成一个内核映像文件 zImage，此为压缩后的映像文件，即可将其烧写进开发板。

需要说明的是，如果不是第一次编译内核，应先运行 make clean 命令，以清除上一次编译后所残留的编译结果。

```
UPD      include/linux/compile.h
CC       init/version.o
LD       init/built-in.o
LD       .tmp_vmlinux1
KSYM     .tmp_kallsyms1.S
AS       .tmp_kallsyms1.o
LD       .tmp_vmlinux2
KSYM     .tmp_kallsyms2.S
AS       .tmp_kallsyms2.o
LD       vmlinux
SYSMAP   System.map
SYSMAP   .tmp_System.map
OBJCOPY  arch/arm/boot/Image
Kernel:  arch/arm/boot/Image is ready
AS       arch/arm/boot/compressed/head.o
GZIP     arch/arm/boot/compressed/piggy.gz
AS       arch/arm/boot/compressed/piggy.o
CC       arch/arm/boot/compressed/misc.o
LD       arch/arm/boot/compressed/vmlinux
OBJCOPY  arch/arm/boot/zImage
Kernel:  arch/arm/boot/zImage is ready
```

图 3-20　内核编译

3.5　嵌入式 Linux 根文件系统的构建与移植

3.5.1　Linux 支持的文件系统

所谓的文件系统，其为数据与元数据的组织者。若 Linux 没有文件系统的话，用户和操作系统的交互就不能实现，如使用最多的交互 Shell，包括其他的一些用户程序，都没有办法运行。文件系统可分为基于磁盘的文件系统、虚拟文件系统以及网络文件系统等。

Linux 支持多种文件系统，包括 Ext2、Ext3、VAFT、NTFS、ISO9660、JFFS、ROMFS 和 NFS 等，为了对各种文件系统进行统一管理，Linux 引入了虚拟文件系统（Virtual File System，VFS）技术，为各种文件系统提供一个统一的操作界面和应用编程接口。Linux 启动时，第一个必须挂载的是根文件系统，若系统不能从指定设备上挂载根文件系统，则会出错而退出启动。启动之后可以自动或手动挂载其他文件系统，Linux 系统可以支持不同类型的文件系统。

不同的文件系统类型有不同的特点，根据存储设备的硬件特性、系统需求等有不同的应用场合。在嵌入式 Linux 应用中，主要的存储设备为 RAM（如 DRAM、SDRAM）和 ROM（如 Flash），常用的文件系统类型包括 JFFS2、YAFFS、CRAMFS、ROMFS、RAMDISK 以及 RAMFS/TMPFS 等。

Flash 作为嵌入式系统的主要存储媒介，有其自身的特性。Flash 的写入操作只能把对应位置的 1 修改为 0，而不能把 0 修改为 1，而擦除 Flash 就是把对应存储块的内容恢复为 1，因此向 Flash 写入内容时，需要先擦除对应的存储区间，这种擦除是以块（Block）为单位进行的。

闪存主要有 NOR 和 NAND 两种技术。Flash 存储器的擦写次数是有限的，NAND Flash 还有特殊的硬件接口和读/写时序。因此，必须针对 Flash 的硬件特性设计符合应用要求的文件系统。传统的文件系统如 Ext2 等，用作 Flash 的文件系统会有诸多弊端。

在嵌入式 Linux 下，存储技术设备（Memory Technology Device，MTD）为底层存储硬件和上层文件系统之间提供一个统一的抽象接口，即 Flash 的文件系统都是基于 MTD 驱动层的。

使用 MTD 驱动程序的主要优点在于，它是专门针对各种非易失性存储器，以 Flash 为主而设计的，因而它对 Flash 有更好的支持、管理和基于扇区的擦除、读/写操作接口。

Flash 芯片可以划分为多个分区，各分区可以采用不同的文件系统；两块 Flash 芯片也可以合并为一个分区使用，采用一个文件系统。即文件系统是针对于存储器分区而言的，而非存储芯片。

1. JFFS

JFFS 最早是由瑞典 Axis Communications 公司基于 Linux2.0 的内核为嵌入式系统开发的文件系统。日志闪存文件系统版本 2（Journalling Flash File System v2，JFFS2）是 Redhat 公司基于 JFFS 开发的 Flash 文件系统，最初是针对 Redhat 公司的嵌入式产品 Cos 开发的嵌入式文件系统，所以 JFFS2 也可以用在 Linux、μCLinux 中。它主要用于 NOR 型闪存，基于 MTD 驱动层，优点是可读/写的、支持数据压缩的、基于散列表的日志型文件系统，并提供了崩溃/掉电安全保护、"写平衡"支持等；缺点主要是当文件系统已满或接近满时，由于垃圾收集的关系使 JFFS2 的运行速度大大放慢。

JFFS2 不适合用于 NAND Flash，主要是因为 NAND Flash 的容量一般较大，导致 JFFS2 为维护日志节点所占用的内存空间迅速增大。另外，JFFS2 文件系统在挂载时需要扫描整个 Flash 的内容，以检索出所有的日志节点，建立文件结构，对于大容量的 NAND Flash 会耗费大量时间。

目前 JFFS3 正在开发中，关于 JFFS2 系列文件系统的详细使用文档，可参考 MTD 补丁包中的 mtd-jffs-HOWTO.txt。

2. YAFFS

YAFFS（Yet Another Flash File System）/YAFFS2 是专为嵌入式系统使用 NAND Flash 而设计的一种日志型文件系统。与 JFFS2 相比，它减少了一些功能（如不支持数据压缩），所以速度更快，挂载时间很短，对内存的占用较小。另外，它还是跨平台的文件系统，除了 Linux 和 eCos，还支持 Windows CE、pSOS 和 ThreadX 等。

YAFFS/YAFFS2 自带 NAND 芯片的驱动，并且为嵌入式系统提供了直接访问文件系统的 API，用户可以不使用 Linux 中的 MTD 与 VFS，直接对文件系统操作。当然，YAFFS 也可与 MTD 驱动程序配合使用。YAFFS 与 YAFFS2 的主要区别在于，前者仅支持小页（512B）NAND Flash，后者则可支持大页（2KB）NAND Flash。同时，YAFFS2 在内存空间占用、垃圾回收速度、读/写速度等方面均有大幅提升。

3. CRAMFS

CRAMFS（Compressed RAM File System）是 Linux 的创始人 Linus Torvalds 参与开发的一种只读的压缩文件系统，它也基于 MTD 驱动程序。在 CRAMFS 中，每一页（4KB）被单独压缩，可以随机页访问，其压缩比高达 2∶1，为嵌入式系统节省了大量的 Flash 存储空间，使系统可通过更小容量的 Flash 存储相同的文件，从而降低了系统成本。

CRAMFS 以压缩方式存储，在运行时解压缩，所以不支持应用程序以 XIP 方式运行，所有的应用程序要求复制到 RAM 里去运行，但这并不代表比 RAMFS 需求的 RAM 空间要大一点，因为 CRAMFS 是采用分页压缩的方式存放档案，在读取档案时，不会一下子就耗用过多的内存空间，只针对目前实际读取的部分分配内存，尚没有读取的部分不分配内存空间。当读取的档案不在内存时，CRAMFS 自动计算压缩后的资料所存的位置，再即时解压缩到 RAM 中。

另外，CRAMFS 的速度快，效率高，其只读的特点有利于保护文件系统免受破坏，提高了系统的可靠性。CRAMFS 映像通常是放在 Flash 中，但是也能放在别的文件系统里，使用 Loopback 设备可以把它安装在别的文件系统里。

由于以上特性，CRAMFS 在嵌入式系统中应用广泛。但是它的只读属性同时又是它的一大缺陷，使得用户无法对其内容进行扩充。

4．ROMFS

传统的 ROMFS 是一种简单的、紧凑的、只读的文件系统，不支持动态擦写保存，按顺序存放数据，因而支持应用程序以片内运行（eXecute In Place，XIP）方式运行，在系统运行时节省 RAM 空间。μClinux 系统通常采用 ROMFS。

下面将介绍根文件系统的概念及其包含的内容，以及构建根文件系统的方法。

3.5.2 根文件系统的基础

根文件系统首先是一种文件系统，而其与普通文件系统的区别在于根文件系统是内核在启动时挂载的第一个文件系统。Linux 软件启动的顺序一般是引导程序、内核、根文件系统、应用程序。

1．文件系统的挂载

文件系统若需要被使用，必须挂载在某个目录下。所谓的挂载是指将一个设备（通常是存储设备）挂接到一个已存在的目录下。在安装 Linux 发行版的过程中，分区时也涉及挂载的问题。挂载点必须是一个目录，一个分区挂载在一个已存在的目录下，这个目录可以不为空，但挂载后这个目录下以前的内容将不可用。对于其他操作系统建立的文件系统的挂载也是这样。挂载采用的命令为"mount"。

2．根文件系统的目录结构

Linux 在开机启动的过程中，会自动进行根文件系统的挂载，其挂载点为"/"。在挂载完根目录后，其他文件系统也会以树形结构的方式挂载在根目录以下的某个目录中。所以将 Linux 文件系统称为树形结构文件系统。根文件系统包含了内核和系统管理所需要的各种文件和命令、程序。而根目录"/"下的顶层目录都有固定的命名和用途。常见的根目录结构如下：

1）/bin：bin 是 binary 的缩写，存放着用户经常使用的基本命令，如 cp、ls、cat 等。这个目录中的文件都是可执行的。

2）/boot：存放的是启动 Linux 时使用的一些核心文件，包括系统的内核及引导系统程序所需要的文件，如 vmlinuz、initrd、img 等。

3）/dev：dev 是 device（设备）的缩写，这个目录下存放的是所有 Linux 的外部设备。在 Linux 中设备和文件是用同样的方法访问的，如/dev/hda 代表第一个物理 IDE 硬盘。应用程序通过对这些文件的读/写和控制就可以访问实际的设备。

4）/etc：存放系统管理所需要的配置文件和子目录。

5）/home：普通用户的主目录，如/home/fjut 为 fjut 用户的主目录。通常在创建一个用户的同时，系统会自动在/home 下创建一个与用户名同名的目录作为该用户的主目录。

6）/lib：存放着系统最基本的动态链接共享库，几乎所有的应用程序都需要用到这些共享库。

7）/lost+found：平时是空的，当系统不正常关机后，此目录会存放一些遗失的片段文件。

8）/mnt：这个目录是空的，系统提供此目录是让用户临时挂载别的文件系统，如 CDROM 等储存设备。

9）/proc：虚拟的目录，它是系统内存的映射。可以通过直接访问这个目录来获取系统信息。也就是说，这个目录的内容不是在硬盘上而是在内存里。操作系统运行时，进程及内核信息（如 CPU、硬盘分区、内存信息等）存放在这里。

10）/root：系统管理员（即超级用户）的主目录。

11）/sbin：存放的是系统管理员使用的管理程序。这些可执行文件大多是涉及系统管理的命令，只有 root 用户才能执行，普通用户没权限。

12）/tmp：存放一些临时文件的地方。

13）/usr：最庞大的目录，要用到的应用程序和文件几乎都存放在这个目录下。

14）/var：存放着那些不断在扩充着的东西，为了保证 usr 的相对稳定，那些经常被修改的目录可以放在这个目录下，系统的日志文件就在/var/log 目录中。

15）/sys：Linux2.6 内核所支持的 sysfs 文件系统被映射在此目录。

总之，驱动和设备都可以在 sysfs 文件系统中找到对应的节点。而如果是嵌入式 Linux 的根文件系统，其结构可能会比上述更加简单。一般来说，嵌入式 Linux 根文件系统包含/bin、/dev、/etc、/lib、/proc、/var、/usr 等目录。

3.5.3　BusyBox 的配置与编译

根据上节所述，内核代码的映像文件保存在根文件系统中，系统引导启动程序会在根文件系统挂载之后从中把一些初始化脚本（如 rcS、inittab）和服务加载到内存中去运行。所以对于嵌入式系统来说，需要定制适合于开发板的根文件系统，本小节利用 BusyBox 工具来定制根文件系统。

BusyBox 是一个常用的 UNIX 工具的集合，目前 BusyBox 支持 UNIX/Linux 命令集中的大部分命令，包括基本命令 cp、cd、chmod、date、ar 等，还有编辑工具 vi，网络工具 ifconfig、netstat、telnet 等，模块工具 lsmod、insmod、rmmod，压缩解压工具 gzip、tar、bzip 等，查找工具 find，进程相关工具 init、ps、kill、free 等，以及其他系统工具。

下面介绍基于 BusyBox 1.13.0 定制根文件系统中/bin、/sbin、/usr、/linuxrc 的步骤。

1. 基本配置

1）硬件条件：TQ2440 开发板、安装 Fedora10 虚拟机的计算机。

2）软件工具：BusyBox1.13.0.tar.gz、EABI4.3.3.tar.gz。

2. 配置步骤

1）安装 EABI4.3.3，参见 3.2.1 小节。

2）解压 BusyBox1.13.0。

3）配置 BusyBox，如图 3-21 所示。

① General Configuration 选项，如图 3-22 所示。

② build option 选项，如图 3-23 所示。

③ installation option 选项，如图 3-24 所示。

④ linux module utilities 选项，如图 3-25 所示。

⑤ 设置开发板终端提示。选中 Busybox Settings--->Busybox Library Turing 下的选项：Usrname completion、pancy shell promts，如图 3-26 所示。

以上选项选中后，开发板在终端提示时才能正确显示 PS1 变量，终端提示符才能正确显示。

⑥ 保存配置，如图 3-27 所示。

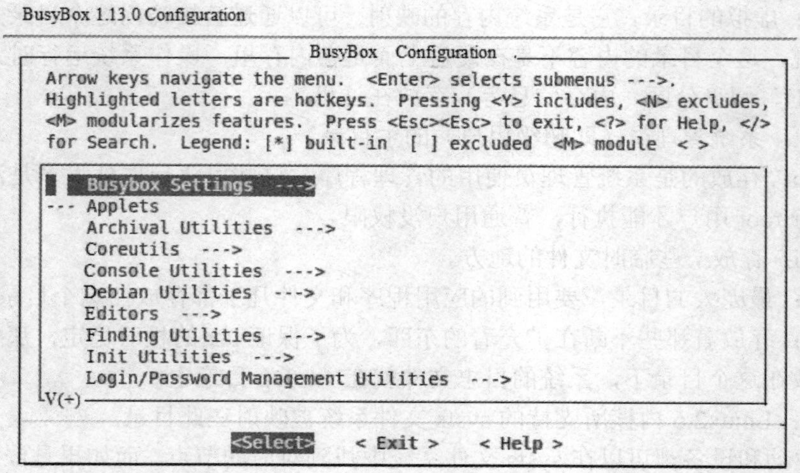

BusyBox 1.13.0 Configuration

```
_____ BusyBox   Configuration _____
Arrow keys navigate the menu.  <Enter> selects submenus --->.
Highlighted letters are hotkeys.  Pressing <Y> includes, <N> excludes,
<M> modularizes features.  Press <Esc><Esc> to exit, <?> for Help, </>
for Search.  Legend: [*] built-in  [ ] excluded  <M> module  < >

   █ Busybox Settings  --->
   --- Applets
      Archival Utilities  --->
      Coreutils  --->
      Console Utilities  --->
      Debian Utilities  --->
      Editors  --->
      Finding Utilities  --->
      Init Utilities  --->
      Login/Password Management Utilities  --->
  V(+)

         <Select>    < Exit >    < Help >
```

图 3-21　BusyBox 基本配置

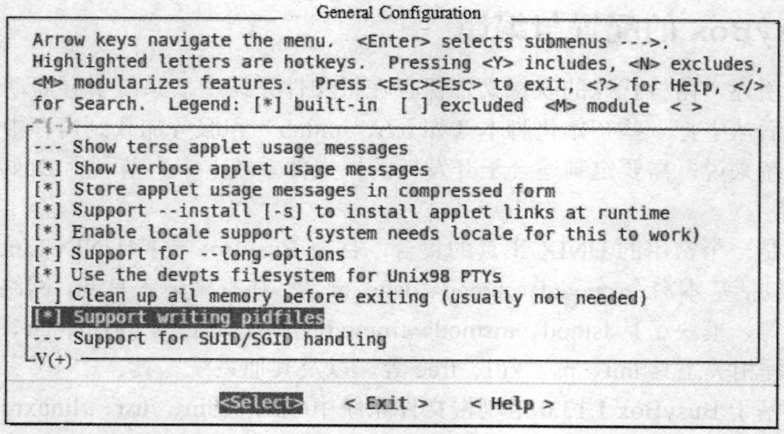

```
_____ General Configuration _____
Arrow keys navigate the menu.  <Enter> selects submenus --->.
Highlighted letters are hotkeys.  Pressing <Y> includes, <N> excludes,
<M> modularizes features.  Press <Esc><Esc> to exit, <?> for Help, </>
for Search.  Legend: [*] built-in  [ ] excluded  <M> module  < >

   --- Show terse applet usage messages
   [*] Show verbose applet usage messages
   [*] Store applet usage messages in compressed form
   [*] Support --install [-s] to install applet links at runtime
   [*] Enable locale support (system needs locale for this to work)
   [*] Support for --long-options
   [*] Use the devpts filesystem for Unix98 PTYs
   [ ] Clean up all memory before exiting (usually not needed)
   [*] Support writing pidfiles
   --- Support for SUID/SGID handling
  V(+)

         <Select>    < Exit >    < Help >
```

图 3-22　General Configuration 选项

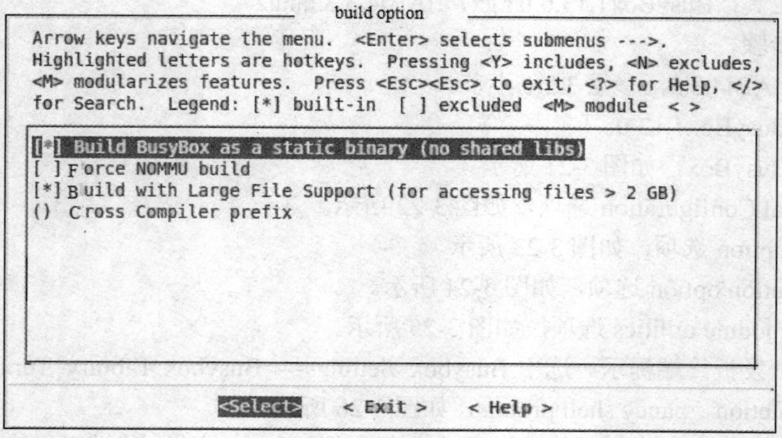

```
_____ build option _____
Arrow keys navigate the menu.  <Enter> selects submenus --->.
Highlighted letters are hotkeys.  Pressing <Y> includes, <N> excludes,
<M> modularizes features.  Press <Esc><Esc> to exit, <?> for Help, </>
for Search.  Legend: [*] built-in  [ ] excluded  <M> module  < >

   [*] Build BusyBox as a static binary (no shared libs)
   [ ] Force NOMMU build
   [*] Build with Large File Support (for accessing files > 2 GB)
   () Cross Compiler prefix

         <Select>    < Exit >    < Help >
```

图 3-23　build option 选项

```
┌──────────────── installation option ────────────────┐
Arrow keys navigate the menu.  <Enter> selects submenus --->.
Highlighted letters are hotkeys.  Pressing <Y> includes, <N> excludes,
<M> modularizes features.  Press <Esc><Esc> to exit, <?> for Help, </>
for Search.  Legend: [*] built-in  [ ] excluded  <M> module  < >

   [ ] Don't use /usr
       Applets links (as soft-links)  --->
   (./_install) BusyBox installation prefix




        <Select>    < Exit >    < Help >
```

图 3-24　installation option 选项

```
┌──────────────── linux module utilities ────────────────┐
Arrow keys navigate the menu.  <Enter> selects submenus --->.
Highlighted letters are hotkeys.  Pressing <Y> includes, <N> excludes,
<M> modularizes features.  Press <Esc><Esc> to exit, <?> for Help, </>
for Search.  Legend: [*] built-in  [ ] excluded  <M> module  < >

   (/lib/modules) Default directory containing modules
   (modules.dep) Default name of modules.dep
   [*] Simplified modutils
   [*]   Accept module options on modprobe command line
   [*]   Skip loading of already loaded modules
   --- Options common to multiple modutils



        <Select>    < Exit >    < Help >
```

图 3-25　linux module utilities 选项

```
┌──────────────── Busybox Library Turing ────────────────┐
Arrow keys navigate the menu.  <Enter> selects submenus --->.
Highlighted letters are hotkeys.  Pressing <Y> includes, <N> excludes,
<M> modularizes features.  Press <Esc><Esc> to exit, <?> for Help, </>
for Search.  Legend: [*] built-in  [ ] excluded  <M> module  < >
   (15)  History size
   [*]   History saving
   [*]   Tab completion
   [*]     Username completion
   [*]   Fancy shell prompts
   [ ] Give more precise messages when copy fails (cp, mv etc)
   (4) copy buffer size, in kilobytes
   [ ] Use clock_gettime(CLOCK_MONOTONIC) syscall
   [*] Use ioctl names rather than hex values in error messages
   [*] Support infiniband HW

        <Select>    < Exit >    < Help >
```

图 3-26　Busybox Library Turing 选项

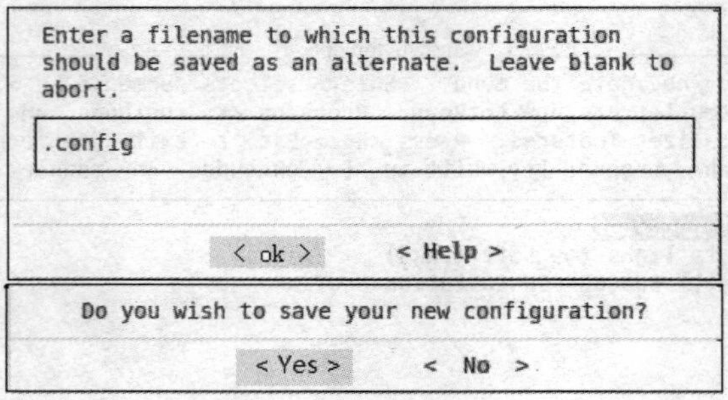

```
Enter a filename to which this configuration
should be saved as an alternate.  Leave blank to
abort.

 .config

          < ok >      < Help >

    Do you wish to save your new configuration?
          < Yes >     < No >
```

图 3-27　保存配置

3. 编译

```
[root@localhost busybox-1.13.0]# make
```
无报错，直至编译结束，如图 3-28 所示。

```
CC      util-linux/volume_id/fat.o
CC      util-linux/volume_id/get_devname.o
CC      util-linux/volume_id/hfs.o
CC      util-linux/volume_id/iso9660.o
CC      util-linux/volume_id/jfs.o
CC      util-linux/volume_id/linux_raid.o
CC      util-linux/volume_id/linux_swap.o
CC      util-linux/volume_id/luks.o
CC      util-linux/volume_id/ntfs.o
CC      util-linux/volume_id/ocfs2.o
CC      util-linux/volume_id/reiserfs.o
CC      util-linux/volume_id/romfs.o
CC      util-linux/volume_id/sysv.o
CC      util-linux/volume_id/udf.o
CC      util-linux/volume_id/util.o
CC      util-linux/volume_id/volume_id.o
CC      util-linux/volume_id/xfs.o
AR      util-linux/volume_id/lib.a
LINK    busybox_unstripped
Trying libraries: crypt m
 Library crypt is not needed, excluding it
 Library m is needed, can't exclude it (yet)
Final link with: m
[root@localhost busybox-1.13.0]#
```

图 3-28　BusyBox 编译

4. make install

```
[root@localhost busybox-1.13.0]# make install
 ./_install/bin/addgroup -> busybox
 ./_install/bin/adduser -> busybox
[root@localhost busybox-1.13.0]# ls
applets                coreutils         libpwdgrp         procps
arch                   debianutils       LICENSE           README
archival               docs              loginutils        runit
AUTHORS                e2fsprogs         mailutils         scripts
busybox                editors           Makefile          selinux
busybox.links          examples          Makefile.custom   shell
busybox_unstripped     findutils         Makefile.flags    sysklogd
busybox_unstripped.map include           Makefile.help     testsuite
busybox_unstripped.out init              miscutils         TODO
config_EmbedSky        _install          modutils          TODO_config_nommu
Config.in              INSTALL           networking        util-linux
console-tools          libbb             printutils
[root@localhost busybox-1.13.0]# cd _install
[root@localhost _install]# ls
bin  linuxrc  sbin  usr
```

可以看到，make install 之后将在 install 目录中生成 bin、sbin、usr、linuxrc 等目录与文件，将 bin、sbin、usr、linuxrc 复制到根文件系统的目录中。

3.5.4　制作 YAFFS2 根文件系统镜像

1．创建根文件系统 root_fs 的目录及其子目录

在 root_fs 目录中，用 mkdir 新建根文件系统所需的 dev、etc、lib、mnt、proc、sys、tmp 等子目录。

```
[root@localhost opt]# cd root_fs
[root@localhost root_fs]# ls
[root@localhost root_fs]# mkdir dev etc lib mnt proc sys tmp
[root@localhost root_fs]# ls
dev  etc  lib  mnt  proc  sys  tmp
```

2．将 BusyBox 编译生成的 bin、sbin、usr、linuxrc 复制到 root_fs 目录中

```
[root@localhost root_fs]# cd /opt/EmbedSky/busybox-1.13.0/_install/
[root@localhost _install]# cp -rf bin sbin usr ./linuxrc /opt/root_fs/
[root@localhost _install]# cd /opt/root_fs/
[root@localhost root_fs]# ls
bin  dev  etc  lib  linuxrc  mnt  proc  sbin  sys  tmp  usr
```

3．在 dev 中创建设备文件（节点）

```
[root@localhost root_fs]# ls
bin  dev  etc  lib  linuxrc  mnt  proc  sbin  sys  tmp  usr
[root@localhost root_fs]# cd ./dev
[root@localhost dev]# mknod console c 5 1
[root@localhost dev]# mknod null c 1 3
[root@localhost dev]#
[root@localhost dev]# ls
console  mtdblock0  mtdblock1  mtdblock2  null  ttySAC2
```

4．在 lib 中新建动态共享库

```
[root@localhost lib]# cp /opt/EmbedSky/4.3.3/arm-none-linux-gnueabi/libc/armv4t/
lib/*.so* /opt/root_fs/lib
```

确认动态库的文件类型：

```
[root@localhost lib]# file ld-2.8.so
ld-2.8.so: ELF 32-bit LSB shared object, ARM, version 1 (SYSV), dynamically link
ed, not stripped
```

5．在 etc 中新建和修改相关的初始化脚本

1）编辑 vi etc/eth0-config 以设置网络数据：

```
IP=192.168.1.6
Mask=255.255.255.0
Gateway=192.168.1.1
DNS=192.168.1.1
MAC=10:23:45:67:89:ab
```

2）编辑/etc/init.d/rcS。/etc/init.d/rcS 为开机自动运行的脚本文件，由于 Linux 具有极大的灵活性，rcS 文件具体要完成什么工作，可以完全由构建文件系统者决定，以下内容仅提供参考。

```
#! /bin/sh      #指定系统使用的 shell

PATH=/sbin:/bin:/usr/sbin:/usr/bin:/usr/local/bin: #设置 PATH 变量

runlevel=S #设置系统运行级别为 S（single user mode），即单用户模式，只有一个控制台
```
终端，供 "root" 账号做系统维护
```
umask 022    #设置文件默认权限
```

export PATH runlevel prevlevel #export 用于传递一个或多个变量的值到其他 shell，相当于声明了一些"全局变量"

/bin/hostname bname #设置机器名字 bname

/bin/mount -n -t proc none /proc #挂载 proc 文件系统

/bin/mount -n -t sysfs none /sys #挂载 sysfs 文件系统

/bin/mount -n -t usbfs none /proc/bus/usb #挂载 usb 文件系统

/bin/mount -t ramfs none /dev #挂载 ramfs 文件系统

echo /sbin/mdev > /proc/sys/kernel/hotplug #调用 mdev 管理程序动态地创建插拔设备。kernel 在每次设备出现变动时调用上面一句传递进去的用户空间应用程序/sbin/mdev 来处理对应的信息，进而 mdev 操作/dev 目录下的设备,进行添加或删除

/sbin/mdev –s #内核就可以在/dev 目录下自动创建设备节点

/bin/hotplug #设置内核的 hotplug handler 为 mdev，由 mdev 接收来自内核的消息并作出相应的回应，比如挂载 U 盘等

mounting file system specified in /etc/fstab

mkdir -p /dev/pts #创建目录

mkdir -p /dev/shm   #创建目录

/bin/mount -n -t devpts none /dev/pts -o mode=0622 #挂载

/bin/mount -n -t tmpfs tmpfs /dev/shm   #挂载

/bin/mount -n -t ramfs none /tmp   #挂载

/bin/mount -n -t ramfs none /var   #挂载

/sbin/hwclock -s -f /dev/rtc #从硬件 RTC 取得时间

syslogd   #记录系统或应用程序产生的各种信息，并把信息写到日志中

echo V >/dev/watchdog #关闭看门狗

insmod   /lib/modules/s3c2416_gpio.ko #加载驱动程序

dmesg -n 1 #显示开机信息,信息在内核的 ring buffer 中。-n 设置信息在 console 中的级别，值为 1 情况下将忽略打印所有信息，除了 emergency (panic) messages

exec /usr/etc/rc.local #转去执行 rc.local 文件中的内容

3）编辑/etc/profile 文件以设置环境变量：

```
# Ash profile
# vim: syntax=sh

# No core files by default
ulimit -S -c 0 > /dev/null 2>&1

USER="`id -un`"
LOGNAME=$USER
PS1='[\u@\h \W]# '
PATH=$PATH

HOSTNAME=`/bin/hostname`

export USER LOGNAME PS1 PATH
export set PATH=$QPEDIR/bin:$PATH
export set LD_LIBRARY_PATH=$QTDIR/lib:$QPEDIR/plugins/imageformats:$LD_LIBRARY_PATH
```

4）编辑 fstab 设置文件系统挂载方式：

```
#device            mount-point    type      options        dump    fsck order
proc               /proc          proc      defaults       0       0
tmpfs              /tmp           tmpfs     defaults       0       0
sysfs              /sys           sysfs     defaults       0       0
tmpfs              /dev           tmpfs     defaults       0       0
var                /dev           tmpfs     defaults       0       0
ramfs              /dev           ramfs     defaults       0       0
~
```

5）创建/etc/rc.d/init.d/netd 文件。/etc/rc.d/init.d/netd 为开机自动设置的网络 daemon 文件：

```
#!/bin/sh

base=inetd

# See how we were called.
case "$1" in
  start)
                /usr/sbin/$base
        ;;
  stop)
        pid=`/bin/pidof $base`
        if [ -n "$pid" ]; then
                kill -9 $pid
        fi
        ;;
esac

exit 0
```

至此文件系统已经构建完毕，需要将其通过 NFS 远程加载进行调试，以确认定制的文件系统是否适合开发板。

6）编辑/etc/init.d/ifconfig-eth0 文件以设置网卡：

```
#!/bin/sh

echo -n Try to bring eth0 interface up......>/dev/ttySAC2

if [-f /etc/eth0-setting] ; then
        source /etc/eth0-setting
        if grep -q "/dev/root / nfs" /dev/mtab; then
        echo -n NFS root ...>/dev/ttySAC2
        else
        ifconfig eth0 down
        ifconfig eth0 hw ether $MAC
        ifconfig eth0 $IP netmask $MASK up
        route add default gw $Gateway
fi
        echo nameserver $DNS > /etc/resolv.conf
else
        if grep -q "/dev/root / nfs" /etc/mtab; then
        echo -n NFS root ... > /dev/ttySAC2
        else
        /sbin/ifconfig eth0 192.168.253.12 netmask 255.255.255.0 up
        fi
fi
echo Done > /dev/ttySAC2
"ifconfig-eth0" 23L, 563C
```

6．制作 YAFFS2 文件系统镜像

用 mkyaffs2image 将 root_fs 制作成 YAFFS2 文件系统镜像 root_fs_new1.img.bin：

```
[root@localhost opt]# ./usr/local/sbin/mkyaffs2image root_fs_new/ root_fs_new1.i
mg.bin
mkyaffs2image: image building tool for YAFFS2 built Mar 10 2009
Processing directory root_fs_new/ into image file root_fs_new1.img.bin
Object 257, root_fs_new//linuxrc is a symlink to "bin/busybox"
[root@localhost opt]# ls
busybox-1.13.0.tar.bz2                    root_fs
EABI-4.3.3_EmbedSky_20091210.tar.bz2      root_fs_fjut.img
EmbedSky                                  root_fs_new
linux-2.6.30.4_20091030.tar.bz2           root_fs_new1.img.bin
mkxxxximage_tools.tar.bz2                 usr
root_fjut_new.img.bin
```

7．烧写 YAFFS2 文件系统镜像 root_fs_new1.img.bin 并启动开发板

```
Please press Enter to activate this console.
[root@fjut-2440 /]#
```

本章小结

本章以 S3C2440 开发板为例，主要介绍了嵌入式 Linux 交叉编译环境的搭建，基于开源代码的 UBoot 的配置、编译与移植，基于 Linux2.6 内核源代码的嵌入式 Linux 内核的配置、编译与移植，基于 BusyBox 构建嵌入式 Linux 根文件系统及其移植，为后续嵌入式目标板的程序开发提供板级软件支持。

习题与思考题

3-1　比较交叉开发模式与本地开发模式之间的异同。

3-2　简述常用 BootLoader 软件的代码结构与功能。

3-3　简述常用嵌入式操作系统软件的特点与应用。

3-4　简述常用根文件系统的特点与应用。

3-5　在 Linux 主机上搭建交叉开发环境，并编译一个简单的程序。

3-6　针对开发板平台，配置、编译与移植 UBoot 和 Linux 内核。

3-7　用 BusyBox 创建一个根文件系统，并把编译好的程序组织到该文件系统中。

第4章　嵌入式 Linux 的设备驱动开发基础

在 Linux 系统中，操作系统内核和应用程序是通过各种驱动程序来访问硬件设备的数据，以实现设备的管理、工作方式设定和控制等操作的。设备驱动程序是操作系统内核和硬件设备之间的接口，它为应用程序屏蔽了硬件的细节，这样在应用程序看来，硬件设备只是一个设备文件，可以像访问普通文件一样对硬件设备进行操作。

设备驱动程序可以与内核的其他部分采用动态或者静态的编译和加载方式，这种模块化结构使得 Linux 驱动的使用比较灵活。

本章主要内容：
- Linux 设备驱动基础
- Linux 设备驱动的开发步骤
- Linux 设备驱动模块化程序的代码结构
- Linux 设备驱动程序的静态与动态应用基础

4.1　Linux 设备管理基础

设备管理是对计算机输入/输出系统的管理，这是操作系统中最具有多样性和复杂性的部分。其主要任务如下：

1）选择和分配输入/输出设备以便进行数据传输操作。

2）控制输入/输出设备和 CPU（或内存）之间交换数据。

3）为用户提供一个友好的接口，把用户和设备的硬件特性分开，使得用户在编制应用程序时不必涉及具体设备，系统按用户要求控制设备工作。另外，这个接口还为新增加的设备提供一个和系统内核相连接的入口，以便用户开发新的设备管理程序。

4）提高设备和设备之间、CPU 和设备之间以及进程和进程之间的并行操作度，使操作系统获得最佳效率。

为了完成上述主要任务，设备管理程序一般要提供下述功能：

1）提供和进程管理系统的接口。当进程申请设备资源时，该接口将进程的请求转送给设备管理程序。

2）进行设备分配。按照设备类型和相应的分配算法把设备和其他有关的硬件分配给请求该设备的进程，并把未分配到所请求设备或其他有关硬件的进程放入等待队列。

3）实现设备和设备、设备和 CPU 等之间的并行操作，这需要相应的硬件支持。在设备分配程序根据进程要求分配了设备、控制器和通道（或 DMA）等硬件之后，通道（或 DMA）将自动完成设备和内存之间的数据传送工作，从而完成并行操作的任务。在没有通道（或 DMA）的系统里，则由设备管理程序利用中断技术来完成上述并行操作。

4）进行缓冲区管理。为了解决外部设备和内存或 CPU 之间的数据速度不匹配的问题，系统中一般设有缓冲区（器）来暂存数据，设备管理程序负责进行缓冲区分配、释放及有关的管理工作。

4.1.1　Linux 设备分类

Linux 系统支持多种设备，主要分为 3 类：字符设备、块设备和网络设备。字符设备是指发送和接收数据以字节的形式进行，没有缓冲区的设备；块设备是指发送和接收数据以整个数据缓冲区的形式进行的设备；网络设备是指基于 BSD Socket 接口访问的设备。

1. 字符设备

字符设备以字节为单位逐个进行 I/O 操作，只能顺序存取，不支持随机访问。字符设备中的缓存是可有可无的，可以使用和操作文件相同的、标准的系统调用接口来完成打开、关闭、读/写和 I/O 控制等操作，如/dev/tty1 和/dev/lp0。

2. 块设备

块设备可以用于文件系统，如一个磁盘。块设备的存取是通过 Buffer、Cache 来进行的，可以一次传送任意数目的字节，允许进行随机访问，如 IDE 硬盘设备/dev/had。

3. 网络设备

任何网络事务都通过一个接口来进行，网络接口负责发送和接收数据报文，网络设备不以/dev 下的设备文件为接口，用户程序通过 BSD Socket 作为访问硬件的接口，如 eth0。

4.1.2　Linux 设备文件

Linux 系统中的每一个设备都由一个设备文件来代表，和普通文件一样，也可以使用处理文件的标准系统调用来打开、关闭和读/写，如图 4-1 所示。

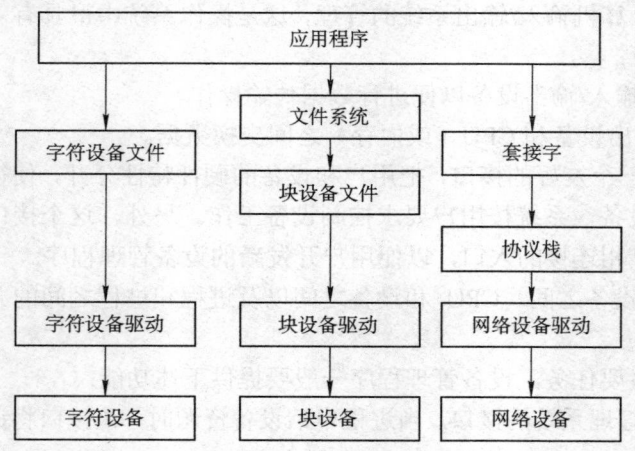

图 4-1　Linux 的设备及其设备文件

设备文件集中放置在/dev 目录下，一般有几千个，都是 Linux 系统在安装的时候自动创建的。通常情况下，安装系统时已经创建了常用的设备文件，但在用户重新定制内核，并添加了新硬件的驱动程序之后，驱动程序对应的设备文件就可能不存在了。

设备文件包括主设备号和从设备号。一个设备驱动程序控制的所有设备有一个相同的主设备号，通过不同的从设备号来区分设备和它们的控制器。例如，主 IDE 硬盘的设备文件是/dev/had，主 IDE 硬盘的每一个分区都有一个不同的从设备号，这样主 IDE 硬盘的第二个分区的设备文件是/dev/had2。Linux 系统使用主设备号和系统中的一些表来将系统调用中使用的设备文件映射到设备驱动程序中。Linux 管理设备有几种方法，在 Linux2.3 的某个版本之前采用静态创建设备文件的方法来创建设备文件，这种方法已经被后来的 devfs 和 udev 所替代。

1. 静态创建设备文件

Linux 内核在初始化的时候会通过 register_chrdev 来创建所有可能的字符设备，但并不会创建设备文件，只是把主次设备号和设备操作关联起来，这时主次设备号与设备名的对应关系是固定的，这种对应关系由 LANANA（Linux Assigned Names And Numbers Ahority）来确定，也可以在内核文件 Documentation/devices.txt 当中得到。

在内核启动之后，进入 Linux 需要执行 MAKEDEV，根据 LANANA 来创建所有可能的设备文件，这样 Linux 应用开发者就可以通过设备文件来关联主次设备号从而访问具体的设备文件了。

2. devfs

静态创建设备文件的方法会产生两种情况，一是在创建设备文件时需要获取一个设备号，二是设备号可能会用完。

为了解决这个问题，不再用主次设备号来区别设备，而是通过设备名来区别，这就是 devfs 的作用。如果使用了 devfs，系统中将使用 devfs_register_chrdev 来替代 register_chrdev，由于 devfs 完全是由内核实现的，只是挂载 devfs 由用户完成，内核是知道哪些设备是真实存在的。相反，静态创建设备文件是用户来完成的，因为没有一种交互机制，这样就会导致/dev 中创建大量的设备文件，而这些设备文件对应的设备又不是真实存在的情况。

使用 devfs 来管理设备文件，虽然解决了真实设备不存在，而设备文件却存在的情况，但仍然存在一些问题，如无法清楚地区分同类设备，而且 devfs 需要管理大量的设备文件名数据库，开销巨大。

3. udev

为了解决 devfs 的问题，在 Linux2.6 引入 sysfs 文件系统的基础之上，使用 udev 来管理创建设备文件。udev 是 Linux 2.6 内核的设备管理器，它在/dev 目录下动态地创建/移除设备节点。它是 devfs 和 hotplug 的继承者，运行在用户空间，并且用户可以用 udev 规则来改变设备的命名。

udev 依赖 Linux2.6 内核引入的 sysfs 文件系统。sysfs 使得设备在用户空间可见。每当一个设备被加入或移除，就会产生内核事件通知用户空间的 udev。

udev 分为几个子模块：namedev、libsys、udev。其工作流程为：hotplug 调用 libsys 扫描 sysfs 文件系统，获取所有的设备信息，然后根据 udev 的命令规则来创建对应的设备文件。由于有了 sysfs 文件系统的支持，根据 rule 创建出来的设备文件就可以确定唯一的设备，不会出现无法区分同类设备的情况。例如，有两个 USB 设备，在使用 devfs 的情况下，有可能第一个设备对应的设备文件是/dev/sda，第二个设备对应的设备文件是/dev/sdb，当上层在操作具体的设备时，根本不知道哪个设备文件是哪个设备（可能通过查看日志来确认）；但如果使用 udev，sysfs 当中有详细的设备信息，假如第一个设备的 ID 为 5，第二个设备的 ID 为 6，udev 在自己的规则中规定，ID 为 5 的设备对应的设备文件为/dev/sda，ID 为 6 的设备对应的设备文件为/dev/sdb，这样由于中间有了一份信息交互手段（sysfs），就不会出现无法命中设备的情况了。

实际上这种基于设备信息来决定设备文件的方式，可以由驱动开发者来完成，如驱动开发者将设备 ID 为 5 的设备定义为/dev/sda，sysfs 能够检查到新的设备，只需要在 udev 当中配置规则就能创建新的设备文件。

4.1.3　Linux 模块与设备管理

Linux 支持可动态装载和卸载的模块。利用模块，可方便地在内核中添加新组件和卸载不再需要的组件。

Linux 的模块也是程序，它可以动态地加载到正在运行的内核里，成为内核的一部分。载入到内核中的模块具有与内核一样的功能，可以访问内核的任意部分。这些模块是可以按需要随时装入和卸下的，将模块从内核中独立出来，而不必预先绑定在内核中，这么做使得内核的尺寸维持在很小，同时有 3 个优点：

1）在修改内核时，不必全部重新编译，可节省工作量；

2）如果需要安装新的模块，不必重新编译内核，只要插入对应的模块即可；

3）减少内核对系统资源的占用，内核可以将一些扩展功能交由模块实现。

4.1.4　模块的自动加载

当内核需要一个模块时，如当用户安装一个不在内核的文件系统时，内核会请求内核守护进程（kerneld）加载合适的模块，这叫作按需加载（demand loading）。kerneld 功能强大，能够主动地把需要的模块自动插入内核，将使用完毕的 module 从 kernel 中清退。kerneld 由两个独立的部分构成：一部分工作于 Linux 的内核，负责向 daemon 发送请求；另一部分工作于系统的用户数据区，负责调入由内核请求指定的模块。若少了这个 kerneld，就只能通过手工的方式用 insmode 或 modeprobe 命令进行加载。

自动加载要求配置模块设定文件/etc/modules.conf，每次启动就会自动启动 kerneld 装入需要的内核模块了。

有些模块在使用时需要其他模块先安装到内核，这种特性称为模块依赖性。depmod 命令就是用来创建/lib/modules 目录下的所有依赖关系的，依赖信息存储在 modules.dep 文件中，这是一个文本文件，指出一个模块和它所需要的其他模块。

用户可以使用 modeprobe 程序来检查某个设备驱动程序的依赖性。系统在安装模块之前都要先做这种依赖性检查。

modeprobe 命令的功能与 insmod 基本相同，只是它会检查依赖性，并把所有需要的模块都加载进来。参数-l 和-t 结合使用时将列出所有模块。例如，要查看 mount 命令的文件管理情况，可使用以下命令：

```
# modprobe  -l  -t  FS
```

模块的依赖性也影响到其卸载。当从内核中卸载一个模块时，首先用 lsmod 命令查看该模块是否确实已经加载上来，然后再做操作。除此之外，在遇到有依赖关系的模块时，从内核中卸载模块的过程与载入的过程恰好相反，它遵循 "first in last out" 的准则，即在一系列有依赖关系的模块中，必须先卸载最后加载进来的模块，最后卸载最先加载进来的模块。例如，用 rmmod 移除正在使用中的模块 slhc 会出现错误提示：Device or resource busy。所以，在将 PPP 模块从内存中卸载后，才可能将 slhc 模块从内存中卸载。

4.2　Linux 模块化程序的代码结构

本节以一个 "hello world" 模块为例，介绍 Linux 内核模块程序最基本的代码结构。

```
#include <linux/module.h>
#include <linux/kernel.h>

//驱动程序的初始化函数
static int hello_init(void)
{
    //内核打印函数 printk
    printk("helloworld install successful!\n");
    return 0;
}
//驱动程序的卸载函数
static void hello_exit(void)
{
    //内核打印函数 printk
    printk("helloworld uninstall successful!\n");
}
module_init(hello_init);//驱动模块安装接口
module_exit(hello_exit);//驱动模块卸载接口
MODULE_LICENSE("GPL");//驱动模块认证
```

这个模块定义了两个函数，一个在模块加载到内核时被调用（hello_init），一个在模块去除时被调用（hello_exit）。为了使系统能够正确地识别它们是加载和卸载函数，需要把它们作为 module_init 和 module_exit 的参数。

1. module_init 模块加载函数

Linux 内核模块加载函数一般以 __init 标识声明，典型的模块加载函数的形式如下：

```
Static  int  __init  initialization_function(void)
{
    //初始化代码
}
module_init(initialization_function);
```

模块加载函数必须以"module_init(函数名)"的形式指定。它返回整型值，若初始化成功，应返回 0。而在初始化失败时，应该返回错误编码。在 Linux 内核里，错误编码是一个负值，在<linux/errno.h>中定义，包含-ENODEV、-ENOMEM 之类的符号值。返回相应的错误编码是种非常好的习惯，因为只有这样，用户程序才可以利用 perror 等方法把它们转换成有意义的错误信息字符串。

在 Linux2.6 内核中，所有标识为 __init 的函数在链接时都会放在.init.text（这是 module_init 宏在目标代码中增加的一个特殊区段，用于说明内核初始化函数的所在位置）区段中。此外，所有的 __init 函数在区段.initcall.init 中还保存着一份函数指针，在初始化时内核会通过这些函数指针调用这些 __init 函数，并在初始化完成后释放 init 区段（包括.init.text 和.initcall.init 等）。应注意不要在结束初始化后仍要使用的函数上使用这个标记。

2. module_exit 模块卸载函数

Linux 内核模块卸载函数一般以 __exit 标识声明，典型的模块卸载函数的形式如下：

```
Satic void __exit cleanup_function(void)
{
    //释放代码
}
module_exit(cleanup_function);
```

模块卸载函数在模块卸载时被调用，不返回任何值，必须以"module_exit(函数名)"的形式来指定。

一般来说，模块卸载函数完成与模块加载函数相反的功能：

1）若模块加载函数注册了 XXX 模块，则模块卸载函数应注销 XXX 模块；

2）若模块加载函数动态申请了内存，则模块卸载函数应释放该内存；

3）若模块加载函数申请了硬件资源，则模块卸载函数应释放这些硬件资源；

4）若模块加载函数开启了硬件，则模块卸载函数应关闭硬件。

和__init 一样，__exit 也可以使对应函数在运行完成后自动回收内存。

当一个模块化设备驱动程序被加载到内核时，操作在内核空间进行，通过 module_init 和 module_exit 两个函数进行。它们和用户空间的用于安装和卸载模块的命令 insmod 和 rmmod 对应，即用户空间的命令 insmod 和 rmmod 使用内核空间的函数 module_init 和 module_exit 执行。

3．MODULE_LICENCE 宏

大多数情况下，内核模块应遵循 GPL 兼容许可权。Linux2.6 内核模块最常见的是以 MODULE_LICENCE（"Dual BSD/GPL"）语句声明模块采用 BSD/GPL 双 LICENCE。

1）模块许可证（LICENCE）声明描述内核模块的许可权限，如果不声明 LICENCE，模块被加载时将收到内核被污染的警告。

2）在 Linux2.6 内核中，可接受的 LICENCE 包括 GPL、GPL v2、GPL and additional right、Dual BSD/GPL、Dual MPL/GPL 和 Proprietary。

3）模块参数（可选）。模块参数是模块被加载时可以传递给它的值，对应模块内部的全局变量。

4）模块导出符号（可选）。内核模块可以导出符号（symbol，对应于函数或变量），这样其他模块可以使用本模块中的变量或函数。

5）模块作者等信息声明（可选）。

4．module_param 模块的参数

用"module_param(参数名，参数类型，参数读/写权限)"可为模块定义一个参数，如下列代码定义了一个整型参数和一个字符指针参数：

```
Static   char *book_name = "linux  模块";
Satic    int   num = 4000;
module_param(num, int, S_IRUGO);
module_param(book_name, charp, S_IRUGO);
```

在装载内核模块时，用户可以向模块传递参数，形式为 insmod（或 modprobe）模块名"参数名=参数值"，如果不传递，参数将使用模块内定义的默认值。

参数类型可以是 byte、short、ushort、int、uint、long、ulong、charp、bool 或 invbool（布尔的反），在模块被编译时会将 module_param 中声明的类型与变量定义的类型进行比较，判

断是否一致。

　　模块被加载后，在/sys/module/目录下将出现以此模块命名的目录。当"参数读/写权限"为 0 时，表示此参数不存在 sysfs 文件系统下对应的文件节点。如果此模块存在"参数读/写权限"不为 0 的命令行参数，在此模块的目录下还将出现 parameters 目录，包含一系列以参数名命名的文件节点，这些文件的权限值就是传入 module_param()的"参数读/写权限"，而文件的内容为参数的值。

　　现在定义一个包含两个参数的模块，并观察模块加载时传递参数和不传递参数的输出。

```
#include <linux/init.h>
#include <linux/module.h>
MODULE_LICENSE("Dual BSD/GPL");
static char *book_name = "dissecting Linux Device Driver";
static int num = 4000;
static int book_init(void)
{
printk(KERN_INFO " book name:%s\n",book_name);
printk(KERN_INFO " book num:%d\n",num);
    return 0;
}
static void book_exit(void)
{
printk(KERN_INFO " Book module exit\n ");
}
module_init(book_init);
module_exit(book_exit);
module_param(num, int, S_IRUGO);
module_param(book_name, charp, S_IRUGO|S_IWUGO);
MODULE_AUTHOR("zky");
MODULE_DESCRIPTION("A simple Module for testing module params");
MODULE_VERSION("V1.0");
```

对上述模块运行"insmod　book.ko"命令加载，相应输出都为模块内的默认值，通过查看"/var/log/messages"日志文件可以看到内核的输出：

```
[root@localhost 1]# tail -n 2 /var/log/messages
Apr 12 22:05:47 localhost kernel:  book name:dissecting Linux Device Driver
Apr 12 22:05:47 localhost kernel:  book num:4000
```

当用户运行"insmod book.ko book_name=mybook num=3000"命令时，输出的是用户传递的参数：

```
[root@localhost 1]# tail -n 2 /var/log/messages
Apr 12 22:09:45 localhost kernel:  <6> book name:mybook
Apr 12 22:09:45 localhost kernel:  book num:3000
```

5．EXPORT_SYMBOL 模块的导出函数

Linux2.6 的/proc/kallsyms 文件对应着内核符号表，它记录了符号以及符号所在的内存地址。模块可使用如下宏导出符号到内核符号表：

EXPORT_SYMBOL(符号名);

EXPORT_SYMBOL_GPL(符号名);

导出的符号可以被其他模块使用，使用前声明一下即可。EXPORT_SYMBOL_GPL()只适用于包含 GPL 许可权的模块。以下代码给出了一个导出整数加、减运算函数符号的内核模块的例子：

```
#include <linux/init.h>
#include <linux/module.h>
MODULE_LICENSE("Dual BSD/GPL");
int add_integar(int a,int b)
{
return a+b;
}
int sub_integar(int a,int b)
{
return a-b;
}
EXPORT_SYMBOL(add_integar);
EXPORT_SYMBOL(sub_integar);
```

从/proc/kallsyms 文件中找出 add_integar、sub_integar 相关信息：

```
[root@localhost 1]# more /proc/kallsyms |grep integar
d0910008 r __kcrctab_add_integar        [symbol]
d0910010 r __kstrtab_add_integar        [symbol]
d0910028 r __ksymtab_add_integar        [symbol]
d091000c r __kcrctab_sub_integar        [symbol]
d091001c r __kstrtab_sub_integar        [symbol]
d0910030 r __ksymtab_sub_integar        [symbol]
d0910000 T add_integar [symbol]
d0910003 T sub_integar [symbol]
13db98c9 a __crc_sub_integar    [symbol]
e1626dee a __crc_add_integar    [symbol]
```

6．模块的声明与描述

在 Linux 模块中，可以使用 MODULE_AUTHOR、MODULE_DESCRIPTION、MODULE_VERSION、MODULE_DEVICE_TABLE、MODULE_ALIAS 分别声明模块的作者、描述、版本、设备表和别名，例如：

```
MODULE_AUTHOR（author）;
MODULE_DESCRIPTION(description);
MODULE_VERSION(version);
MODULE_DEVICE_TABLE(device table);
MODULE_ALIAS(alternate_name);
```

7．printk

以上代码里还包括了 printk 函数，它和 printf 函数很相似，只在内核内有效。

这个模块可以使用和之前那个相同的命令进行编译，当然前提是把它的名字加在

Makefile 文件里，例如：

obj-m := nothing.o hello.o

当模块被加载或是卸除时，在 printk 声明里的消息将打印在系统控制台上。如果这个消息没有在控制台上显示，可以通过 dmesg 命令或者系统的日志文件 cat/var/log/syslog 查看。

printk 函数在 Linux 内核中定义并且对模块可用，它与标准 C 库函数 printf 的行为相似。内核需要自己的打印函数，因为它靠自己运行，没有 C 库的帮助。模块能够调用 printk 是因为在 insmod 加载了它之后，模块被链接到内核并且可存取内核的公用符号。

在内核编程中，不能使用用户态 C 库函数中的 printf() 函数输出信息，而只能使用 printk()。但是，内核中 printk() 函数的设计目的并不是为了和用户交流，它实际上是内核的一种日志机制，用来记录日志信息或者给出警告提示。printk() 可作为一种最基本的内核调试手段。每个 printk 都会有个优先级，内核一共有 8 个优先级，它们都有对应的宏定义。如果未指定优先级，内核会选择默认的优先级 DEFAULT_MESSAGE_LOGLEVEL。如果优先级数字比 int console_loglevel 变量小的话，消息就会打印到控制台上。如果 syslogd 和 klogd 守护进程在运行的话，则不管是否向控制台输出，消息都会被追加进/var/log/messages 文件。klogd 只处理内核消息，syslogd 处理其他系统消息，如应用程序。

printk 有 8 个 loglevel，定义在 <linux/kernel.h> 中：

```
#define    KERN_EMERG      "<0>"    /* system is unusable              */
#define    KERN_ALERT      "<1>"    /* action must be taken immediately */
#define    KERN_CRIT       "<2>"    /* critical conditions             */
#define    KERN_ERR        "<3>"    /* error conditions                */
#define    KERN_WARNING    "<4>"    /* warning conditions              */
#define    KERN_NOTICE     "<5>"    /* normal but significant condition */
#define    KERN_INFO       "<6>"    /* informational                   */
#define    KERN_DEBUG      "<7>"    /* debug-level messages            */
```

未指定优先级的默认级别定义在 /kernel/printk.c 中：

```
#define DEFAULT_MESSAGE_LOGLEVEL 4 /* KERN_WARNING */
```

符号 <1> 表示该消息的优先级（数字）。这样就可以通过内核的日志文件看到该消息，该消息也会在系统控制台中显示。当优先级的值小于 console_loglevel 这个整数变量的值时，信息才能显示出来。而 console_loglevel 的初始值 DEFAULT_CONSOLE_LOGLEVEL 也定义在 /kernel/printk.c 中：

```
#define DEFAULT_CONSOLE_LOGLEVEL 7 /* anything MORE serious than KERN_ DEBUG */
```

4.3　Linux 字符设备驱动程序

设备驱动程序是与设备有关的部分，直接与相应设备打交道，并且向上层提供一组访问接口。设备驱动程序向上面对文件系统，由文件系统为内核其他部分提供统一接口：入口调用集合 Operations，如 read、write 等；向下提供与设备控制器接口：定义如何与设备进行通信的协议，如设备控制命令集合。设备驱动程序的共同特点如下：

1）内核代码。设备驱动程序是系统内核的一部分，所以如果驱动程序出现错误的话，将可能严重地破坏整个系统。

2）内核接口。设备驱动程序必须为系统内核或者它们的子系统提供一个标准的接口。

3）内核机制和服务。设备驱动程序具有一些标准的内核服务，如内存分配等。

4）可装入。大多数的 Linux 设备驱动程序都可以在需要时装入内核，在不需要时卸载。

5）可设置。Linux 系统设备驱动程序可以集成为系统内核的一部分，至于哪一部分需要集成到内核中，可以在系统编译时设置。

6）动态性。当系统启动并且各个设备驱动程序初始化以后，驱动程序将维护其控制的设备。如果设备驱动程序控制的设备并不存在，也并不妨碍系统的运行。

4.3.1　设备驱动程序框架

一个完整的设备驱动程序包括 5 个部分：

1．驱动程序的注册与注销

每个字符设备或块设备的初始化都要通过 register_chrdev()或 register_blkdev()向内核注册。同样地，设备的释放都要通过 unregister_chrdev()或 unregister_blkdev()向内核注销。

2．设备的打开与释放

打开设备是由函数 open( )完成的。打开设备通常需要经过以下过程：

1）检查与设备有关的错误，如设备尚未准备好等。如果首次打开，则是初始化设备。

2）确定从设备号，根据需要可更新设备文件的 f_op。

3）如果需要，分配且设置设备文件中的 private_data。

4）递增设备使用的计数器。

释放设备（有时也称为关闭设备）与打开设备刚好相反，是由 release()完成的。释放设备通常需要经过以下过程：

1）递减设备使用的计数器。

2）释放设备文件中的私有数据所占的内存空间。

3）如果属于最后一个释放，则关闭设备。

3．设备的读/写操作

字符设备通过使用 read()和 write()来进行数据读/写。

块设备通过使用 block_read()和 block_write()来进行数据读/写。

4．设备的控制操作

如供用 file_operations 中的 ioctl 实现时序控制。

5．设备的中断与轮回处理

以 Linux2.6.30.2 的字符设备驱动框架（命名为 first_drv.c）为例，介绍设备的中断与轮回处理。

```
#include <linux/module.h>
#include <linux/kernel.h>
#include <linux/fs.h>
#include <linux/init.h>
#include <linux/delay.h>
#include <asm/uaccess.h>
#include <asm/irq.h>
#include <asm/io.h>
```

```
static int first_drv_open(struct inode *inode, struct file *file)
{
    printk("device open\n");
    return 0;
}
static ssize_t first_drv_write(struct file *file, const char __user *buf, size_t count, loff_t *ppos)
{
    printk("device write\n");
    return 0;
}
static ssize_t first_drv_read(struct file *file, const char __user *buf, size_t count, loff_t *ppos)
{
    printk("device read\n");
    return 0;
}
static struct file_operations first_drv_fops = {
.owner      = THIS_MODULE,
.open       = first_drv_open,
    .write  = first_drv_write,
    .read   = first_drv_read,
};
static int major = 100;
static int first_drv_init(void)
{
    register_chrdev(major, "first", &first_drv_fops);
    return 0;
}
static void first_drv_exit(void)
{
    unregister_chrdev(major, "first");
}
module_init(first_drv_init);
module_exit(first_drv_exit);
MODULE_LICENSE("GPL");#驱动的认证说明
```

如前所述，代码中 module_init(first_drv_init)和 module_exit(first_drv_exit)分别为驱动安装和卸载时调用的函数（first_drv_init、first_drv_exit）。当使用 insmod 和 rmmod 时，系统将自动调用 first_drv_init、first_drv_exit。

file_operations 结构体 first_drv_fops 中初始化了一系列的成员，owner 为 THIS_MODULE，open 的函数指针是 first_drv_open，write 的函数指针是 first_drv_write，read 的函数指针是 first_drv_read，这些函数分别在用户应用程序使用系统调用函数 open、write、read 时被调用。

4.3.2 Linux 下设备驱动的数据结构

1. 主次设备号

主设备号标识设备对应的驱动程序。系统中不同的设备可以有相同的主设备号，主设备号相同的设备使用相同的驱动程序。次设备号用来区分具体驱动程序的实例。一个主设备号可能有多个设备与之对应，这多个设备正是在驱动程序内通过次设备号来进一步区分的。次设备号只能由设备驱动程序使用，内核的其他部分仅将其作为参数传递给驱动程序。

register_chrdev 函数返回 0 表示主设备号申请成功；返回-EINVAL 表示申请的主设备号非法，一般来说是主设备号大于系统所允许的最大设备号；返回-EBUSY 表示所申请的主设备号正在被其他设备驱动程序使用。如果是动态分配主设备号成功，此函数将返回所分配的主设备号；如果 register_chrdev 操作成功，设备名就会出现在/proc/devices 文件里。

主设备号和次设备号能够唯一地标识一个设备：128（v2.0 以前），256（v2.0 以后）。如何申请到一个没有被使用的主设备号？最简单的方法是查看文件 Documentation/devices.txt，从中挑选一个没有被使用的。但无法得知该主设备号在将来是否会被占用。最终的方法是让内核动态分配一个主设备号。如果向函数 register_chrdev 传递为 0 的主设备号，那么返回的就是动态分配的主设备号。

但新的问题是既然无法得知主设备号，就无法预先建立一个设备文件。建议 3 种解决方法：

1）新注册的驱动模块会输出新分配到的主设备号，可以手工建立需要的设备文件；

2）利用文件/proc/devices 新注册的驱动模块的入口，要么手工建立设备文件，要么编写一个脚本去自动读取该文件并且生成设备文件；

3）当注册成功时，使用 mknod 建立设备文件并且调用 rm 删除该设备文件。

2. 设备文件

Linux 使用设备文件来统一实现设备的访问接口，将设备文件放在/dev 目录下。设备的命名一般为设备文件名+数字或者字母表示的子类，如/dev/hda1、/dev/hda2 等。Linux 2.4 以后引入了设备文件系统的概念，所有的设备文件作为一个可以挂装的文件系统，这样就可以被文件系统统一管理，从而设备文件就可以挂装到任何需要的地方。

一般为主设备建立一个目录，再将具体的子设备文件建立在此目录下，如/dev/mtdblock/0。它们通常位于/dev 目录下。lsmod（显示已载入系统的模块）字符设备的设备文件通常可以通过 ls -l 输出的第一列中的"c"识别，块设备由"b"标识。例如：

```
brw-r--------  1 root disk      7,   5 06-01 08:55 loop5
brw-r--------  1 root disk      7,   6 06-01 08:55 loop6
brw-r--------  1 root disk      7,   7 06-01 08:55 loop7
crw-rw--------  1 root lp       6,   0 06-01 08:55 lp0
crw-rw--------  1 root lp       6,   1 06-01 08:55 lp1
crw-rw--------  1 root lp       6,   2 06-01 08:55 lp2
crw-rw--------  1 root lp       6,   3 06-01 08:55 lp3
```

3. 文件操作相关的数据结构

与 UINX 相同，Linux 把文件名和文件控制信息分开管理。文件控制信息单独组成一个称为 inode 的结构体，每个文件对应一个 inode，它们有唯一的编号，称为 inode 号。Linux 的目录项由文件名和 inode 号两部分组成。

（1）inode 数据结构

文件系统处理文件所需要的信息在 inode（索引节点）数据结构中。inode 数据结构提供了关于特殊设备文件/dev/DriverName 的信息，定义如下：

```
struct inode {
        struct list_head        i_hash;          //指向散列链表的指针
        struct list_head        i_list;          //指向索引节点链表的指针
        struct list_head        i_dentry;        //指向目录项链表的指针
        struct list_head        i_dirty_buffers; //指向"脏"缓冲区链表的指针
        struct list_head        i_dirty_data_buffers;
        unsigned long           i_ino;           //描述索引节点
        atomic_t                i_count;         //当前使用该节点的进程数
        kdev_t                  i_dev;           //设备类型
        umode_t                 i_mode;          //文件类型
        nlink_t                 i_nlink;         //与该节点建立链接的文件数
        uid_t                   i_uid;           //文件拥有者的标识号
        gid_t                   i_gid;           //文件拥有者所在组的标识号
        kdev_t                  i_rdev;          //实际设备标识号
        loff_t                  i_size;          //文件大小
        time_t                  i_atime;         //文件最后访问的时间
        time_t                  i_mtime;         //文件最后修改的时间
        time_t                  i_ctime;         //节点最后修改的时间
        unsigned int            i_blkbits;       //位数
        unsigned long           i_blksize;       //块大小
        unsigned long           i_blocks;        //文件所占用的块数
        unsigned long           i_version;       //版本号
        struct semaphore        i_sem;           //用于同步操作的信号量结构
        struct address_space    i_data;          //数据
        struct dquot*i_dquot[MAXQUOTAS];         //索引节点的磁盘限额
        struct list_head        i_devices;       //设备文件形成的链表
        struct pipe_inode_info  *i_pipe;         //指向管道文件
        struct block_device     *i_bdev;         //指向块设备文件的指针
        struct char_device      *i_cdev;         //指向字符设备文件的指针
        unsigned long           i_dnotify_mask;
        struct semaphore        i_zombie;        //索引节点的信号量
        struct inode_operations *i_op;           //索引节点操作
        struct file_operations  *i_fop;          //指向文件操作的指针
        struct super_block      *i_sb;           //指向读文件系统超级块的指针
        wait_queue_head_t       i_wait;          //指向索引节点等待队列的指针
```

```
    struct file_lock          *i_flock;        //指向文件加锁链表的指针
    struct address_space      *i_mapping;      //把所有可交换的页面管理起来
    struct dnotify_struct     *i_dnotify;
    unsigned long             i_state;         //索引节点状态标志
    unsigned int              i_flags;         //文件系统的安装标志
    unsigned char             i_sock;          //是否是套接字文件
    atomic_t                  i_writecount;    //写进程的引用计数
    unsigned int              i_attr_flags;    //文件创建标志
    u32                       i_generation;    //保留
    union {
        struct minix_inode_info          minix_i;
            ......
        struct jffs2_inode_info          jffs2_i;
        void                  *generic_ip;
    } u;
};
```

（2）struct file

每一个设备文件都代表着内核中的一个 file 结构体,该结构体在头文件 Linux/fs.h 中定义。它代表着一个抽象的打开文件，但不是那种在磁盘上用结构体 inode 表示的文件。

指向结构体 file 的指针通常命名为 filp。设备驱动模块并不直接填充结构体 file，只是使用在别处建立的结构体 file 中的数据。struct file 定义如下：

```
struct file {
    /*
     * fu_list becomes invalid after file_free is called and queued via
     * fu_rcuhead for RCU freeing
     */
    union {
        struct list_head          fu_list;
        struct rcu_head           fu_rcuhead;
    } f_u;
    struct path               f_path;
#define f_dentry              f_path.dentry
#define f_vfsmnt              f_path.mnt
    const struct file_operations *f_op;
    spinlock_t                f_lock;   /* f_ep_links, f_flags, no IRQ */
    atomic_long_t             f_count;
    unsigned int              f_flags;
    fmode_t                   f_mode;
    loff_t                    f_pos;
    struct fown_struct        f_owner;
```

```
        const struct cred              *f_cred;
        struct file_ra_state           f_ra;
        u64                            f_version;
#ifdef CONFIG_SECURITY
        void                           *f_security;
#endif
        /* needed for tty driver, and maybe others */
        void                           *private_data;

#ifdef CONFIG_EPOLL
        /* Used by fs/eventpoll.c to link all the hooks to this file */
        struct list_head      f_ep_links;
#endif /* #ifdef CONFIG_EPOLL */
        struct address_space     *f_mapping;
#ifdef CONFIG_DEBUG_WRITECOUNT
        unsigned long f_mnt_write_state;
#endif
};
```

struct file 结构与驱动相关的成员：

1）fmode_t   f_mode：标识文件的读/写权限。

2）loff_t   f_pos：当前读/写位置。

3）unsigned int   f_flags：文件标志，主要进行阻塞/非阻塞型操作时检查。

4）struct file_operations   * f_op：文件操作的结构指针。

5）void   * private_data：驱动程序一般将它指向已经分配的数据。

6）struct path   * f_path：文件对应的目录项结构。

（3）struct file_operations

结构体 file_operations 在头文件 Linux/fs.h 中定义，用来存储驱动内核模块提供的对设备进行各种操作的函数的指针。该结构体的每个域都对应着驱动内核模块用来处理某个被请求事务的函数的地址。struct file_operations 定义如下：

```
struct file_operations {
        struct module *owner;
        loff_t (*llseek) (struct file *, loff_t, int);
        ssize_t (*read) (struct file *, char _user *, size_t, loff_t *);
        ssize_t (*write) (struct file *, const char _user *, size_t, loff_t *);
        ssize_t (*aio_read) (struct kiocb *, const struct iovec *, unsigned long, loff_t);
        ssize_t (*aio_write) (struct kiocb *, const struct iovec *, unsigned long, loff_t);
        int (*readdir) (struct file *, void *, filldir_t);
        unsigned int (*poll) (struct file *, struct poll_table_struct *);
        int (*ioctl) (struct inode *, struct file *, unsigned int, unsigned long);
        long (*unlocked_ioctl) (struct file *, unsigned int, unsigned long);
        long (*compat_ioctl) (struct file *, unsigned int, unsigned long);
```

```
int (*mmap) (struct file *, struct vm_area_struct *);
int (*open) (struct inode *, struct file *);
int (*flush) (struct file *, fl_owner_t id);
int (*release) (struct inode *, struct file *);
int (*fsync) (struct file *, struct dentry *, int datasync);
int (*aio_fsync) (struct kiocb *, int datasync);
int (*fasync) (int, struct file *, int);
int (*lock) (struct file *, int, struct file_lock *);
ssize_t (*sendpage) (struct file *, struct page *, int, size_t, loff_t *, int);
unsigned long (*get_unmapped_area)(struct file *, unsigned long, unsigned long,
unsigned long, unsigned long);
int (*check_flags)(int);
int (*flock) (struct file *, int, struct file_lock *);
ssize_t (*splice_write)(struct pipe_inode_info *, struct file *, loff_t *, size_t, unsigned
int);
ssize_t (*splice_read)(struct file *, loff_t *, struct pipe_inode_info *, size_t, unsigned
int);
int (*setlease)(struct file *, long, struct file_lock **);
};
```

驱动内核模块是不需要实现全部的每个函数的，在嵌入式系统的开发中，通常只要实现如下几个接口函数就能完成系统所需要的功能。

1）init：加载驱动程序（insmod）时，内核自动调用。

2）read：从设备中读取数据。

3）write：向字符设备中写数据。

4）ioctl：控制设备，实现除读/写操作以外的其他控制命令。

5）open：打开设备并进行初始化。

6）release：关闭设备并释放资源。

7）exit：卸载驱动程序（rmmod）时，内核自动调用。

可采用如下方法：

```
static struct file_operations demo_fops = {
    .owner      = THIS_MODULE,
    .write      = demo_write,
    .read       = demo_read,
    .ioctl      = demo_ioctl,
    .open       = demo_open,
    .release    = demo_release,
};
```

4.3.3　Linux 下设备驱动的调用函数

一般地，操作系统和驱动程序在内核空间运行，应用程序在用户空间运行，两者不能简单地使用指针传递数据。因为 Linux 系统使用了虚拟内存机制，用户空间的内存可能被换出，当内核空间使用用户空间指针时，对应的数据可能不在内存中。因此，在内核和应用之间以及在应用与应用之间进行数据交换需要专门的机制来实现，Linux 内核提供了多个函数和宏用于内核空间与用户空间传递数据。

1．copy_to_user()和 copy_from_user()

函数原型：

unsigned long copy_to_user(void *to,const void *from,unsigned long len)

unsigned long copy_from_user(void *to,const void *from,unsigned long len)

这两个函数用于内核空间与用户空间的数据交换。copy_to_user()用于把数据从内核空间复制至用户空间，copy_from_user()用于把数据从用户空间复制至内核空间。第一个参数 to 为目标地址；第二个参数 from 为源地址；第三个参数 len 为要复制的数据个数，以字节计算。这两个函数在内部调用 access_ok()进行地址检查，返回值为未能复制的字节数。

2．get_user()和 put_user()

函数原型：

int get_user(x,p)

int put_user(x,p)

这是两个宏，用于一个基本数据（1、2、4 字节）的复制。get_user()用于把数据从用户空间复制至内核空间，put_user()用于把数据从内核空间复制至用户空间。x 为内核空间的数据，p 为用户空间的指针。这两个宏会调用 access_ok()进行地址检查，复制成功返回 0，否则返回-EFAULT。

还有两个函数__copy_to_user()和__copy_from_user()，功能与 copy_to_user()和 copy_from_user()相同，只是不进行地址检查。还有两个宏__get_user()和__put_user()，功能与 get_user()和 put_user()相同，也不进行地址检查。

4.4　Linux 设备驱动的相关技术

4.4.1　Linux 设备驱动的并发控制

Linux 设备驱动中必须要解决的一个问题是多个进程对共享资源的并发访问，并发访问会导致竞态，同时引起资源的错误。

1．并发产生的场合

1）对称多处理器（SMP）的多个 CPU：SMP 是一种共享存储的系统模型，它的特点是多个 CPU 使用共同的系统总线，因此可访问共同的外设和存储器，可以实现真正的并行。

2）单 CPU 内进程与抢占它的进程：一个进程在内核执行的时候有可能被另一个高优先级进程打断。

3）中断和进程之间：中断可以打断正在执行的进程，如果中断处理函数程序访问进程正在访问的资源，则竞态也会发生。

2．解决竞态问题的途径

解决竞态问题的途径最重要的是保证对共享资源的互斥访问。所谓互斥访问是指一个执行单元在访问共享资源的时候，其他执行单元被禁止访问。

Linux 设备中提供了可采用的互斥途径来避免这种竞争，主要有原子操作、自旋锁、信号量。

1）原子操作：原子操作不可能被其他任务中断。

2）自旋锁：使用忙等待锁来确保互斥锁的一种特别方法，针对临界区。

3）信号量：包括一个变量及对它进行的两个原子操作，此变量就称为信号量，针对临界区。

3．中断屏蔽处理并发

在单 CPU 范围内避免竞态的一种简单而省事的方法是在进入临界区之前屏蔽系统的中断，这项功能可以保证正在执行的内核执行路径不被中断处理程序所抢占，防止某些竞争条件的发生。具体而言：

1）中断屏蔽将使得中断和进程之间的并发不再发生。

2）由于 Linux 内核的进程调度等操作都依赖中断来实现，内核抢占进程之间的并发也得以避免。

中断屏蔽的使用方法：

local_irq_disable()

local_irq_enable()

只能禁止和使能本地 CPU 的中断，所以不能解决多 CPU 引发的竞态。

local_irq_save(flags)

local_irq_restore(flags)

除了能禁止和使能中断外，还保存和还原目前的 CPU 中断位信息。

local_bh_disable()

local_bh_enable()

如果只是想禁止中断后半部分，这是个不错的选择。

但是要注意：

1）中断对系统正常运行很重要，长时间屏蔽很危险，有可能造成数据丢失乃至系统崩溃，所以中断屏蔽后应尽可能快地执行完毕。

2）宜与自旋锁联合使用。

4．原子操作处理并发

原子操作（分为原子整型操作和原子位操作）就是绝不会在执行完毕前被任何其他任务和事件打断，不会执行一半，又去执行其他代码。原子操作需要硬件的支持，因此是架构相关的，其 API 和原子类型的定义都在 include/asm/atomic.h 中，使用汇编语言实现。

在 Linux 中，原子变量的定义如下：

```
typedef struct {
    volatile int counter;
        } atomic_t;
```

关键字 volatile 用来暗示 GCC 不要对该类型做数据优化，所以对变量 counter 的访问都是基于内存的，不要将其缓冲到寄存器中。存储到寄存器中，可能导致内存中的数据已经改变，而寄存器中的数据没有改变。

原子整型操作：

1）定义 atomic_t 变量：

```
#define ATOMIC_INIT(i) ( (atomic_t) { (i) } )
```

atomic_t v = ATOMIC_INIT(0);　　//定义原子变量 v 并初始化为 0

2）设置原子变量的值：

#define atomic_set(v,i) ((v)->counter = (i))

void atomic_set(atomic_t *v, int i);//设置原子变量的值为 i

3）获取原子变量的值：

#define atomic_read(v) ((v)->counter + 0)

atomic_read(atomic_t *v);//返回原子变量的值

4）原子变量加/减：

static __inline__ void atomic_add(int i, atomic_t * v);　　//原子变量增加 i

static __inline__ void atomic_sub(int i, atomic_t * v);　　//原子变量减少 i

5）原子变量自增/自减：

#define atomic_inc(v) atomic_add(1, v);　　//原子变量加 1

#define atomic_dec(v) atomic_sub(1, v);　　//原子变量减 1

6）原子操作并测试：

//这些操作对原子变量执行自增、自减，且操作后测试是否为 0，是返回 true，否则返回 false

#define atomic_inc_and_test(v) (atomic_add_return(1, (v)) == 0)

static inline int atomic_add_return(int i, atomic_t *v)

原子操作的优点是编写简单，缺点是功能太简单，只能做计数操作。

5. 自旋锁处理并发

　　自旋锁是专为防止多处理器并发而引入的一种锁，它应用于中断处理等部分。对于单处理器来说，防止中断处理中的并发可简单采用关闭中断的方式，不需要自旋锁。

　　自旋锁最多只能被一个内核任务持有，如果一个内核任务试图请求一个已被争用（已经被持有）的自旋锁，那么这个任务就会一直进行忙循环—旋转—等待锁重新可用（忙等待）。如果锁未被争用，请求它的内核任务便能立刻得到它并且继续运行。自旋锁可以在任何时刻防止多于一个的内核任务同时进入临界区，因此这种锁可有效地避免多处理器上并发运行的内核任务竞争共享资源。自旋锁的使用：

spinlock_t spin; //定义自旋锁

spin_lock_init(lock); //初始化自旋锁

spin_lock(lock); //成功获得自旋锁立即返回，否则自旋锁在那里直到该自旋锁的保持者释放

spin_trylock(lock); //成功获得自旋锁立即返回真，否则返回假，而不是像上一个那样"在原地打转"

spin_unlock(lock);//释放自旋锁

6. 信号量处理并发

　　Linux 中提供了两种信号量，一种用于内核程序中，一种用于应用程序中。信号量和自旋锁的使用方法基本一样。与自旋锁相比，信号量只有当得到信号量的进程或者线程时才能够进入临界区，执行临界代码。信号量和自旋锁的最大区别在于：当一个进程试图去获得一个已经锁定的信号量时，进程不会像自旋锁一样在远处忙等待。

　　信号量是一种睡眠锁。如果有一个任务试图获得一个已被持有的信号量时，信号量会将

其推入等待队列，然后让其睡眠，这时处理器获得自由去执行其他代码。当持有信号量的进程将信号量释放后，在等待队列中的一个任务将被唤醒，从而便可以获得这个信号量。

1）信号量的定义：

```
struct semaphore {
    spinlock_t          lock;           //用来对 count 变量起保护作用。
    unsigned int        count;          //大于 0，资源空闲；等于 0，资源忙，但没有进程
等待这个保护的资源；小于 0，资源不可用，并至少有一个进程等待资源
    struct list_head    wait_list;      //存放等待队列链表的地址，当前等待资源的所有
睡眠进程都会放在这个链表中
};
```

2）信号量的使用：

```
static inline void sema_init(struct semaphore *sem, int val); //设置 sem 为 val
#define init_MUTEX(sem) sema_init(sem, 1)  //初始化一个用户互斥的信号量 sem，设置
为 1
#define init_MUTEX_LOCKED(sem) sema_init(sem, 0) //初始化一个用户互斥的信号量 sem，
设置为 0
```

定义和初始化可以一步完成：

```
DECLARE_MUTEX(name); //该宏定义信号量 name 并初始化为 1
DECLARE_MUTEX_LOCKED(name); //该宏定义信号量 name 并初始化为 0
```

当信号量用于互斥时（避免多个进程同时在一个临界区运行），信号量的值应初始化为 1。这种信号量在任何给定时刻只能由单个进程或线程拥有。在这种使用模式下，一个信号量有时也称为一个"互斥体（mutex）"，mutex 是 mutual exclusion 的简称。Linux 内核中几乎所有的信号量均用于互斥。

使用信号量，内核代码必须包含<asm/semaphore.h>。

3）获取（锁定）信号量：

```
void down(struct semaphore *sem);
int down_interruptible(struct semaphore *sem);
int down_killable(struct semaphore *sem);
```

4）释放信号量：

```
void up(struct semaphore *sem);
```

4.4.2 Linux 设备驱动中的阻塞和非阻塞

驱动程序通常需要提供这样的能力：当应用程序进行 read()、write()等系统调用时，若设备的资源不能获取，而用户又希望以阻塞的方式访问设备，驱动程序应在设备驱动的 xxx_read()、xxx_write()等操作中将进程阻塞直到资源可以获取，此后，应用程序的 read()、write()才返回，整个过程仍然进行了正确的设备访问，用户并没感知到；若用户以非阻塞的方式访问设备文件，则当设备资源不可获取时，设备驱动的 xxx_read()、xxx_write()等操作立刻返回，read()、write()等系统调用也随即返回。

1）阻塞：阻塞操作是指在执行设备操作时，若不能获得资源，则挂起进程直到满足可操作的条件后再进行操作。被挂起的进程进入休眠状态（放弃 CPU），被从调度器的运行队列

移走，直到等待的条件被满足。

2）非阻塞：非阻塞的进程在不能进行设备操作时，并不挂起（继续占用 CPU），它或者放弃，或者不停地查询，直到可以操作为止。

二者的区别可以看应用程序的调用是否立即返回，阻塞 I/O 通常由等待队列来实现，而非阻塞 I/O 由轮询来实现。

1. 等待队列实现的阻塞

在 Linux 驱动程序中，可以使用等待队列（wait queue）来实现阻塞进程的唤醒。wait queue 很早就作为一个基本的功能单位出现在 Linux 内核里了，它以队列为基础数据结构，与进程调度机制紧密结合，能够实现内核中的异步事件通知机制，等待队列可以用来同步对系统资源的访问。

在 Linux 内核中使用等待队列的过程：首先定义一个 wait_queue_head，然后如果一个 task 想等待某种事件，那么调用 wait_event（等待队列事件）就可以了。结构定义如下：

```
struct __wait_queue_head
{
    spinlock_t lock;                    /* 保护等待队列的原子锁 */
    struct list_head task_list;         /* 等待队列 */
};
typedef struct __wait_queue_head wait_queue_head_t;
```

__wait_queue 结构是对一个等待任务的抽象。每个等待任务都会抽象成一个 wait_queue，并且挂载到 wait_queue_head 上。该结构定义如下：

```
struct __wait_queue
{
    unsigned int flags;
    void *private;                      /* 通常指向当前任务控制块 */
    /* 任务唤醒操作方法，该方法在内核中提供，通常为 autoremove_wake_function */
    wait_queue_func_t func;
    struct list_head task_list;         /* 挂入 wait_queue_head 的挂载点 */
};
```

当一个任务需要在某个 wait_queue_head 上睡眠时，将自己的进程控制块信息封装到 wait_queue 中，然后挂载到 wait_queue 的链表中，执行调度睡眠，如图 4-2 所示。当某些事件发生后，另一个任务（进程）会唤醒 wait_queue_head 上的某个或者所有任务，唤醒工作也就是将等待队列中的任务设置为可调度的状态，并且从队列中删除。

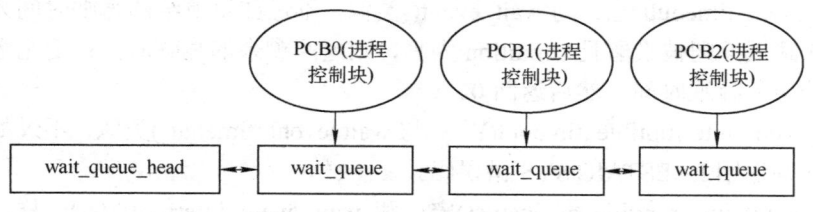

图 4-2　等待队列实现流程图

使用等待队列时首先需要定义一个 wait_queue_head，可以通过 DECLARE_WAIT_

QUEUE_HEAD 宏来完成，这是静态定义的方法。该宏会定义一个 wait_queue_head，并且初始化结构中的锁以及等待队列。当然，动态初始化的方法也很简单，初始化一下锁及队列就可以了。

一个任务需要等待某一事件的发生时，通常调用 wait_event，该函数会定义一个wait_queue，描述等待任务，并且用当前的进程描述块初始化 wait_queue，然后将 wait_queue加入到 wait_queue_head 中。

（1）定义并初始化

直接定义并初始化：

/* 定义"等待队列头" */

wait_queue_head_t my_queue;

/* 初始化"等待队列头" */

init_waitqueue_head(&my_queue);

init_waitqueue_head()函数会将自旋锁初始化为未锁，等待队列初始化为空的双向循环链表。

快捷定义并初始化：

DECLARE_WAIT_QUEUE_HEAD(my_queue); #定义并初始化，可以作为定义并初始化等待队列头的快捷方式

（2）定义等待队列

DECLARE_WAITQUEUE(name,tsk); #定义并初始化一个名为 name 的等待队列

（3）从等待队列头中添加/移出等待队列

/* add_wait_queue()函数设置等待的进程为非互斥进程，并将其添加进等待队列头(q)中*/

void add_wait_queue(wait_queue_head_t *q, wait_queue_t *wait);

/* 该函数也和 add_wait_queue()函数功能基本一样，只不过它是将等待的进程(wait)设置为互斥进程*/

void add_wait_queue_exclusive(wait_queue_head_t *q, wait_queue_t *wait);

（4）等待事件

1）wait_event()宏：在等待队列中睡眠直到 condition 为真。在等待的期间，进程会被置为 TASK_UNINTERRUPTIBLE 进入睡眠，直到 condition 变量变为真。每次进程被唤醒的时候都会检查 condition 的值。

2）wait_event_interruptible()宏：和 wait_event()的区别是调用该宏在等待的过程中当前进程会被设置为 TASK_INTERRUPTIBLE 状态，在每次被唤醒的时候，首先检查 condition 是否为真，如果为真则返回 0；否则检查如果进程是被信号唤醒，会返回-ERESTARTSYS 错误码。

3）wait_event_timeout()宏：与 wait_event()类似，不过如果所给的睡眠时间为负数则立即返回。如果在睡眠期间被唤醒且 condition 为真，则返回剩余的睡眠时间；否则继续睡眠直到到达或超过给定的睡眠时间，然后返回 0。

4）wait_event_interruptible_timeout()宏：与 wait_event_timeout()类似，不过如果在睡眠期间被信号打断则返回 ERESTARTSYS 错误码。

5）wait_event_interruptible_exclusive()宏：和 wait_event_interruptible()一样，不过该睡眠的进程是一个互斥进程。因为阻塞的进程会进入休眠状态，所以，必须确保有一个地方能够唤醒休眠的进程，否则进程就真的终止了。唤醒进程的地方最大可能发生在中断里，因为硬

件资源获得的同时往往伴随着一个中断。

（5）唤醒队列

1）wake_up()函数：唤醒等待队列。可唤醒处于 TASK_INTERRUPTIBLE 和 TASK_UNINTERUPTIBLE 状态的进程，与 wait_event()/wait_event_timeout()成对使用。

2）wake_up_interruptible()函数：

#define wake_up_interruptible(x)

__wake_up(x, TASK_INTERRUPTIBLE, 1, NULL)

和 wake_up()唯一的区别是它只能唤醒 TASK_INTERRUPTIBLE 状态的进程，与 wait_event_interruptible()/wait_event_interruptible_timeout()/wait_event_interruptible_exclusive() 成 对使用。

2．多路复用方式实现的非阻塞

（1）轮询的概念和作用

在用户程序中，select()和 poll()也是设备阻塞和非阻塞访问息息相关的论题。使用非阻塞 I/O 的应用程序通常会使用 select()和 poll()系统调用查询是否可对设备进行无阻塞的访问。select()和 poll()系统调用最终会引发设备驱动中的 poll()函数被执行。

（2）应用程序中的轮询编程

在用户程序中，select()和 poll()本质上是一样的，只是引入的方式不同，前者是在 BSD UNIX 中引入的，后者是在 System V 中引入的。用的比较广泛的是 select()系统调用，原型如下：

int select(int numfds, fd_set *readfds, fd_set *writefds, fd_set *exceptionfds, struct timeval *timeout);

其中，readfds、writefds、exceptionfds 分别是 select()监视的读、写和异常处理的文件描述符集合；numfds 的值是需要检查的号码最高的文件描述符加 1；timeout 则是一个时间上限值，超过该值后，即使仍没有描述符准备好也会返回。

struct timeval

{

　　　int tv_sec;　　//秒

　　　int tv_usec;　　//微秒

}

涉及文件描述符集合的操作主要有以下几种：

1）清除一个文件描述符集：FD_ZERO(fd_set *set)。

2）将一个文件描述符加入文件描述符集中：FD_SET(int fd,fd_set *set)。

3）将一个文件描述符从文件描述符集中清除：FD_CLR(int fd,fd_set *set)。

4）判断文件描述符是否被置位：FD_ISSET(int fd,fd_set *set)。

（3）设备驱动中的轮询编程

设备驱动中的 poll()函数原型如下：

unsigned int(*poll)(struct file *filp, struct poll_table * wait);

第一个参数是 file 结构体指针，第二个参数是轮询表指针。poll 方法完成两件事：

1）对可能引起设备文件状态变化的等待队列调用 poll_wait()函数，将对应的等待队列头添加到 poll_table，如果没有文件描述符可用来执行 I/O，则内核使进程在传递到该系统调用的所有文件描述符对应的等待队列上等待。

2）返回表示是否能对设备进行无阻塞读、写访问的掩码。

位掩码：POLLRDNORM、POLLIN、POLLOUT、POLLWRNORM。

设备可读，通常返回 POLLIN | POLLRDNORM。

设备可写，通常返回 POLLOUT | POLLWRNORM。

（4）poll_wait()函数

poll_wait( )函数用于向 poll_table 注册等待队列：

void poll_wait(struct file *filp, wait_queue_head_t *queue,poll_table *wait)

poll_wait()函数不会引起阻塞，它所做的工作是把当前进程添加到 wait 参数指定的等待列表（poll_table）中。

真正的阻塞动作是在上层的 select()/poll()函数中完成的。select()/poll()会在一个循环中对每个需要监听的设备调用它们自己的 poll()支持函数以使得当前进程被加入各个设备的等待列表。若当前没有任何被监听的设备就绪，则内核进行调度（调用 schedule）让出 CPU 进入阻塞状态，schedule 返回时将再次循环检测是否有操作可以进行，如此反复；否则，若有任意一个设备就绪，select()/poll()都立即返回。具体过程如下：

1）用户程序第一次调用 select()或者 poll()，驱动调用 poll_wait()并使两条队列都加入 poll_table 结构中作为下次调用驱动函数 poll()的条件，一个 mask 返回值指示设备是否可操作，0 为未准备状态，如果文件描述符未准备好可读或可写，用户进程会被加入到读或写等待队列中进入睡眠状态。

2）若驱动执行了某些操作，例如，写缓冲或读缓冲，写缓冲使读队列被唤醒，读缓冲使写队列被唤醒，于是 select()或者 poll()系统调用在将要返回给用户进程时再次调用驱动函数 poll()，驱动依然调用 poll_wait()并使两条队列都加入 poll_table 结构中，并判断可写或可读条件是否满足，如果 mask 返回 POLLIN | POLLRDNORM 或 POLLOUT | POLLWRNORM 则指示可读或可写，这时 select()或 poll()真正返回给用户进程，如果 mask 还是返回 0 则系统调用 select()或 poll()继续不返回。

4.4.3　Linux 设备驱动中的异步通知

阻塞和非阻塞访问中，poll()函数提供了较多地解决设备访问的机制，但是也可以采用异步通知机制。

异步通知是指一旦设备就绪，则主动通知应用程序，这样应用程序根本就不需要查询设备状态，这一点非常类似于硬件上"中断"的概念，比较准确的称谓是"信号驱动的异步 I/O"。信号是在软件层次上对中断机制的一种模拟，在原理上，一个进程收到一个信号与处理器收到一个中断请求可以说是一样的。信号是异步的，一个进程不必通过任何操作来等待信号的到达，事实上，进程也不知道信号到底什么时候到达。

阻塞 I/O 意味着一直等待设备可访问后再访问；非阻塞 I/O 中使用 poll()意味着查询设备是否可访问；而异步通知则意味着设备通知自身可访问，实现了异步 I/O。由此可见，这 3 种方式 I/O 可以互为补充。

1. Linux 信号

Linux 系统中，异步通知使用信号来实现。

函数原型为：

void (*signal(int signum,void (*handler))(int)))(int)

原型可以分解为：

typedef void(*sighandler_t)(int);

sighandler_t signal(int signum,sighandler_t handler);

第一个参数是指定信号的值，第二个参数是指定针对前面信号的处理函数。

2．信号的处理函数 signal()（在应用程序端捕获信号）

```
//启动信号机制
void sigterm_handler(int sigo)
{
    char data[MAX_LEN];
    int len;
    len = read(STDIN_FILENO,&data,MAX_LEN);
    data[len] = 0;
    printf("Input available:%s\n",data);
    exit(0);
}
int main(void)
{
    int oflags;
    //启动信号驱动机制
    signal(SIGIO,sigterm_handler);
    fcntl(STDIN_FILENO,F_SETOWN,getpid());
    oflags = fcntl(STDIN_FILENO,F_GETFL);
    fctcl(STDIN_FILENO,F_SETFL,oflags | FASYNC);
    //建立一个死循环，防止程序结束
    whlie(1);
    return 0;
}
```

3．信号的释放（在设备驱动端释放信号）

为了使设备支持异步通知机制，驱动程序中涉及以下 3 项工作：

1）支持 F_SETOWN 命令，能在这个控制命令处理中设置 filp->f_owner 为对应的进程 ID。不过此项工作已由内核完成，设备驱动无须处理。

2）支持 F_SETFL 命令，每当 FASYNC 标志改变时，驱动函数中的 fasync()函数得以执行。因此，驱动中应该实现 fasync()函数。

3）在设备资源中可获得，调用 kill_fasync()函数激发相应的信号。

4.5　Linux 设备驱动程序的静态编译到内核

Linux 的众多优良特性之一就是可以在运行时扩展由内核提供的特性的能力，这意味着在系统正在运行着的时候增加内核的功能，也可以去除。

每块可以在运行时添加到内核的代码称为一个模块。Linux 内核提供了对许多模块类型的支持，包括但不限于设备驱动。每个模块由目标代码组成（没有链接成一个完整可执行文件），可以动态链接到运行中的内核中，通过 insmod/rmmod 程序去链接。

Linux 的内核模块可以以两种方式编译和加载：

1）静态编译驱动到内核，随同 Linux 启动时加载。

2）编译成一个可动态加载和删除的模块，使用 insmod 加载，rmmod 删除。这种方式控制了内核的大小，而模块一旦插入内核，它就和内核其他部分一样了。

在了解了 Linux 内核的目录结构之后，将驱动程序的源代码放在 Linux 源代码目录 drivers 下的某个目录，若编写的是字符驱动，应该放在 drivers/char 目录下。

1）修改 drivers/char 中的 Kconfig，Kconfig 文件维护着内核模块配置的菜单。用 vi 打开 Kconfig，可看到：

menu "Charecter devices"（drivers/char 中的 Kconfig 维护着菜单中字符驱动的选项）

添加配置文本如下：

```
config MYFIRST
        bool "My first drivers"
        default y
```

可以看到自己添加的驱动配置。

2）修改 drivers/char 中的 Makefile，添加编译信息：

```
115 obj-$(CONFIG_LEDS_MINI2440) += mini2440_leds.o
116 obj-$(CONFIG_MINI2440_HELLO_MODULE) += mini2440_hello_module.o
117 obj-$(CONFIG_MINI2440_BUTTONS)    += mini2440_buttons.o
118 obj-$(CONFIG_MINI2440_BUZZER)    += mini2440_pwm.o
119 obj-$(CONFIG_MINI2440_ADC)   += mini2440_adc.o
120 obj-$(MYFIRST)        += first.o
121
```

3）驱动程序在 Linux Kernel 功能结构中的配置：

返回 Linux 内核源代码主目录，执行命令 make menuconfig，如图 4-3 所示。

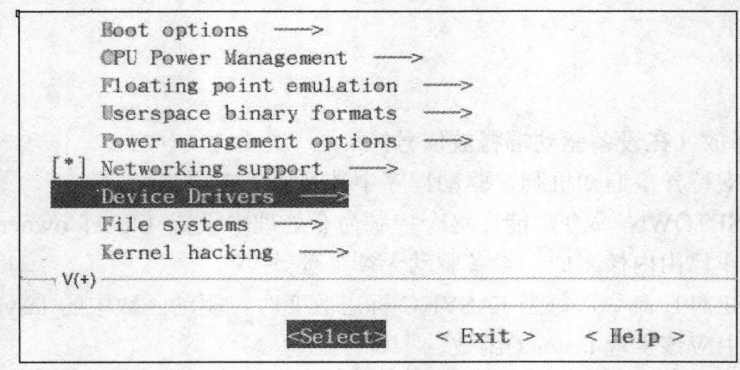

图 4-3　make menuconfig 下的设备菜单

进入"Device Driver"，如图 4-4 所示。

进入"Character devices"，如图 4-5 所示。

4）在 Linux 内核目录下执行 make zImage：

```
[root@localhost linux-2.6.32.2]# make zImage
```

编译完成后，在 arch/arm/boot 下会生成内核程序 zImage。

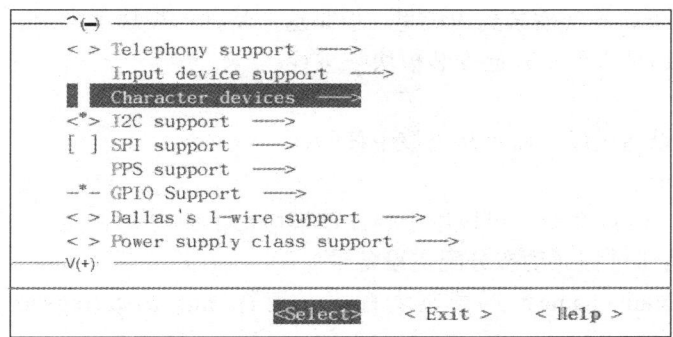

图 4-4　make menuconfig 下的字符设备菜单

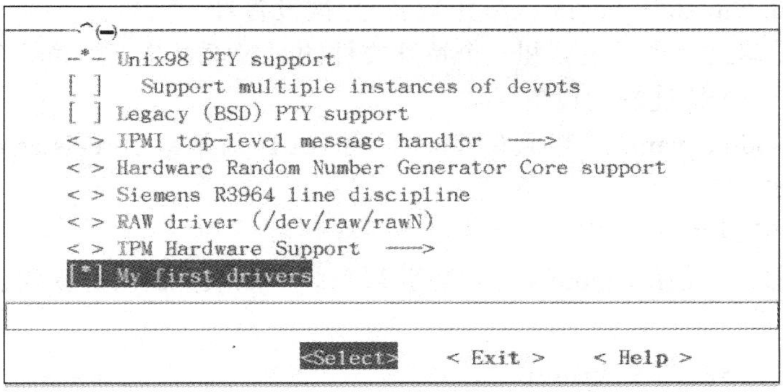

图 4-5　make menuconfig 下所增加的字符设备菜单

4.6　Linux 设备驱动程序模块的加/卸载

1．程序文件设计

首先编写一个文件名为 nothing.c 的文件，代码如下：

<nothing.c> =

#include <linux/module.h>

MODULE_LICENSE("Dual BSD/GPL");

内核从 Linux2.6.x 开始，编译模块变得稍微复杂些。首先，需要有一份完整的编译了的内核源代码树。

在以下的内容里，假设使用的是 Linux2.6.8 内核。接下来，需要撰写一个 Makefile。本例所用的 Makefile 文件名称为 Makefile1，内容如下：

<Makefile1> =

obj-m := nothing.o

和之前版本的内核不同，需要使用和当前系统所用内核版本相同的代码来编译将要加载和使用的模块。编译该模块，可以使用以下命令：

$ make -C /usr/src/kernel-source-2.6.8 M=`pwd` modules

这个非常简单的模块在加载之后，将属于内核空间，是内核空间的一部分。

在用户空间，可以以 root 账号加载该模块，命令如下：

insmod nothing.ko

insmod 命令用于将模块安装到内核里。但是这个特殊的模块不常用。要查看模块是否已经安装完成，可以通过查看所有已安装模块来进行：

lsmod

最后，模块可以通过以下命令从内核中移除：

rmmod nothing

同样地，使用 lsmod 命令，可以用于验证该模块已不在内核中。

2．驱动程序注册过程（动态分配主设备号）

1）insmod module_name：加载驱动程序，运行 init 函数(register_chrdev(dev_Major, "module_name", * fs))。

2）查看/proc/devices。

3）mknod　/dev/module_name　c/b 主设备号　次设备号。

mknod 命令是建立一个目录项和一个特殊文件的对应索引节点。第一个参数是 name 项设备的名称，选择一个描述性的设备名称。

4）rmmod module_name：卸载驱动，运行 exit 函数（unregister_chrdev(dev_Major, "module_name", * fs)）

3．模块的加/卸载操作

在 Linux 系统中，使用 lsmod 命令可以获得系统中加载了的所有模块以及模块间的依赖关系。例如：

```
[root@localhost 1]# lsmod
Module                  Size   Used by
hello                   1664   0
nls_utf8                2113   0
parport_pc             24705   1
```

lsmod 命令实际上读取并分析/proc/modules 文件。与上述 lsmod 命令结果对应的/proc/modules 文件如下：

```
[root@localhost 1]# cat /proc/modules
hello 1664 0 - Live 0xd08cf000
nls_utf8 2113 0 - Live 0xd0910000
parport_pc 24705 1 - Live 0xd0a74000
lp 12077 0 - Live 0xd09db000
```

内核中已加载模块的信息也存在于/sys/module 目录下，加载 hello.ko 后，内核中将包含/sys/module/hello 目录，该目录下又包含一个 refcnt 文件和一个 sections 目录。在/sys/module/hello 目录下运行"tree –a"得到如下目录树：

```
[root@localhost hello]# tree -a
|---sections
|   |---.strtab
|   |---.symtab
|   |---.bss
|   |---.gnu.linkonce.this_module
|   |---.data
|   |---__versions
|   |---.rodata.str1.1
|   |---.text
|---refcnt
```

modprobe 命令比 insmod 命令要强大,它在加载某模块时会同时加载该模块所依赖的其他模块。使用 modprobe 命令加载的模块,若以"modprobe –r   filename"的方式卸载,将同时卸载其他依赖的模块。

使用 modinfo 命令可以获得模块的信息,包括模块的作者、模块的说明、模块所支持的参数以及 vermagic,示例如下:

```
[root@localhost 1]# modinfo hello.ko
filename:        hello.ko
license:         Dual BSD/GPL
author:          zky
description:     a simple hello world module
vermagic:        2.6.9-5.EL 686 REGPARM 4KSTACKS gcc-3.4
depends:
```

4.7   Linux 字符设备驱动测试程序代码

首先需要创建一个设备文件,设备类型为字符设备,主设备号为 100,次设备号为 0,可以使用 mknod 创建,示例如下:

mknod /dev/first c 100 0

再编写测试程序代码 test.c:

```c
#include <sys/types.h>
#include <sys/stat.h>
#include <fcntl.h>
#include <stdio.h>

int main()
{
    char buf[16];
    int fd = open("/dev/first", O_RDWR);
    if(fd < 0)
    {
        perror("open error");
        return -1;
    }
    read(fd, buf, sizeof(buf));
    write(fd, buf, sizeof(buf));
    close(fd);
    return 0;
}
```

测试程序使用系统调用函数 open 打开设备文件"/dev/first",这个设备已经使用 mknod 关联到字符设备主设备号为 100 的设备上。

系统调用 open 打开成功后,会返回一个文件描述符使用 fd 来保存。如果 fd 小于 0,则表示设备文件打开错误,使用 perror 打印出错误的信息,并 return 结束 main 函数;如果 fd

大于等于 0，则表示设备文件打开成功，使用系统调用 read 读取文件内容，write 写入文件，最后使用 close 关闭打开的设备文件。

Linux 进程的文件管理：

1）对于一个进程打开的所有文件，由进程的两个私有结构进行管理。

2）fs_struct 结构记录着文件系统根目录和当前目录。

3）files_struct 结构包含着进程的打开文件表。

4）进程每打开一个文件，建立一个 file 结构体，并加入到系统打开文件表中，然后把该 file 结构体的首地址写入 fd[]数组的第一个空闲元素中。

5）一个进程所有打开的文件都记载在 fd[]数组中，数组的下标称为文件标识号。

6）在 Linux 中，进程使用文件名打开一个文件，在此之后对文件的识别就不再使用文件名，而直接使用文件标识号了。

7）在系统启动时文件标识号 0、1、2 由系统分配：0 标准输入设备，1 标准输出设备，2 标准错误输出设备。

本章小结

本章介绍了 Linux 支持的设备分类管理、驱动相关的数据接口、驱动源程序模块化代码结构、Linux 环境下的驱动程序应用操作等内容。从 Linux 的角度介绍驱动程序开发的总体要求、内容与步骤，为后续对 ARM 芯片的具体外设驱动开发，提供较为全面的基础知识。

习题与思考题

4-1　简述 Linux 定义的设备类型及其特点。

4-2　简述编写字符设备驱动程序的步骤。

4-3　简述字符设备驱动程序中的内核空间与用户空间的接口函数。

4-4　对本章中的驱动程序代码进行详细的注释。

第 5 章 基于 S3C2440 的嵌入式 Linux 驱动程序开发

驱动程序开发是嵌入式系统开发的重要内容，本章针对 S3C2440 的基本外设，在第 4 章 Linux 设备及其模块程序设计的基础上，介绍 S3C2440 几种基本外设的驱动程序设计。

本章主要内容：

- S3C2440 的体系结构
- ARM 处理器的编程模型
- S3C2440 的 GPIO 驱动编程
- S3C2440 的中断方式驱动编程
- S3C2440 的串口驱动编程
- S3C2440 的 ADC 和触摸屏驱动编程

5.1 S3C2440 的体系结构简介

S3C2440 采用了 ARM920T 内核、0.13μm 的 CMOS 标准宏单元和存储器单元、新的总线架构 AMBA（Advanced Microcontroller Bus Architecture）。

S3C2440 的体系结构如图 5-1 所示。从图中可以看出，S3C2440 具有很好的功能扩展，在内核 ARM920T 的控制下可以很方便地进行各种功能的实现，在芯片资源上 S3C2440 比 S3C2410 多了 Camara 接口、I/O 和中断源，最高主频达到 533MHz。S3C2440 集成的片上功能与结构如下：

1）1.2V 内核供电，1.8V/2.5V/3.3V 储存器供电，3.3V 外部 I/O 供电，具备 16KB 指令缓存、16KB 数据缓存和 MMU 的微处理器；

2）外部存储控制器（SDRAM 控制和片选逻辑）；

3）LCD 控制器（最大支持 4K 色 STN 和 256K 色 TFT）提供 1 通道 LCD 专用 DMA；

4）4 通道 DMA 并有外部请求引脚；

5）3 通道 UART（IrDA1.0，64B 发送 FIFO 和 64B 接收 FIFO）；

6）2 通道 SPI；

7）1 通道 IIC 总线接口（支持多主机）；

8）1 通道 IIS 总线音频编码器接口；

9）AC'97 编解码器接口；

10）兼容 SD 主接口协议 1.0 版和 MMC 卡协议 2.11 兼容版；

11）2 通道 USB 主机/1 通道 USB 设备（1.1 版）；

12）4 通道 PWM 定时器和 1 通道内部定时器/看门狗定时器；

13）8 通道 10 位 ADC 和触摸屏接口；

14）具有日历功能的 RTC；

15）摄像头接口（最大支持 4096×4096 像素输入；2048×2048 像素输入支持缩放）；

16）130 个通用 I/O 口和 24 通道外部中断源；

17）具有普通、慢速、空闲和掉电模式；

18）具有 MPLL 片上时钟发生器。

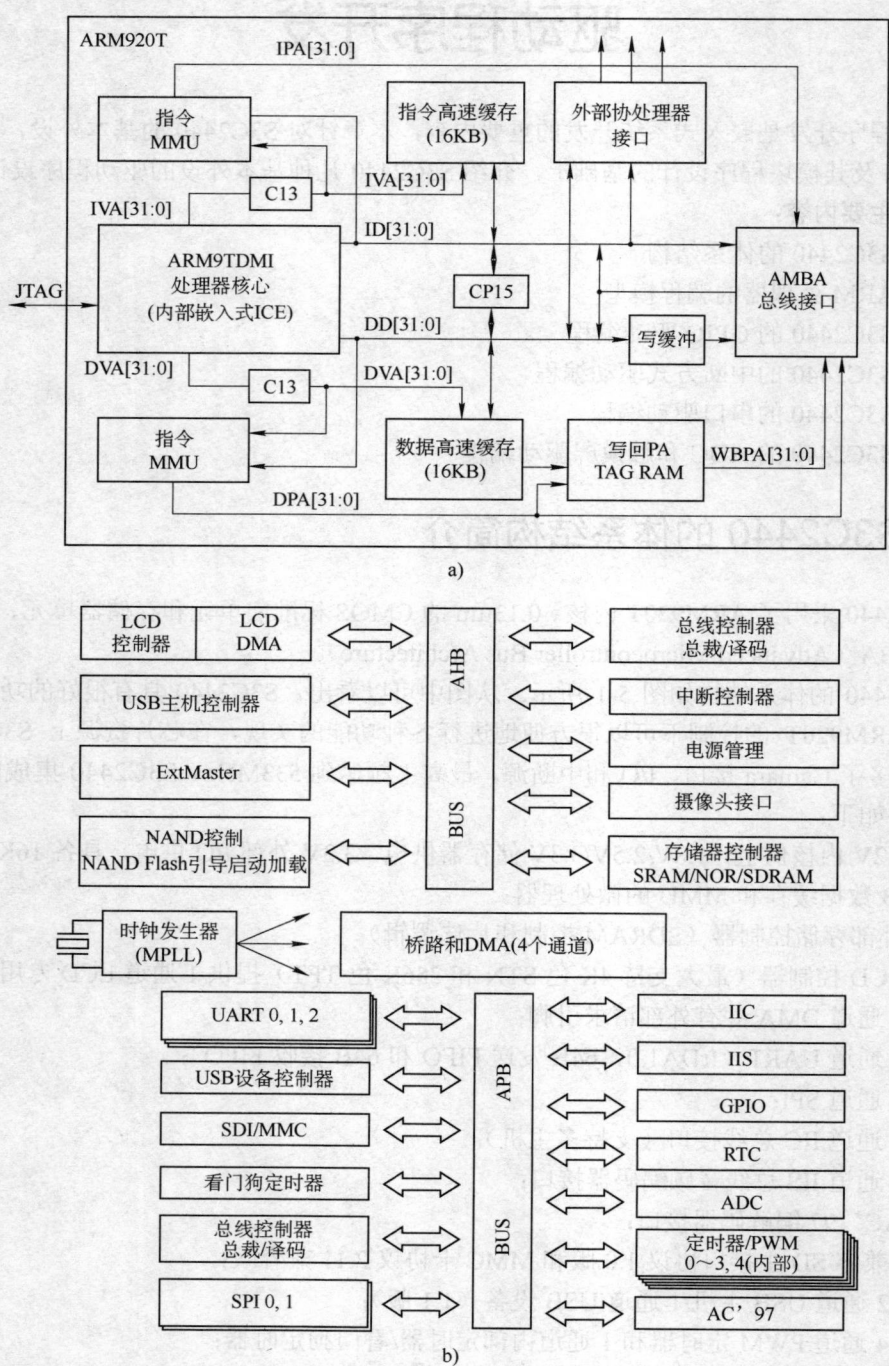

a）

b）

图 5-1　S3C2440 的体系结构

a）ARM920T 结构图　b）S3C2440 的接口扩展功能图

5.2　ARM920T 处理器的编程基础

5.2.1　ARM9 微处理器的工作模式

ARM9 微处理器的工作模式如下：

1）用户模式（User 模式）：运行应用的普通模式。

2）快速中断模式（FIQ 模式）：用于支持高速数据传输或通道处理。

3）中断模式（IRQ 模式）：用于普通中断处理。

4）超级用户模式（Supervisor 模式）：操作系统的保护模式。

5）异常中断模式（Abort 模式）：输入数据后登入或预取异常中断指令。

6）系统模式（Systerm 模式）：操作系统使用的一个有特权的用户模式。

7）未定义模式（Underfined 模式）：执行未定义指令时进入该模式。

7 种模式中除用户模式外，其他 6 种处理器模式称为特权模式。

1）用户模式：大多数用户程序运行在用户模式，此模式下程序不能访问一些受操作系统保护的系统资源，应用程序也不能直接进行处理器模式的切换。

2）特权模式：程序可以访问所有的系统资源，也可以任意地进行处理器模式的切换。

6 种特权模式中除系统模式外，其他 5 种特权模式又称为异常模式。

1）异常模式：当应用程序发生异常中断时，处理器进入相应的异常模式。每一种异常模式都有一组寄存器供相应的异常处理程序使用，这样可保证进入异常模式时，用户模式下的寄存器（保存了程序运行状态）不被破坏。

2）系统模式：系统模式不是通过异常过程进入的，它和用户模式具有完全一样的寄存器。但是系统模式属于特权模式，可以访问所有的系统资源，也可以直接进行处理器模式的切换。它主要供操作系统任务使用。

处理器的工作模式可以通过软件控制进行切换，也可以通过外部中断或异常处理过程进行切换。

5.2.2　ARM9 微处理器的寄存器组织

ARM 处理器有 37 个 32 位寄存器，包括 31 个通用寄存器、1 个当前程序状态寄存器（Current Program Status Register，CPSR）、5 个备份程序状态寄存器（Saved Program Status Register，SPSR）。这 37 个寄存器并不都是同时可见的，在任意时刻，只有 16 个通用寄存器（R0～R15）和 1～2 个状态寄存器（CPSR 和 SPSR）是可见的，如图 5-2 所示。

1. 通用寄存器

31 个通用寄存器用 R0～R15 表示，可以分为 3 类：未分组寄存器 R0～R7、分组寄存器 R8～R14、程序计数器 PC（R15）。

（1）未分组寄存器 R0～R7

在所有的运行模式下，未分组寄存器都指向同一个物理寄存器，它们未被系统用作特殊的用途，因此，在中断或异常处理进行运行模式转换时，由于不同的处理器运行模式均使用相同的物理寄存器，可能会造成寄存器中数据的破坏。

（2）分组寄存器 R8～R14

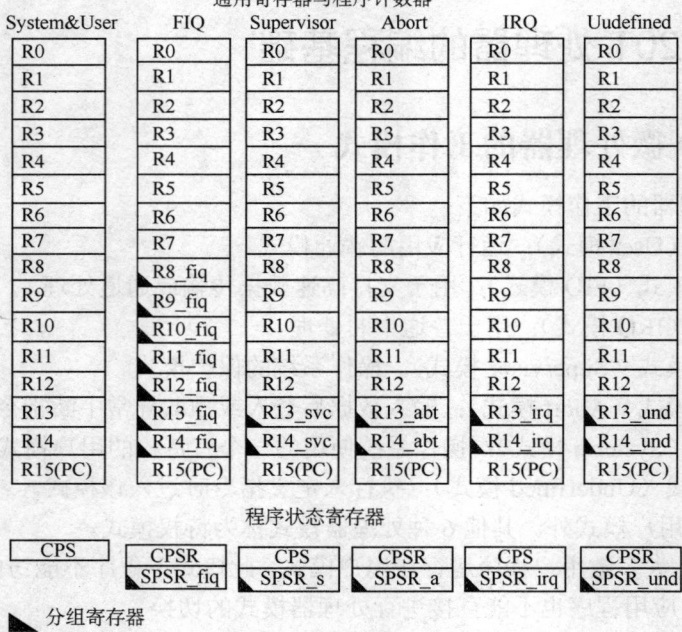

图 5-2　ARM 不同状态下的寄存器组织

1）对于分组寄存器，它们每一次所访问的物理寄存器与处理器当前的运行模式有关。对于 R8～R12 来说，每个寄存器对应两个不同的物理寄存器。当使用 FIQ 模式时，访问寄存器 R8_fiq～R12_fiq；当使用除 FIQ 模式以外的其他模式时，均访问寄存器 R8_usr～R12_usr。

2）对于 R13、R14 而言，每个寄存器各有 6 个不同的物理寄存器，其中的一个是用户模式与系统模式共用的，另外 5 个物理寄存器分别用于 5 种异常模式。

寄存器 R13 通常用作堆栈指针（Stack Pointer，SP），但这只是一种习惯用法，用户也可使用其他寄存器作为堆栈指针。而在 Thumb 指令集中，某些指令强制性地要求使用 R13 作为堆栈指针。

R14 也称作子程序连接寄存器或连接寄存器（LR），当执行分支指令 BL 时，R14 中得到 R15（程序计数器 PC）的备份。其他情况下，R14 用作通用寄存器。类似地，当发生中断或异常时，或当程序执行 BL 指令时，对应的分组寄存器 R14_svc、R14_irq、R14_fiq、R14_abt 和 R14_und 用来保存 R15（PC）的返回值。

（3）程序计数器 PC（R15）

R15 用作程序计数器（Program Counter，PC）。在 ARM 状态下，所有指令都是 32 位宽，所有的指令必须字对齐，所以 PC 的值由位[31:2]决定，位[1:0]是 0（在 Thumb 状态下，必须半字对齐，位[0]为 0，PC 的值由位[31:1]决定）。

R15 虽然也可用作通用寄存器，但一般不这么使用，因为 R15 的值通常是下一条要取出的指令的地址，所以使用时有一些特殊的限制，当违反了这些限制时，程序的执行结果是未知的。

2．程序状态寄存器

ARM 的程序状态寄存器（Program Status Register，PSR）有 1 个 CPSR 和 5 个 SPSR。CPSR 用来标识（或设置）当前运算的结果、中断使能设置、处理器状态、当前运行模式等，而 SPSR 则是当异常发生时用来保存 CPSR 当前值，以便从异常退出时用 SPSR 来恢复 CPSR。

5.2.3　ARM9 的存储方式

ARM 体系结构将存储器看作从零地址开始的字节的线性组合，从零字节到 3 字节放置第 1 个存储的字数据，从第 4 个字节到第 7 个字节放置第 2 个存储的字数据，依次排列作为 32 位的微处理器。ARM 体系结构所支持的最大寻址空间为 4GB。

ARM9 体系结构可以用两种方法存储字数据，称为大端格式和小端格式。

1）大端格式：在这种格式中，字数据的高字节存储在低地址中，而字数据的低字节则存放在高地址中。

2）小端格式：与大端存储格式相反，低地址中存放的是字数据的低字节，高地址中存放的是字数据的高字节。

小端格式较符合人们的思维习惯，因此在系统设计中多采用小端格式，ARM 默认是小端格式。

对于 I/O 端口的访问，ARM9 体系结构是使用存储映射的方法来实现的。存储映射法为每个 I/O 端口分配特定的存储器地址，但从这些地址读出或向这些地址写入时，实际完成的是 I/O 功能。即对存储器映射的 I/O 地址上进行读取操作时即是输入，而向存储器映射的 I/O 地址上进行写入操作时即是输出。

5.2.4　ARM 处理器的异常处理

当异常中断发生时，系统执行完当前指令后，将跳转到相应的异常中断处理程序处执行。当异常中断处理程序执行完成后，程序返回到发生中断指令的下条指令处执行。

在进入异常中断处理程序时，要保存被中断程序的执行现场；从异常中断处理程序退出时，要恢复被中断程序的执行现场。

1．引起异常的原因

对于 ARM 核，可以且只能识别 7 种处理器异常，每种异常都对应一种 ARM 处理器模式，当发生异常时，ARM 处理器就切换到相应的异常模式，并调用异常处理程序进行处理。

1）指令执行引起的异常：软件中断、未定义指令（包括所要求的协处理器不存在时的协处理器指令）、预取址终止（存储器故障）、数据终止。

2）外部产生的中断复位、FIQ、IRQ。

2．ARM 异常中断的种类

1）复位（Reset）：①当处理器复位引脚有效时，系统产生复位异常中断，程序跳转到复位异常中断处理程序处执行，包括系统加电和系统复位；②通过设置 PC 跳转到复位中断向量处执行称为软复位。

2）未定义的指令：当 ARM 处理器或者系统中的协处理器认为当前指令未定义时，产生未定义的指令异常中断，该异常在未定义异常模式下处理。

3）软件中断（SWI）：一个由用户定义的中断指令，可用于用户模式下的程序调用特权操作指令。在实时操作系统中可以通过该机制实现系统功能调用。

4）指令预取终止（Prefech Abort）：如果处理器预取的指令的地址不存在，或者该地址不允许当前指令访问，当被预取的指令执行时，处理器产生指令预取终止异常中断。

5）数据访问终止（Data Abort）：如果数据访问指令的目标地址不存在，或者该地址不允许当前指令访问，处理器产生数据访问终止异常中断。

6）外部中断请求（IRQ）：当处理器的外部中断请求引脚有效，而且 CPSR 的 I 控制位被清除时，处理器产生外部中断请求异常中断。系统中的外设通过该异常中断请求处理服务。

7）快速中断请求（FIQ）：当处理器的外部快速中断请求引脚有效，而且 CPSR 的 F 控制位被清除时，处理器产生外部快速中断请求异常中断。

3．异常的响应过程

除了复位异常外，当异常发生时，ARM 处理器尽可能完成当前指令后，再去处理异常，并执行如下动作。

1）将引起异常指令的下一条指令的地址保存到新模式的 R14 中。若异常是从 ARM 状态进入的，LR 中保存的是下一条指令的地址（当前 PC＋4 或 PC＋8，与异常的类型有关）；若异常是从 Thumb 状态进入的，则在 LR 中保存当前 PC 的偏移量。异常处理程序不需要确定异常是从何种状态进入的，如软件中断异常 SWI，指令"MOV PC，R14_svc"总是返回到下一条指令，不管 SWI 是在 ARM 状态执行，还是在 Thumb 状态执行。

2）将 CPSR 的内容保存到要执行异常中断模式的 SPSR 中。

3）设置 CPSR 相应的位进入相应的中断模式。

4）通过设置 CPSR 的第 7 位来禁止 IRQ。如果异常为快速中断和复位，则还要设置 CPSR 的第 6 位来禁止快速中断。

5）给 PC 强制赋向量地址值。

上面的异常处理操作都是由 ARM 核硬件逻辑自动完成的，程序计数器 PC 总是跳转到相应的固定地址。

如果异常发生时，处理器处于 Thumb 状态，则当异常向量地址加载入 PC 时，处理器自动切换到 ARM 状态；当异常处理返回时，自动切换到 Thumb 状态。

4．异常中断处理返回

异常处理完毕之后，ARM 微处理器会执行以下几步操作从异常返回。

1）将所有修改过的用户寄存器从处理程序的保护栈中恢复；

2）将 SPSR 复制回 CPSR 中，将连接寄存器 LR 的值减去相应的偏移量后送到 PC 中；

3）若在进入异常处理时设置了中断禁止位，要在此清除；

4）复位异常处理程序不需要返回。

5.2.5　S3C2440 的存储管理

S3C2440 配置 27 根地址线 ADDR0～ADDR26，寻址范围达到 4GB：8 根片选信号 nGCS0～nGCS7，对应 BANK0～BANK7，每个访问范围 128MB，对应 1GB 的地址空间，还有一部分是 CPU 内部寄存器的地址，剩下的地址空间没有使用，如图 5-3 所示。

S3C2440 开发板的内存分为两部分：

1）0x00000000～0x30007fff：开发板核心硬件使用内存区，如 UBoot，异常中断程序在这个内存区，地址是 0x00000000，板级代码运行程序地址是 0x30000000。

2）0x30008000～maxszie：加载 Linux 系统，或者运行 C 语言编写的程序，地址是 0x30008000。

S3C2440 开发板加电后，启动 BootLoader（如 UBoot，相当于 BIOS），然后根据开发板的启动开关选择从 NOR Flash 或者 NAND Flash 启动，则 UBoot 启动完成；如果有 Linux 的

zImage，则加载 Linux 系统，启动完成。

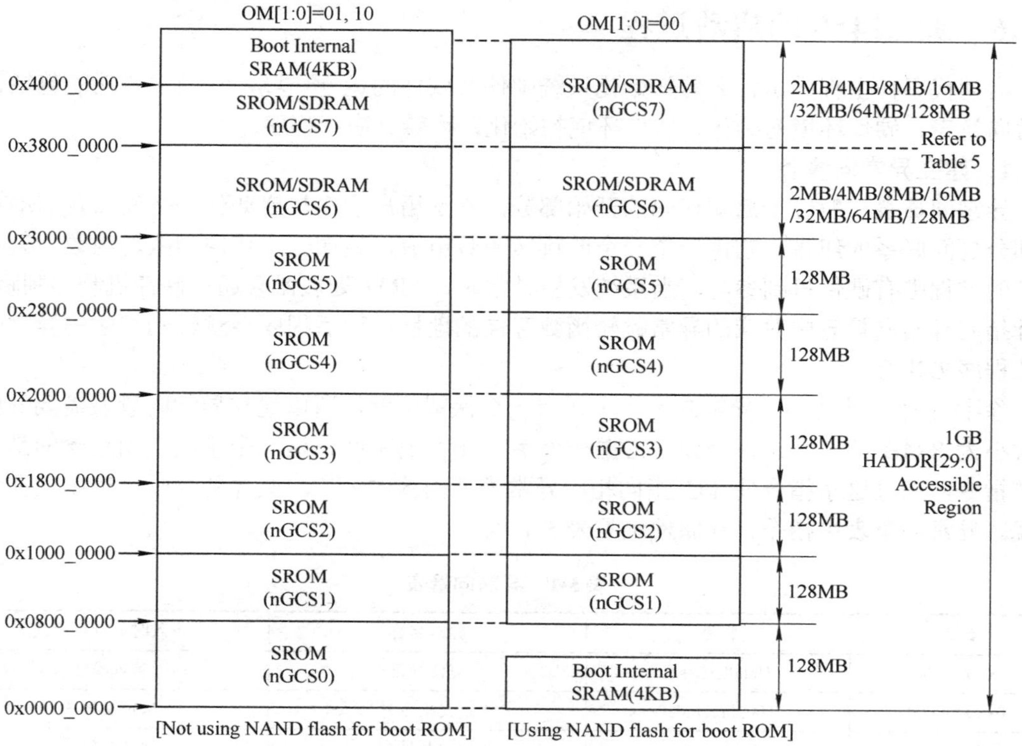

图 5-3　NOR Flash 和 NAND Flash 启动模式下的存储分配图

S3C2440 支持两种启动模式：NAND 和非 NAND（这里是 NOR Flash），具体采用的方式取决于 OM0、OM1 两个引脚。

1）OM[1：0]=00 时，处理器从 NAND Flash 启动；

2）OM[1：0]=01 时，处理器从 16 位宽度的 ROM 启动；

3）OM[1：0]=10 时，处理器从 32 位宽度的 ROM 启动；

4）OM[1：0]=11 时，处理器从 Test Mode 启动。

S3C2440 开发板启动时读取的第一条指令是在 0x00 上，分别为 NAND　Flash 和 NOR Flash 启动。

1. NOR Flash 启动

NOR Flash 有自己的地址线和数据线，可以采用类似于 Memory 的随机访问方式，在 NOR Flash 上可以直接运行程序，所以 NOR　Flash 可以直接用作 Boot。采用 NOR　Flash 启动时会把地址映射到 0x00 上。

2. NAND Flash 启动

NAND Flash 控制器自动把 NAND Flash 存储器的前 4KB 载到 Steppingstone（内部 SRAM 缓冲器），并把 0x00000000 设置为内部 SRAM 的起始地址，CPU 从内部 SRAM 的 0x00000000 开始启动，这个过程不需要程序干涉。前 4KB 代码要完成 S3C2440 的核心配置以及启动代码（UBoot）的剩余部分复制到 SDRAM 中，因此要把最核心的代码放在 NAND Flash 的前 4KB 中。NAND Flash 是 I/O 设备，数据、地址、控制线都是共用的，需要软件控制读取时序，所以不能像 NOR Flash、内存一样随机访问，不能 EIP（片上运行），因此不能直接作为 Boot。

5.2.6 S3C2440 的启动过程

启动代码在主程序运行之前初始化系统硬件及软件的运行环境，它的主要功能包括建立异常向量表、硬件环境初始化、软件环境初始化、跳转到应用程序。

1．建立异常向量表

异常向量表一般位于启动代码的开始部分，它是用户程序与启动代码之间以及启动代码各部分之间联系的纽带。它由一个一个的跳转函数组成，就像一个普通的散转函数，只不过散转的过程中有硬件机制参与，当系统发生异常时，ARM 处理器会通过硬件机制强制将 PC 指针指向异常向量表中对应的异常跳转函数存储的地址，然后程序会跳转到相应的异常中断服务程序去执行。

除了 7 种异常之外，异常向量表中还有一个保留位置，所以建立异常向量表需要开辟一块大小为 8×4B 的空间，每个异常占据一个字（4B）的空间，这一个字的空间包含的是一个跳转指令，通过这条指令使 PC 指向相应异常处理函数的入口，具体的异常处理函数在别处实现。异常向量表中指令、存储地址见表 5-1。

表 5-1 异常向量表

地址	指令	异常名称	进入时处理器模式
0x00000000	HandlerReset	复位异常	管理模式
0x00000004	HandlerUndef	未定义指令异常	未定义模式
0x00000008	HandlerSWI	软中断异常	管理模式
0x0000000c	HandlerPabort	指令预取异常	中止模式
0x00000010	HandlerDabort	数据中止异常	中止模式
0x00000014		保留	—
0x00000018	HandlerIRQ	IRQ 中断异常	中断模式
0x0000001c	HandlerFIQ	FIQ 中断异常	快中断模式

ARM 要求异常向量表必须存储在 0 地址处，这样当开发板上电或复位时，PC 会指向 0 地址处，进而跳转到复位异常处理函数 HandlerReset，这个函数负责完成系统的初始化工作，即硬件环境初始化、软件环境初始化、跳转至主函数；发生其他异常时 ARM 通过硬件机制将 PC 指向异常向量表对应的位置，进而跳转至相应的异常处理函数。

2．硬件环境初始化

硬件环境初始化是为建立一套基础的应用程序执行环境准备硬件环境，包括关闭看门狗、屏蔽 FIQ 和 IRQ 中断、初始化系统时钟（PLL）、初始化存储系统以及一些必要的其他硬件初始化操作。当然，并不是所有硬件的初始化都要在这里完成，在系统启动过程中一般只初始化一些和应用程序执行环境的建立有密切关系的硬件，其他硬件可以在应用程序启动后根据需要进行初始化，这样有利于将用汇编语言编写的启动代码精减到最少，而更多地采用 C/C++ 等高级语言来编写代码，增加代码的可读性和可维护性。

（1）关闭看门狗

在系统启动过程中，没有启动喂狗的任务，不关闭看门狗有可能会在系统启动过程中由于看门狗超时导致系统被复位，因此，需要先关闭看门狗，待应用程序执行环境建立好后，再根据需要启动看门狗。

（2）屏蔽 FIQ 和 IRQ 中断

在系统启动过程中，应用程序执行环境初始化完成前，中断处理程序的环境也还没有建立好，这个时候如果发生中断将会导致不可预料的后果，因此，需要先将中断屏蔽掉，待应用程序执行环境建立好后，再根据需要开启中断。

（3）初始化系统时钟（PLL）

如果说处理器是整个系统的心脏，那么晶振就是系统的心脏，它负责输送血液（时钟频率）给各个硬件部件，以驱动它们进行工作，系统中每个硬件的运行都跟时钟频率有密切关系，只有先确定了时钟频率才能够对每个硬件进行正确的初始化。

（4）初始化存储系统

硬件是驱干，软件是灵魂，存储系统是灵魂的依附，为了能够让应用程序正确地运行起来，系统启动后，需要从 ROM 中加载程序，并在 RAM 中运行它，因此，只有对存储系统进行正确的初始化才能够让应用程序在系统中正确的执行。

3．软件环境初始化

硬件环境准备完成后，需要对应用程序的软件环境进行初始化工作，包括系统堆栈初始化、RO/RW/ZI 初始化，必要的时候还要进行 MMU 初始化，在这些初始化工作完成后，整个系统的应用程序执行环境就准备就绪了，可以调用采用 C/C++编写的应用程序的主函数，执行应用程序。

（1）系统堆栈初始化

由于考虑到成本及处理器体积的大小，每一款处理器的寄存器都是相当有限的，但在系统运行过程中却可能有大量的临时数据需要保存，这不可能全部存到寄存器中，而 RAM 容量大，成本也比较低，需要在 RAM 中开辟一块空间，用于专门保存这些临时数据。在 RAM 中开辟的用于保存临时数据的空间称为堆栈。

每一种处理器模式都有其独享的一个堆栈空间。

（2）RO/RW/ZI 初始化

在程序运行中，会涉及 3 种类型的数据：RO 是程序中的指令和常量数据，这是只读数据；RW 是初始化的变量，这些数据变量会被读取并被必写；ZI 只是定义了变量，但并未对其进行初始化，系统默认将其初始化为 0x00。这些数据在系统运行过程中需要被搬移到相应的存储空间才能保障系统正常运行。

（3）MMU 地址重映射

MMU 的主要作用是实现虚拟地址到实际物理地址的映射，即对处理器的地址进行重新映射。它的目的有两个：

1）用于将代码从 ROM 中移到速度较高的 RAM 中运行时可以将 0 地址进行重新映射以保证软中断异常的正常执行；

2）用于现代高级操作系统对进程地址空间的隔离保护，对每个进程采用不同的虚拟地址映射表，每个进程同一个虚拟地址指向不同的物理地址，减少进程间内存互相破坏的可能性。

4．跳转到应用程序

在所有的准备工作都做好以后，启动代码的最后一步就是跳转到主函数，主函数在其他文件中用 C 语言实现。从启动代码跳转到主程序有两种方法：

1）使用如下指令跳转到自己编写的主函数：

B Main

使用此指令的时候要注意，Main 函数是用户自己编写的，为避免和编译器提供的主函数 __main 发生混淆，最好将其写为 Main，而不要写成 main。

采用这种方法跳转到主程序时，要自己编写代码来实现应用程序执行环境的初始化。

2）使用如下指令跳转到编译器提供的主函数：

B　__main

__main 是编译器提供的一个函数，它有两个作用：一个作用就是调用 __Scatterload 函数，将 RW 和 RO 段从装载地址复制到运行地址，并完成 ZI 段的清零工作，这一功能就是上面讲到的应用程序执行环境初始化，调用 __main 可以由编译器隐式地完成；另一个作用是库函数调用的初始化，它是通过调用 __rt_entry 函数来完成的，库函数初始化完成以后就会自动跳转到 __main 函数执行。

但是使用 __main 时，用户需要重新来实现 _user_ininial_stackheap 函数，这个函数的作用是初始化库函数的堆栈。由于已经编写代码实现了软件环境的初始化，所以不要使用第二种方式。

5.3　S3C2440 的 GPIO 驱动编程

5.3.1　S3C2440 的 GPIO 硬件基础

S3C2440 有 130 个多功能 I/O 口引脚，这 130 个多功能 I/O 口分为 9 个端口：

1）Port A（GPA）：25 个输出口。

2）Port B（GPB）：11 个输入/输出口。

3）Port C（GPC）：16 个输入/输出口。

4）Port D（GPD）：16 个输入/输出口。

5）Port E（GPE）：16 个输入/输出口。

6）Port F（GPF）：8 个输入/输出口。

7）Port G（GPG）：16 个输入/输出口。

8）Port H（GPH）：9 个输入/输出口。

9）Port J（GPJ）：13 个输入/输出口。

S3C2440 的每个端口大部分均为复用口，可以通过功能配置以满足不同系统需求。在启动系统主程序前必须配置每个引脚的功能，如果引脚不需要被配置为多功能引脚，那么可以将该引脚配置为普通的 I/O 端口。

S3C2440 的每个 I/O 口根据项目实际需求，考虑程序设计和电路板走线方便，在使用之前，由程序配置为输入、输出或功能性引脚。

1．输入功能

在实际应用中，若需获取外部信息，如按键状态（按下或放开按键），就需要将端口设置为输入功能，可以采用两种方式：查询或中断，这里采用查询方式。

2．输出功能

在应用开发中，需要输出开关量信号，就要将端口引脚配置为输出功能。

如图 5-4 所示，二极管正极串联一个限流电阻和 3.3V 电压相连。要控制 LED 亮/暗，只需控制 LED 负极的电压值即可。二极管的负极和 GPH2 相连，所以要先把 GPH2 通过设置 GPHCON[5:4]为 "01"，配置其为输出。若要点亮 LED，设置 GPHDAT[2]的值为 0，此时 GPH2 输出电压值为 0，即 LED 的负极为 0，LED 两端就产生电压差，满足 LED 发光条件，LED 为亮。若要使 LED 为暗，设置 GPHDAT[2]的值为 1，此时 GPH2 输出电压值为 3.3V，LED 两端没有电压差，不满足 LED 发光条件，所以 LED 为暗。

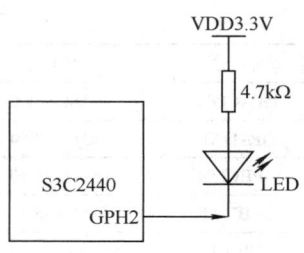

图 5-4　S3C2440 的 I/O 电路

3．复用功能

如果需要把 I/O 口配置为复用功能引脚，只需要配置对应的 GPxCON 即可，配置完后具体是输入还是输出，不需要关注，由对应的控制模块控制其方向和电压值。

4．上、下拉电阻

上拉电阻就是把不确定的信号通过一个电阻钳位在高电平，此电阻还起到限流的作用。同理，下拉电阻是把不确定的信号钳位在低电平。上拉是指器件的输入电流，而下拉则是指输出电流。

1）上、下拉电阻应用条件：

① 当 TTL 电路驱动 COMS 电路时，如果 TTL 电路输出的高电平低于 COMS 电路的最低高电平（一般为 3.5V），这时就需要在 TTL 的输出端接上拉电阻，以提高输出高电平的值。

② OC 门电路必须加上拉电阻，以提高输出的高电平值。

③ 为加大输出引脚的驱动能力，有的单片机引脚上也常使用上拉电阻。

④ 在 COMS 芯片上，为了防止静电造成损坏，不用的引脚不能悬空，一般接上拉电阻降低输入阻抗，提供泄荷通路。

⑤ 芯片的引脚加上拉电阻来提高输出电平，从而提高芯片输入信号的噪声容限增强抗干扰能力。

⑥ 提高总线的抗电磁干扰能力。引脚悬空就比较容易接收外界的电磁干扰。

⑦ 长线传输中电阻不匹配容易引起反射波干扰，加上、下拉电阻使电阻匹配，有效地抑制反射波干扰。

2）电阻阻值的选择原则：

① 从节约功耗及芯片的灌电流能力考虑应当足够大，电阻大，电流小。

② 从确保足够的驱动电流考虑应当足够小，电阻小，电流大。

③ 对于高速电路，过大的上拉电阻可能导致波形边沿变平缓。

④ 综合考虑以上 3 点，通常在 1~10kΩ之间选取。对下拉电阻也有类似道理。

5.3.2　S3C2440 的 GPIO 寄存器

S3C2440 对每个引脚都可以通过寄存器进行配置和访问，每一组端口都有对应的端口寄存器（见表 5-2），这些寄存器一般包括以下几种。

1）端口配置寄存器（GPACON~GPJCON）：S3C2440A 中，大多数端口为复用引脚，因此要决定每个引脚选择哪项功能。PnCON（引脚控制寄存器）决定了每个引脚使用哪项功能。如果在掉电模式中 PE0~PE7 用于唤醒信号，这些端口必须配置为输入模式。

2）端口数据寄存器（GPADAT~GPJDAT）：如果端口配置为输出端口，可以写入数据到 PnDAT 的相应位。如果端口配置为输入端口，可以从 PnDAT 的相应位读取数据。

表 5-2　S3C2440 Port A～J 端口控制寄存器表

寄存器	地址	读/写	描述	复位值
GPACON	0x56000000	读/写	配置端口 A 的引脚功能	0x00FFFFFF
GPADAT	0x56000004	读/写	端口 A 的数据寄存器	未定义
GPBCON	0x56000010	读/写	配置端口 B 的引脚功能	0x00000000
GPBDAT	0x56000014	读/写	端口 B 的数据寄存器	未定义
GPBUP	0x56000018	读/写	端口 B 的上拉寄存器	0x00000000
GPCCON	0x56000020	读/写	配置端口 C 的引脚功能	0x00000000
GPCDAT	0x56000024	读/写	端口 C 的数据寄存器	未定义
GPCUP	0x56000028	读/写	端口 C 的上拉寄存器	0x00000000
GPDCON	0x56000030	读/写	配置端口 D 的引脚功能	0x00000000
GPDDAT	0x56000034	读/写	端口 D 的数据寄存器	未定义
GPDUP	0x56000038	读/写	端口 D 的上拉寄存器	0x00000000
GPECON	0x56000040	读/写	配置端口 E 的引脚功能	0x00000000
GPEDAT	0x56000044	读/写	端口 E 的数据寄存器	未定义
GPEUP	0x56000048	读/写	端口 E 的上拉寄存器	0x00000000
GPFCON	0x56000050	读/写	配置端口 F 的引脚功能	0x00000000
GPFDAT	0x56000054	读/写	端口 F 的数据寄存器	未定义
GPFUP	0x56000058	读/写	端口 F 的上拉寄存器	0x00000000
GPGCON	0x56000060	读/写	配置端口 G 的引脚功能	0x00000000
GPGDAT	0x56000064	读/写	端口 G 的数据寄存器	未定义
GPGUP	0x56000068	读/写	端口 G 的上拉寄存器	0x00000000
GPHCON	0x56000070	读/写	配置端口 H 的引脚功能	0x00000000
GPHDAT	0x56000074	读/写	端口 H 的数据寄存器	未定义
GPHUP	0x56000078	读/写	端口 H 的上拉寄存器	0x00000000
GPJCON	0x56000070	读/写	配置端口 J 的引脚功能	0x00000000
GPJDAT	0x56000074	读/写	端口 J 的数据寄存器	未定义
GPJUP	0x56000078	读/写	端口 J 的上拉寄存器	0x00000000

3）端口上拉寄存器（GPBUP～GPJUP）：端口上拉寄存器控制每个端口组的使能/禁止上拉电阻。当相应位为 0 时使能引脚的上拉电阻，为 1 时禁止上拉电阻。

如果使能了上拉电阻，那么上拉电阻与引脚的功能设置（输入、输出、DATAn、EINTn 等）无关。

5.3.3　S3C2440 的 GPIO 驱动程序

本小节设计了 S3C2440 的 GPB5～GPB8 实现 4 个 LED 灯的控制程序，其控制电路如图 5-5 所示。

```
/************************************
NAME:EmbedSky_hello.c
COPYRIGHT:www.embedsky.net
************************************/

#include <linux/miscdevice.h>
```

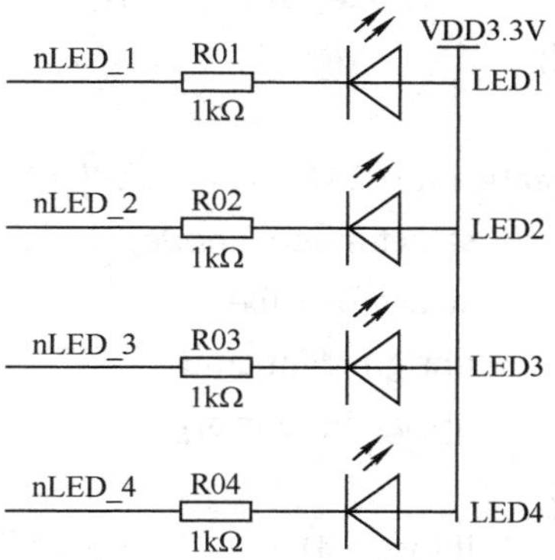

```
#include <linux/delay.h>
#include <asm/irq.h>
#include <mach/regs-gpio.h>
#include <mach/hardware.h>
#include <linux/kernel.h>
#include <linux/module.h>
#include <linux/init.h>
#include <linux/mm.h>
#include <linux/fs.h>
#include <linux/types.h>
#include <linux/delay.h>
#include <linux/moduleparam.h>
#include <linux/slab.h>
#include <linux/errno.h>
#include <linux/ioctl.h>
#include <linux/cdev.h>
#include <linux/string.h>
#include <linux/list.h>
#include <linux/pci.h>
#include <asm/uaccess.h>
#include <asm/atomic.h>
#include <asm/unistd.h>
#define DEVICE_NAME "GPIO-Control"
```

图 5-5　LED 灯控制电路

```
/* 应用程序执行 ioctl(fd, cmd, arg)时的第 2 个参数 */
#define IOCTL_GPIO_ON 1
#define IOCTL_GPIO_OFF 0

/* LED 所用的 GPIO 引脚 */
static unsigned long gpio_table [] =
{
    S3C2410_GPB5,
    S3C2410_GPB6,
    S3C2410_GPB7,
    S3C2410_GPB8,
};
/* GPIO 引脚的功能：输出 */
static unsigned int gpio_cfg_table [] =
{
    S3C2410_GPB5_OUTP,
```

```
            S3C2410_GPB6_OUTP,
            S3C2410_GPB7_OUTP,
            S3C2410_GPB8_OUTP,
};

static int tq2440_gpio_ioctl(
        struct inode *inode,
        struct file *file,
        unsigned int cmd,
        unsigned long arg)
{
        if (arg > 4)
        {
                return -EINVAL;
        }

        switch(cmd)
        {
            case IOCTL_GPIO_ON:
                // 设置指定引脚的输出电平为 0
                s3c2410_gpio_setpin(gpio_table[arg], 0);
                return 0;

            case IOCTL_GPIO_OFF:
                // 设置指定引脚的输出电平为 1
                s3c2410_gpio_setpin(gpio_table[arg], 1);
                return 0;

            default:
                return -EINVAL;
        }
}

static struct file_operations dev_fops = {
        .owner  =    THIS_MODULE,
        .ioctl=    tq2440_gpio_ioctl,
};

static struct miscdevice misc = {
        .minor = MISC_DYNAMIC_MINOR,
```

```
        .name = DEVICE_NAME,
        .fops = &dev_fops,
};

static int __init dev_init(void)
{
        int ret;

        int i;

        for (i = 0; i < 4; i++)
        {
                s3c2410_gpio_cfgpin(gpio_table[i], gpio_cfg_table[i]);
                s3c2410_gpio_setpin(gpio_table[i], 0);
        }

        ret = misc_register(&misc);

        printk (DEVICE_NAME" initialized\n");

        return ret;
}

static void __exit dev_exit(void)
{
        misc_deregister(&misc);
}

module_init(dev_init);
module_exit(dev_exit);

MODULE_LICENSE("GPL");
MODULE_AUTHOR("www.embedsky.net");
MODULE_DESCRIPTION("GPIO control for EmbedSky SKY2440/TQ2440 Board");
```

5.4　S3C2440 中断方式的驱动编程

5.4.1　中断原理

　　CPU 在正常执行程序的过程中，突然发生了一些需要紧急处理的事件，这些事件通过某种方式触发引起 CPU 暂停当前正在执行的程序，转去处理突发事件，待突发事件处理完毕后，

CPU 再返回继续执行刚刚被暂停的程序的过程就称为中断。S3C2440 的异常向量见表 5-1。

中断是 CPU 处理外部突发事件的一个重要技术。引起中断的原因或者说发出中断请求的来源叫作中断源。根据中断源的不同，可以把中断分为硬件中断和软件中断两大类。

当 CPU 在执行现行程序中启动外部设备之后，不需要像程序控制方式那样反复查询外部设备的状态，而能够与外部设备并行工作。当外部设备的数据准备就绪后，主动向 CPU 发出中断请求。CPU 接到外部设备的中断请求后，如果没有更加紧急的任务（如 DMA 服务等），就暂停正在执行的现行程序，转去执行中断服务程序，为外部设备服务，当中断服务完成之后，再返回到原先的现行程序中继续执行。CPU 中断原理如图 5-6 所示。

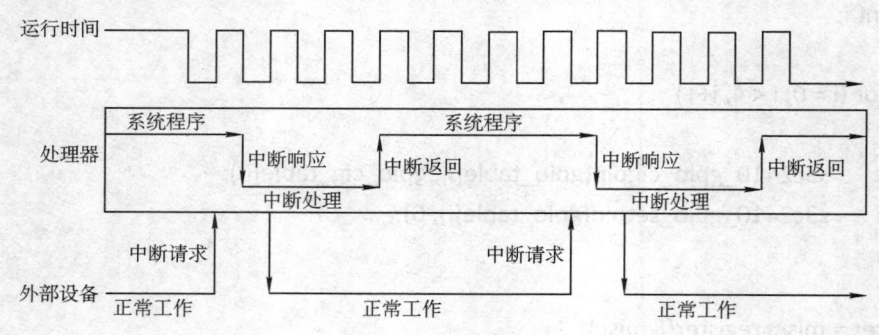

图 5-6　CPU 中断原理图

当有多台外部设备需要同时工作时，CPU 可以在不同时刻根据需要分别启动这些外部设备，被启动的外部设备能够与 CPU 分别同时独立工作。当某一台外部设备的数据准备就绪时，就向 CPU 发出中断服务请求。如果有多台外部设备同时要求中断服务，CPU 能够根据这些外部设备的优先级从高到低分别响应这些中断请求，为外部设备服务。

5.4.2　S3C2440 的中断机制

1. S3C2440 的中断源类型

在 S3C2440 中，共可以从 59 个中断源接收中断，这 59 个中断源分为 32 个一级中断源（有 8 个是带有二级中断源的，本身并不能触发，只计其二级中断源）和 35 个二级中断源（子中断源），其中 24 个一级中断源可以直接触发中断，35 个二级中断源触发时需要通过一级中断源进行请求，在处理中断时再通过寄存器判断是哪个二级中断源触发，因此，8 个带有二级中断源的一级中断源因需要做二次判断，效率相对会较低一些。S3C2440 的中断源汇总见表 5-3。

表 5-3　S3C2440 中断源汇总表

中断类型	一级中断/SRCPND	二级中断/SUBSRCPND 或 EINTPND	功能说明
内部中断	INT_ADC/[31]	INT_ADC_S/SUBSRCPND[10]	ADC 转换完成中断
		INT_TC/SUBSRCPND[9]	触摸屏中断（按下/提起）
	INT_RTC/[30]		RTC 闹钟中断
	INT_SPI1/[29]		SPI1 中断
	INT_UART0/[28]	INT_ERR0/SUBSRCPND[2]	错误中断
		INT_TXD0/SUBSRCPND[1]	数据发送中断
		INT_RXD0/SUBSRCPND[0]	数据接收中断

（续）

中断类型	一级中断/SRCPND	二级中断/SUBSRCPND 或 EINTPND	功能说明
内部中断	INT_IIC/[27]		IIC 中断
	INT_USBH/[26]		USB 主机中断
	INT_USBD/[25]		USB 设备中断
	INT_NFCON/[24]		NAND Flash 控制中断
	INT_UART1/[23]	INT_ERR1/SUBSRCPND[5]	错误中断
		INT_TXD1/SUBSRCPND[4]	数据发送中断
		INT_RXD1/SUBSRCPND[3]	数据接收中断
	INT_SPI0/[22]		SPI0 中断
	INT_SDI/[21]		SDI 中断
	INT_DMA3/[20]		DMA 通道 3 中断
	INT_DMA2/[19]		DMA 通道 2 中断
	INT_DMA1/[18]		DMA 通道 1 中断
	INT_DMA0/[17]		DMA 通道 0 中断
	INT_LCD/[16]		LCD 中断
	INT_UART2/[15]	INT_ERR2/SUBSRCPND[8]	UART2 错误中断
		INT_TXD2/SUBSRCPND[7]	UART2 数据发送中断
		INT_RXD2/SUBSRCPND[6]	UART2 数据接收中断
	INT_TIMER4/[14]		定时器 4 中断
	INT_TIMER3/[13]		定时器 3 中断
	INT_TIMER2/[12]		定时器 2 中断
	INT_TIMER1/[11]		定时器 1 中断
	INT_TIMER0/[10]		定时器 0 中断
	INT_WDT_AC97/[9]	INT_AC97/SUBSRCPND[14]	AC97 中断
		INT_WDT/SUBSRCPND[13]	看门狗中断
	INT_TICK/[8]		RTC 时钟滴答中断
	nBATT_FLT/[7]		电池故障中断
	INT_CAM/[6]	INT_CAM_P/SUBSRCPND[12]	摄像头 P 端口捕捉中断
		INT_CAM_C/SUBSRCPND[11]	摄像头 C 端口捕捉中断
外部中断	EINT8_23/[5]	EINT23/EINTPND[23]	外部中断 23
		EINT22/EINTPND[22]	外部中断 22
		EINT21/EINTPND[21]	外部中断 21
		EINT20/EINTPND[20]	外部中断 20
		EINT19/EINTPND[19]	外部中断 19
		EINT18/EINTPND[18]	外部中断 18
		EINT17/EINTPND[17]	外部中断 17
		EINT16/EINTPND[16]	外部中断 16
		EINT15/EINTPND[15]	外部中断 15
		EINT14/EINTPND[14]	外部中断 14
		EINT13/EINTPND[13]	外部中断 13
		EINT12/EINTPND[12]	外部中断 12
		EINT11/EINTPND[11]	外部中断 11

（续）

中断类型	一级中断/SRCPND	二级中断/SUBSRCPND 或 EINTPND	功能说明
外部中断	EINT8_23/[5]	EINT10/EINTPND[10]	外部中断 10
		EINT9/EINTPND[9]	外部中断 9
		EINT8/EINTPND[8]	外部中断 8
	EINT4_7/[4]	EINT7/EINTPND[7]	外部中断 7
		EINT6/EINTPND[6]	外部中断 6
		EINT5/EINTPND[5]	外部中断 5
		EINT4/EINTPND[4]	外部中断 4
	EINT3/[3]		外部中断 3
	EINT2/[2]		外部中断 2
	EINT1/[1]		外部中断 1
	EINT0/[0]		外部中断 0

2. S3C2440 的中断控制逻辑

S3C2440 设计了完善的中断控制逻辑，如图 5-7 所示。其基本的逻辑流程包括：

1）设置中断源未决寄存器（SRCPND）的标志位。

2）判断中断位是否处于屏蔽状态（INTMASK）。如果中断位已经被屏蔽，则等待中断屏蔽位打开，中断暂停。

3）判断中断模式是 IRQ 还是 FIQ。如果是 FIQ 中断，则判断程序状态寄存中 F 位是否处于屏蔽状态。如果程序状态寄存器的 F 位没有被屏蔽，则 CPU 暂停当前工作，转而处理 FIQ 中断；如果程

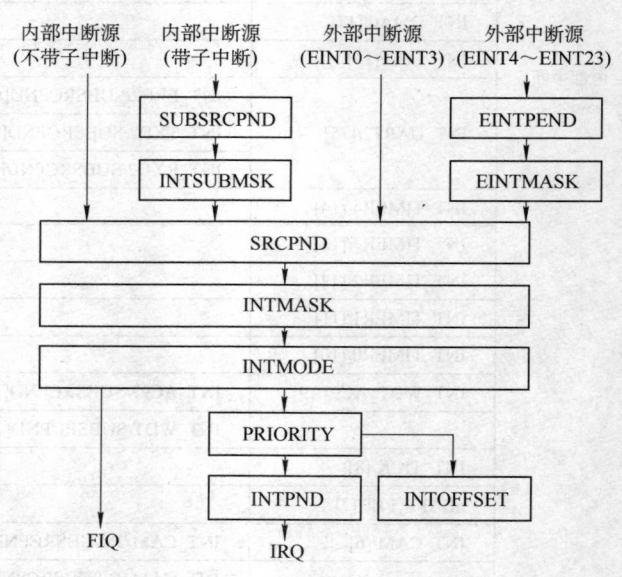

图 5-7　S3C2440 的中断控制逻辑

序状态寄存器的 F 位已经被屏蔽，中断暂停。如果是 IRQ 中断，则判断程序状态寄存器中 I 位是否处于屏蔽状态。如果中断位已经被屏蔽，则等待中断屏蔽位打开，中断暂停。

4）从中断优先寄存器中选择一个优先级最高的中断。

5）设置中断未决寄存器（INTPND）。

6）设置中断偏移寄存器（INTOFFSET）。

7）CPU 暂停当前工作，转而处理 IRQ 中断。

3. 中断优先级

32 个一级中断请求优先级逻辑通过 7 个仲裁器的选择，最终生成一个优先级最高的中断源，这 7 个仲裁器包括 6 个一级仲裁器和 1 个二级仲裁器。先由一级仲裁器从各个分组中各选择一个优先级最高的中断，形成 6 个中断源，再通过二级仲裁器从这 6 个中断源中选择一个优先级最高的中断源进行触发，其仲裁过程如图 5-8 所示。

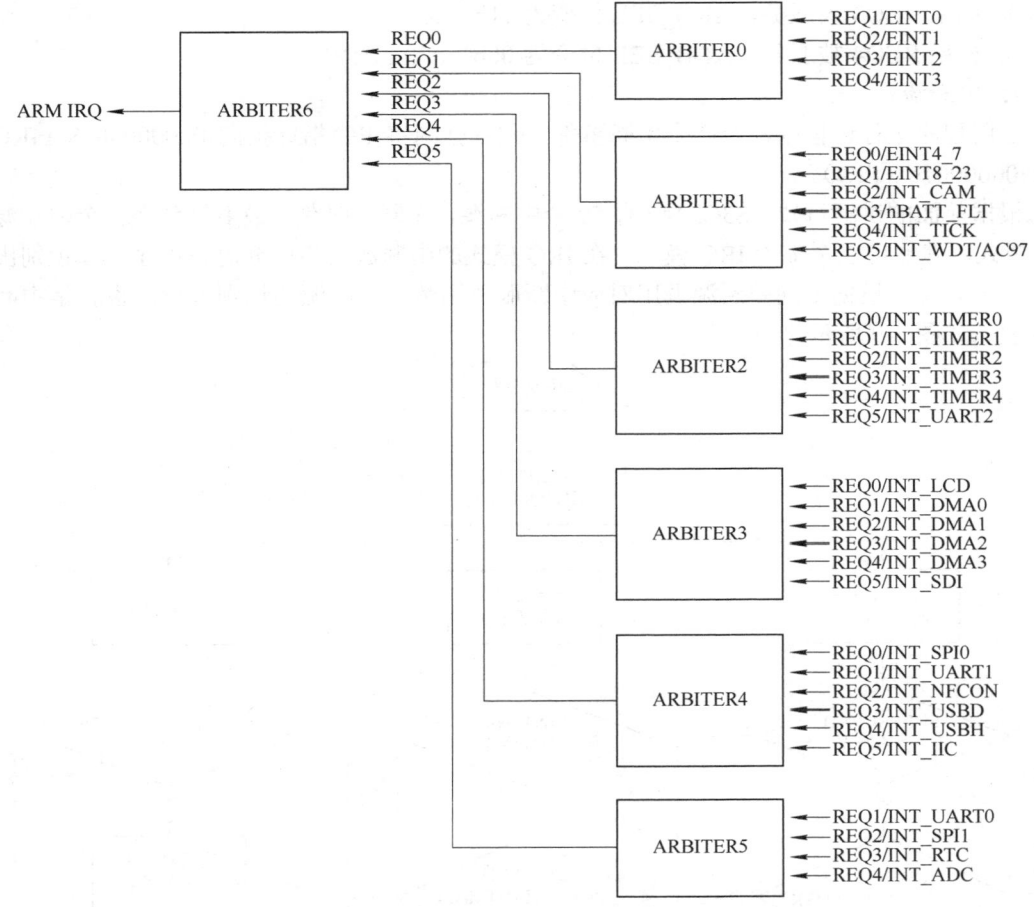

图 5-8　中断优先级

优先级仲裁由寄存器 PRIORITY 进行配置，其功能如下：

1）每个仲裁器基于一个位仲裁器模式（ARB_MODE）控制和选择控制信号（ARB_SEL）的两位来处理 6 个中断请求。

① 如果 ARB_SEL 位是 00b，优先级是 REQ0、REQ1、REQ2、REQ3、REQ4 和 REQ5。

② 如果 ARB_SEL 位是 01b，优先级是 REQ0、REQ2、REQ3、REQ4、REQ1 和 REQ5。

③ 如果 ARB_SEL 位是 10b，优先级是 REQ0、REQ3、REQ4、REQ1、REQ2 和 REQ5。

④ 如果 ARB_SEL 位是 11b，优先级是 REQ0、REQ4、REQ1、REQ2、REQ3 和 REQ5。

2）仲裁器的 REQ0 总是有最高优先级，REQ5 总是有最低优先级。此外通过改变 ARB_SEL 位，可以翻转 REQ1～REQ4 的优先级。

3）如果 ARB_MODE 位置 0，ARB_SEL 位不会自动改变，使得仲裁器在一个固定优先级的模式下操作（注意在此模式下，通过手工改变 ARB_SEL 位来配置优先级）。另外，如果 ARB_MODE 位是 1，ARB_SEL 位以翻转的方式改变。例如，如果 REQ1 被服务，则 ARB_SEL 位自动地变为 01b，把 REQ1 放到最低的优先级。ARB_SEL 变化的详细规则如下：

① 如果 REQ0 或 REQ5 被服务，ARB_SEL 位完全不会变化。

② 如果 REQ1 被服务，ARB_SEL 位变为 01b。

③ 如果 REQ2 被服务，ARB_SEL 位变为 10b。

④ 如果 REQ3 被服务，ARB_SEL 位变为 11b。

⑤ 如果 REQ4 被服务，ARB_SEL 位变为 00b。

4．中断流程

应用程序运行过程中，若产生中断事件，硬件强制将 PC 指针指向 0x00000018（IRQ）或 0x0000001c（FIQ）。

根据前面的讲解可知，S3C2440 有 59 个中断源，在同一时刻，最多只允许一个中断源为 FIQ 模式，其他可以全部为 IRQ 模式。在 IRQ 模式的中断源发生中断时，程序必须识别出是哪一个中断源，根据不同中断源调用对应中断服务函数。中断源的识别过程，也就是中断分发处理，如图 5-9 所示。

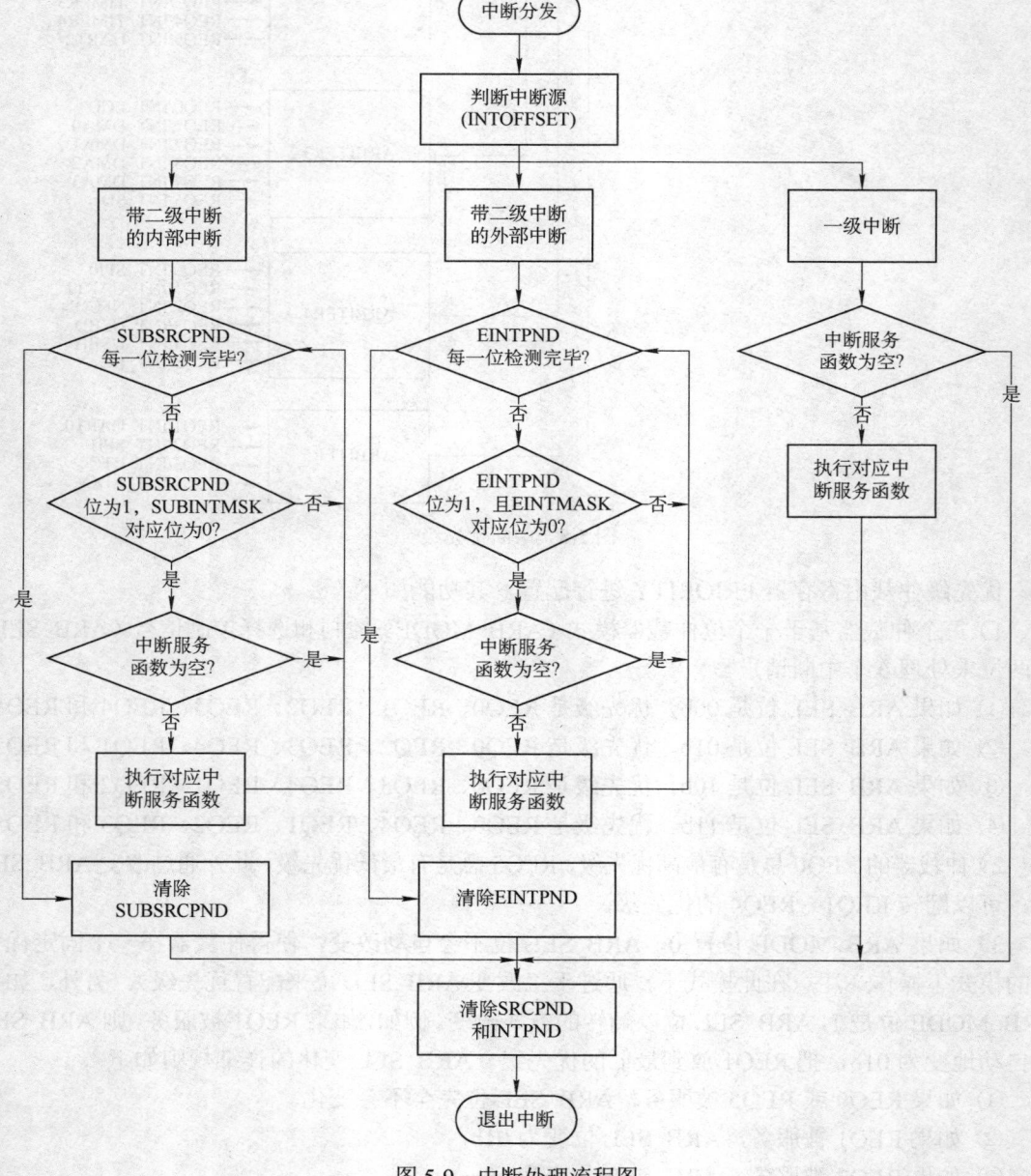

图 5-9　中断处理流程图

1）进入中断分发处理后，根据 INTOFFSET 快速识别出中断编号（范围为 0～31，表示 SRCPND 和 INTPND 的哪一位被置 1）。

2）对中断编号进行分类，可分为一级中断、带二级中断的外部中断、带二级中断的内部中断。

3）一级中断直接处理。

4）带二级中断的外部中断和带二级中断的内部中断处理过程一致，均要遍历二级中断的中断未决寄存器，只有在二级中断未决寄存器中的位为 1（中断产生）且二级中断掩码寄存器中对应位的值为 0（中断使能）时，才进行处理。遍历结束后，对二级中断未决寄存器所有位进行清零。

5）清除 SRCPND 和 INTPND，注意清除顺序，要先对 SRCPND 清零，再对 INTPND 清零。

5.4.3　S3C2440 的中断寄存器

中断控制由中断源未决寄存器（SRCPND）、外部中断未决寄存器（EINTPEND）、外部中断掩码寄存器（EINTMASK）、内部子中断未决寄存器（SUBSRCPND）、内部子中断掩码寄存器（SUBINTMSK）、中断掩码寄存器（INTMASK）、中断未决寄存器（INTPND）、中断模式寄存器（INTMOD）、中断优先级寄存器（PRIORITY）、中断偏移寄存器（INTOFFSET）、外部中断的触发方式寄存器（EXTINT0～EXTINT2）、外部中断滤波时钟和滤波宽度寄存器（EINTFLT0～EINTFLT3）来实现。

1. SRCPND 寄存器

SRCPND 寄存器包括 32 位，每位与一个中断源相关，如果相应的中断源产生中断请求且等待中断服务，则该位置 1。因此，这个寄存器指出哪个中断源在等待请求服务。

注意，SRCPND 的每位都由中断源自动置位，不管 INTMASK 寄存器的屏蔽位。此外，SRCPND 寄存器不会受到中断控制器优先级逻辑的影响。

在对于一个特定中断源的中断服务程序中，SRCPND 寄存器的相应位必须被清除，目的是下次能正确得到同一个中断源的中断请求。如果从中断服务程序返回却没有清除该位，中断控制器将操作，好像又有同一个中断源的中断请求到来。换言之，如果 SRCPND 的一个特殊位置 1，其总是认为一个有效的中断请求等待服务。

清除相应位的时间依赖于用户的需求。如果想收到另一个来自同一个中断源的有效请求，应该清除相应的位，然后使能中断。

可以通过写数据到 SRCPND 寄存器来清除其某个位，对相应位置 1 来清除相应位。如果对相应位写 0，则该位的数值保持不变。SRCPND 寄存器描述见表 5-4、表 5-5。

表 5-4　SRCPND 寄存器

寄存器	地址	读/写	描述	复位值
SRCPND	0x4A000000	读/写	指出中断请求的状态 0=中断未请求；1=中断已请求	0x00000000

2. INTMASK 寄存器

INTMASK 寄存器包括 32 位，每位都和一个中断源相关。如果某位置 1，则 CPU 不会服务相应中断源的中断请求（注意，SRCPND 的相应位还是会被置 1）；如果屏蔽位为 0，中断请求可以被服务。INTMASK 寄存器描述见表 5-6。

表 5-5 SRCPND 寄存器功能位定义

SRCPND	功能位	描述	复位值
INT_ADC	[31]	0=中断未请求；1=中断已请求	0
INT_RTC	[30]	0=中断未请求；1=中断已请求	0
INT_SPI1	[29]	0=中断未请求；1=中断已请求	0
INT_UART0	[28]	0=中断未请求；1=中断已请求	0
INT_IIC	[27]	0=中断未请求；1=中断已请求	0
INT_USBH	[26]	0=中断未请求；1=中断已请求	0
INT_USBD	[25]	0=中断未请求；1=中断已请求	0
INT_NFCON	[24]	0=中断未请求；1=中断已请求	0
INT_UART1	[23]	0=中断未请求；1=中断已请求	0
INT_SPI0	[22]	0=中断未请求；1=中断已请求	0
INT_SDI	[21]	0=中断未请求；1=中断已请求	0
INT_DMA3	[20]	0=中断未请求；1=中断已请求	0
INT_DMA2	[19]	0=中断未请求；1=中断已请求	0
INT_DMA1	[18]	0=中断未请求；1=中断已请求	0
INT_DMA0	[17]	0=中断未请求；1=中断已请求	0
INT_LCD	[16]	0=中断未请求；1=中断已请求	0
INT_UART2	[15]	0=中断未请求；1=中断已请求	0
INT_TIMER4	[14]	0=中断未请求；1=中断已请求	0
INT_TIMER3	[13]	0=中断未请求；1=中断已请求	0
INT_TIMER2	[12]	0=中断未请求；1=中断已请求	0
INT_TIMER1	[11]	0=中断未请求；1=中断已请求	0
INT_TIMER0	[10]	0=中断未请求；1=中断已请求	0
INT_WDT_AC97	[9]	0=中断未请求；1=中断已请求	0
INT_TICK	[8]	0=中断未请求；1=中断已请求	0
nBATT_FLT	[7]	0=中断未请求；1=中断已请求	0
INT_CAM	[6]	0=中断未请求；1=中断已请求	0
EINT8_23	[5]	0=中断未请求；1=中断已请求	0
EINT4_7	[4]	0=中断未请求；1=中断已请求	0
EINT3	[3]	0=中断未请求；1=中断已请求	0
EINT2	[2]	0=中断未请求；1=中断已请求	0
EINT1	[1]	0=中断未请求；1=中断已请求	0
EINT0	[0]	0=中断未请求；1=中断已请求	0

表 5-6 INTMASK 寄存器

寄存器	地址	读/写	描述	复位值
INTMASK	0x4A000008	读/写	决定哪个中断源被屏蔽 0=允许中断；1=屏蔽中断	0xFFFFFFFF

3．INTPND 寄存器

INTPND 寄存器的 32 位显示是否相应的中断请求有最高优先级，其中断请求未屏蔽且在等待中断服务。因为 INTPND 寄存器位于优先级逻辑之后，仅 1 位可以被置 1，且中断请求生成对 CPU 的 IRQ。在对于 IRQ 的中断服务程序中，可以读取寄存器决定哪个中断源被服务。INTPND 寄存器描述见表 5-7。

表 5-7　INTPND 寄存器

寄存器	地址	读/写	描述	复位值
INTPND	0x4A000010	读/写	指出中断请求的状态 0=中断未请求；1=中断已请求	0x00000000

4．INTMOD 寄存器

INTMOD 寄存器包括 32 位，每位与一个中断源相关。如果某位置 1，相应的中断将在 FIQ 模式下处理，否则在 IRQ 模式下操作。仅有一个中断源能够在 FIQ 模式下被服务，即 INTMOD 仅有 1 位可以被置 1。INTMOD 寄存器描述见表 5-8。

表 5-8　INTMOD 寄存器

寄存器	地址	读/写	描述	复位值
INTMOD	0x4A000004	读/写	中断模式寄存器 0 = IRQ 模式；1 = FIR 模式	0x00000000

5．PRIORITY 寄存器

PRIORITY 寄存器用于设置 IRQ 中断的优先级。PRIORITY 寄存器描述见表 5-9。

表 5-9　PRIORITY 寄存器

寄存器	地址	读/写	描述	复位值
PRIORITY	0x4A00000C	读/写	中断优先级寄存器	0x0000007F

注：当 ARB_MODEx 为 0 时，可以通过软件设置对应的 ARB_SELx 改变优先级顺序，在运行过程中顺序是固定不变的。若 ARB_MODEx 为 1，REQ 0 和 5 优先级固定不变，REQ 1～4 若其中一个被响应，则其优先级降为 REQ 1～4 中最低。

6．INTOFFSET 寄存器

INTOFFSET 寄存器中的值显示了哪个 IRQ 模式的中断请求在 INTPND 寄存器中，该位可以通过清除 SRCPND 和 INTPND 寄存器被自动清除。INTOFFSET 寄存器描述见表 5-10。

表 5-10　INTOFFSET 寄存器

寄存器	地址	读/写	描述	复位值
INTOFFSET	0x4A000014	只读	指出 IRQ 中断请求源	0x00000000

7．SUBSRCPND 寄存器

SUBSRCPND 寄存器与 SRCPND 寄存器功能一样，它用 15 个位代表 15 个子中断的请求状态。SUBSRCPND 寄存器描述见表 5-11。

8．SUBINTMSK 寄存器

SUBINTMSK 寄存器与 INTMASK 寄存器功能一样，它用 15 个位代表 15 个子中断的屏蔽状态。SUBINTMSK 寄存器描述见表 5-12。

表 5-11　**SUBSRCPND 寄存器**

寄存器	地址	读/写	描述	复位值
SUBSRCPND	0x4A000018	读/写	指出子中断请求的状态 0=中断未请求；1=中断已请求	0x00000000

表 5-12　**SUBINTMSK 寄存器**

寄存器	地址	读/写	描述	复位值
SUBINTMSK	0x4A00001C	读/写	决定哪个子中断源被屏蔽 0=允许中断；1=屏蔽中断	0xFFFFFFFF

9. EINTPEND 寄存器

EINTPEND 寄存器与 SRCPND 寄存器功能一样，它用 20 个位代表 20 个外部二级中断的请求状态。EINTPEND 寄存器描述见表 5-13。

表 5-13　**EINTPEND 寄存器**

寄存器	地址	读/写	描述	复位值
EINTPEND	0x560000A8	读/写	指出外部中断请求的状态 0=中断未请求；1=中断已请求	0x00000000

10. EINTMASK 寄存器

EINTMASK 寄存器与 INTMASK 寄存器功能一样，它用 20 个位代表 20 个外部二级中断的屏蔽状态。EINTMASK 寄存器描述见表 5-14。

表 5-14　**EINTMASK 寄存器**

寄存器	地址	读/写	描述	复位值
EINTMASK	0x560000A4	读/写	决定哪个外部中断源被屏蔽 0=允许中断；1=屏蔽中断	0x000FFFFF

11. EXTINTn 寄存器

24 个外部中断占用 GPF0~GPF7（EINT0~EINT7）、GPG0~GPG15（EINT8~EINT23）。用这些引脚做中断输入，则必须配置引脚为中断，并且不要上拉。

EXTINT0~EXTINT2 寄存器：分别设置 EINT0~EINT7、EINT8~EINT15、EINT16~EINT23 的触发方式（高电平触发、低电平触发、下降沿触发、上升沿触发）。EXTINTn 寄存器描述见表 5-15。

1）边沿触发：在引脚的电平由低到高变化或由高到低变化时触发中断。

2）电平触发：在引脚的电平由高到低或由低到高进行跳变，并保持一定时间后触发中断。

表 5-15　**EXTINTn 寄存器**

寄存器	地址	读/写	描述	复位值
EXTINT0	0x56000088	读/写	外部中断控制寄存器 0，用于设定外部中断的触发方式	0x00000000
EXTINT1	0x5600008C	读/写	外部中断控制寄存器 1，用于设定外部中断的触发方式	0x00000000
EXTINT2	0x56000090	读/写	外部中断控制寄存器 2，用于设定外部中断的触发方式	0x00000000

12．EINTFLTn 寄存器

EINTFLT0～EINTFLT3 控制滤波时钟和滤波宽度。EINTFLTn 寄存器描述见表 5-16。

表 5-16　EINTFLTn 寄存器

寄存器	地址	读/写	描述	复位值
EINTFLT0	0x56000094	读/写	保留	0x00000000
EINTFLT1	0x56000098	读/写	保留	0x00000000
EINTFLT2	0x5600009C	读/写	外部中断滤波寄存器 2	0x00000000
EINTFLT3	0x560000A0	读/写	外部中断滤波寄存器 3	0x00000000

注：I/O 口的电平变化（如按键按下和放开），并不是垂直变化，都会有一些纹波抖动，一般情况下要把这些纹波滤除，以避免误操作。

5.4.4　Linux 中断相关的 API

1．request_irq 函数

request_irq 的主要任务是为 IRQ 线的中断请求队列创建 irqaction 节点。因为中断请求队列在中断子系统的初始化过程中已经被初始化为空，所以如果设备没有使用 request_irq 函数为其填充节点，即使设备产生了中断，也得不到任何真正的处理。

参数 irqflags 在旧的内核版本中使用的是 SA_SHIRQ、SA_INTERRUPT 和 SA_SAMPLE_RANDOM，但是在 2007 年 9 月，它们分别被 IRQF_SHARED、IRQF_DISABLED 和 IRQF_SAMPLE_RANDOM 所取代。为了保持兼容，旧的标志仍然能够使用，但新的代码建议使用新的标志。

request_irq 返回 0 表示成功，此时该 IRQ 被激活；返回非 0 值表示发生了错误，常见的错误为-EBUSY，表示指定的 IRQ 已经被占用或者没有设置 IRQF_SHARED 标志（与其他设备共享同一条中断线时）。

内核接收一个中断后，将依次调用在该中断线上注册的每一个中断服务程序。设备驱动程序必须知道它是否应该为这个中断请求负责。因此，一个中断服务程序如果判断与它相关的设备并没有产生中断请求，那么它应该立即退出。通常硬件设备都会提供状态寄存器（或类似机制），以供中断服务程序进行检查。

为了避免中断处理程序在设备初始化完成之前就开始执行，初始化硬件和调用 request_irq 注册 IRQ 线的顺序必须正确。

2．free_irq 函数

卸载设备驱动程序时，必须调用 free_irq 函数删除中断请求队列中的相应 irqaction 节点，并释放中断线。

如果 IRQ 线不是共享的，则 free_irq 删除 irqaction 节点之后禁止该 IRQ 线；否则，free_irq 只删除参数 dev_id 指定的 irqaction 节点，而该 IRQ 线在中断请求队列中的所有 irqaction 节点都已经被删除时才会被禁止。

free_irq 直到 IRQ 线上的所有中断服务程序都执行完毕时才返回。

3．enable_irq 函数

enable_irq 函数使能中断 IRQ_EINTX。

4. disable_irq 函数

disable_irq 函数关闭中断并等待中断处理完后返回。

5.4.5　S3C2440 的中断程序

如图 5-10 所示，按键 S1～S4 对应的引脚是 EINT1～EINT4，设计按键工作在中断模式下，并且 GPF0～GPF4（GPF3 除外）引脚都设置在中断模式下，即为 10，LED1～LED4 对应的 GPB5～GPB8 工作在输出模式下，设置为 01。

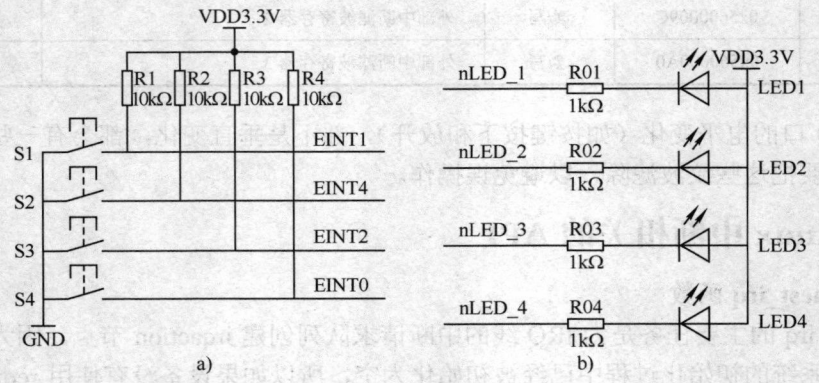

图 5-10　测试电路

a）按键测试　b）LED 测试

对应图 5-10 的中断程序如下：

```
/*调用内核头文件，和应用程序调用的头文件不一样*/
#include <linux/module.h>
#include <linux/kernel.h>
#include <linux/fs.h>
#include <linux/init.h>
#include <linux/delay.h>
#include <asm/irq.h>
#include <linux/interrupt.h>
#include <asm/uaccess.h>
#include <asm/arch/regs-gpio.h>
#include <asm/hardware.h>
#include <linux/device.h>
#include <linux/poll.h>
#define DEVICE_NAME "tope-buttons"    //自定义驱动称为 "tope-buttons"
#define BUTTON_MAJOR 232    //自定义驱动的主设备号是 232。注意：此处的主设备号不
```
能和系统已使用的一样，用 cat/proc/devices 查看该设备号是否已使用，如果已被使用，请换一个未使用的主设备号
```
#define IOCTL_LED_ON 1    //定义 LED 亮为 1
#define IOCTL_LED_OFF 0    //定义 LED 暗为 0
/* 定义含中断、引脚、引脚设置等信息的结构体 */
```

```
struct button_irq_desc
  {
      int irq;
      int pin;
      int pin_setting;
      int number;
      char *name;
};
/* 用来指定按键所用的外部中断引脚及中断触发方式、名字 */
static struct button_irq_desc button_irqs [] =
{
      {IRQ_EINT1, S3C2410_GPF1, S3C2410_GPF1_EINT1, 0, "KEY1"}, /* S1 */
      {IRQ_EINT4, S3C2410_GPF4, S3C2410_GPF4_EINT4, 1, "KEY2"}, /* S2 */
      {IRQ_EINT2, S3C2410_GPF2, S3C2410_GPF2_EINT2, 2, "KEY3"}, /* S3 */
      {IRQ_EINT0, S3C2410_GPF0, S3C2410_GPF0_EINT0, 3, "KEY4"}, /* S4 */
};
```

　　/*上面初始化成员里的 S3C2410_GPF0_EINT0 在 Regs-gpio.h 中定义为#define S3C2410_GPF0_EINT0　　(0x02 << 0)，即为前面说的"10"模式，其引脚类似。这个初始化函数的作用就是将如 S3C2410_GPF0_EINT0 的模式写入地址为 S3C2410_GPF0 的寄存器里，并将这个引脚设置成中断模式，以及添加一些其他信息*/

```
    /* 初始化 4 个按键的值 key_values */
    static volatile int key_values [] = {0, 0, 0, 0};
    static unsigned long led_table [] ={ S3C2410_GPB5, S3C2410_GPB6, S3C2410_ GPB7,
S3C2410_GPB8,};//声明 LED 的引脚
    static unsigned int led_cfg_table [] ={ S3C2410_GPB5_OUTP, S3C2410_GPB6_OUTP, S3C2410_
GPB7_OUTP, S3C2410_GPB8_OUTP,};//声明 LED 引脚的配置信息，此处的 S3C2410_GPB8_OUTP
```
与上面的 S3C2410_GPF0_EINT0 类似

```
    /* 等待队列，当没有按键按下时，如果有进程调用 tope_buttons_read 函数，将休眠*/
    static DECLARE_WAIT_QUEUE_HEAD(button_waitq);
    static volatile int ev_press = 0; /* 中断事件标志，中断服务程序将它置 1，tope_buttons_
read 将它清 0 */
    /* 将按键中断注册到系统中断中 */
    static irqreturn_t buttons_interrupt(int irq, void *dev_id)
    {
     struct button_irq_desc *button_irqs = (struct button_irq_desc *)dev_id;
    //定义按键中断结构体指针
     int up = s3c2410_gpio_getpin(button_irqs->pin);//注册中断
     if (up)
      key_values[button_irqs->number] = (button_irqs->number + 1) + 0x80;
     else
```

```
    key_values[button_irqs->number] = (button_irqs->number + 1);
//根据中断注册情况设置按键的值
    ev_press = 1;                          /* 表示中断发生了 */
    wake_up_interruptible(&button_waitq);    /* 唤醒休眠的进程 */
    return IRQ_RETVAL(IRQ_HANDLED);//返回中断信息
}
/* 被上层应用程序调用的 open 函数在驱动程序里的实现*/
static int tope_buttons_open(struct inode *inode, struct file *file)
{
    int i;
    int err;
    for (i = 0; i < sizeof(button_irqs)/sizeof(button_irqs[0]); i++)//计算大小
    {
        /*注册中断处理函数*/
        s3c2410_gpio_cfgpin(button_irqs[i].pin,button_irqs[i].pin_setting);
        err = request_irq(button_irqs[i].irq, buttons_interrupt, NULL, button_irqs[i].name,
(void *)&button_irqs[i]);
    if (err)
        break;
    }
    if (err)
    {
    for (; i >= 0; i--)
    {
        /*释放已经注册的中断*/
        disable_irq(button_irqs[i].irq);
        free_irq(button_irqs[i].irq, (void *)&button_irqs[i]);
    }
    return -EBUSY;
    }
    /* 配置 LED 引脚*/
    for (i = 0; i < sizeof(led_cfg_table)/sizeof(led_cfg_table[0]); i++)
    {
        s3c2410_gpio_cfgpin(led_table[i], led_cfg_table[i]);
    }
    return 0;
}
/* 被上层应用程序调用的 close 函数在驱动程序里的实现*/
static int tope_buttons_close(struct inode *inode, struct file *file)
{
```

```
        int i;
        for (i = 0; i < sizeof(button_irqs)/sizeof(button_irqs[0]); i++)
        {
          // 释放已经注册的中断
          disable_irq(button_irqs[i].irq);
          free_irq(button_irqs[i].irq, (void *)&button_irqs[i]);
        }
        return 0;
      }
      /* 被上层应用程序调用的 read 函数在驱动程序里的实现*/
      static int tope_buttons_read(struct file *filp, char __user *buff, size_t count, loff_t *offp)
      {
  unsigned long err;
        if (!ev_press)
        {
          if (filp->f_flags & O_NONBLOCK)
            return -EAGAIN;
          else
            /* 如果 ev_press 等于 0，休眠 */
            wait_event_interruptible(button_waitq, ev_press);
        }
        ev_press = 0;
        /* 把按键值的信息从内核空间复制到用户空间*/
        err = copy_to_user(buff, (const void *)key_values, min(sizeof(key_values), count));
        memset((void *)key_values, 0, sizeof(key_values));//清零
        return err ? -EFAULT : min(sizeof(key_values), count);
      }
      /* 被上层应用程序调用的 poll 函数在驱动程序里的实现*/
      static unsigned int tope_buttons_poll( struct file *file, struct poll_table_struct *wait)
      {
        unsigned int mask = 0;
        poll_wait(file, &button_waitq, wait);
        if (ev_press)
          mask |= POLLIN | POLLRDNORM;
        return mask;
      }
      /* 被上层应用程序调用的 ioctl 函数在驱动程序里的实现*/
      static int tope_leds_ioctl( struct inode *inode, struct file *file, unsigned int cmd, unsigned
  long arg)
      {
```

```
    if (arg > 4)
    {
     return -EINVAL;
    }
    switch(cmd) {
    case IOCTL_LED_ON: //如果是点亮
      s3c2410_gpio_setpin(led_table[arg], 0);//点亮相应的引脚
      return 0;
    case IOCTL_LED_OFF://如果是熄灭
      s3c2410_gpio_setpin(led_table[arg], 1);//熄灭相应的引脚
      return 0;
    default:
      return -EINVAL;
    }
   }
```

/*上层应用程序函数和驱动函数的关联*/

```
   static struct file_operations tope_buttons_fops =
   {
    .owner = THIS_MODULE, /* 这是一个宏，指向编译模块时自动创建的__this_module 变
量 */
    .open = tope_buttons_open,/*上层应用程序中的 open 对应为.open，驱动实现 tope_
buttons_open 在本程序中*/
    .release = tope_buttons_close,
    .read = tope_buttons_read,
    .poll = tope_buttons_poll,
    .ioctl = tope_leds_ioctl,
   };
   static char __initdata banner[] = "TQ2440/SKY2440 LEDS, (c) 2008, 2009www.top-e.org\n";//
打印信息
```

/*自动创建设备节点函数声明，上层应用程序都是通过对设备文件的操作来控制下层硬件的
*/

```
   static struct class *button_class;
```

/*驱动程序加载函数的实现*/

```
   static int __init tope_buttons_init(void)
   {
    int ret;
    printk(banner);
    ret = register_chrdev(BUTTON_MAJOR, DEVICE_NAME, &tope_buttons_fops);/*注册驱
动*/
```

```
    if (ret < 0)
    {
    printk(DEVICE_NAME " can't register major number\n");
     return ret;
    }//错误处理
    /* 设备节点文件自动创建的实现*/
    button_class = class_create(THIS_MODULE, DEVICE_NAME);/*注册一个类，使 mdev 可以在
"/dev/"目录下面建立设备节点*/
    if(IS_ERR(button_class))
    {
    printk("Err: failed in tope-leds class. \n");
     return -1;
    }
    class_device_create(button_class, NULL, MKDEV(BUTTON_MAJOR, 0), NULL, DEVICE_NAME);
//创建一个设备节点，节点名为 DEVICE_NAME
    printk(DEVICE_NAME " initialized\n");//打印信息，内核中的打印用 printk 函数
    return 0;
    }
    /*驱动程序卸载函数的实现*/
    static void __exit tope_buttons_exit(void)
    {
     unregister_chrdev(BUTTON_MAJOR, DEVICE_NAME);//取消注册设备
     class_device_destroy(button_class, MKDEV(BUTTON_MAJOR, 0)); //删掉设备节点
     class_destroy(button_class);        //注销类
    }
    module_init(tope_buttons_init);/*驱动模块加载声明，执行"insmod   tope-buttons.ko"命
令时调用的函数*/
    module_exit(tope_buttons_exit); /*驱动模块加载声明，执行"rmmod   tope-buttons"命
令时调用的函数*/
    MODULE_LICENSE("GPL");//遵循的协议
```

5.5　S3C2440 的串口驱动编程

通用异步收发传输器（Universal Asynchronous Receiver Transmitter，UART）是一种通用串行数据总线，用于异步通信。该总线双向通信，可以实现全双工传输和接收。在嵌入式设计中，UART 广泛用于与计算机及一些速度要求不高的外部设备进行通信。

S3C2440 提供了 3 个独立的 UART 端口，每个端口都可以在中断模式或 DMA 模式下操作，即 UART 可以生成一个中断或 DMA 请求用于 CPU 和 UART 之间的数据传输。UART 使用系统时钟可以支持最高 115.2kbit/s 的波特率。如果一个外部设备提供 UEXTCLK 给 UART，UART 可以在更高的速度下工作。每个 UART 通道对于接收器和发送器包括 2 个 64 位的 FIFO。

S3C2440 UART 包括可编程波特率、红外传输接收、一个或两个停止位、5/6/7/8 位数据长度和奇偶校验。

每个 UART 包含一个波特率发送器、发送器、接收器和一个控制单元。波特率发生器可由 PCLK、FCLK/n 或 UEXTCLK（外部输入时钟）来锁定。发送器和接收器包含 64 位 FIFO 和数据移位器。数据写到 FIFO 后，在被传送前复制到发送移位器。数据通过发送数据引脚（TxDn）发出。同时，接收数据通过接收数据引脚（RxDn）移入，然后从移位器复制到 FIFO。

5.5.1　S3C2440 的串口通信基础

1. FIFO

先进先出（First In First Out，FIFO）数据缓存器一般用于数据通信过程中临时存储收发数据等待 CPU 或远程主机的处理，这种数据缓冲机制可以缓解 CPU 和慢速 I/O 设备的速度矛盾，一定程度上提高了 CPU 与外部设备的并行率。

在 UART 控制器内部，具有一个接收和一个发送的 64 位缓存器。在收到数据时，先暂存在接收 FIFO 中，等待 CPU 的处理；发送数据时，也是先缓存到发送 FIFO 中，然后再逐个发送。

2. 通信方式

串行通信有两种最基本的通信方式：同步串行通信方式和异步串行通信方式。

1）同步串行通信是指在相同的数据传送速率下，发送端和接收端的通信频率保持严格同步。由于不需要使用起始位和停止位，可以提高数据的传输速率，但发送器和接收器的成本较高。

2）异步串行通信是指发送端和接收端在相同的波特率下不需要严格地同步，允许有相对的时延，即收、发两端的频率偏差在 10%以内，就能保证正确实现通信。

异步通信在不发送数据时，数据信号线上总是呈现高电平状态，称为空闲状态（又称 MARK 状态）。当有数据发送时，信号线变成低电平，并持续一位的时间，用于表示发送字符的开始，该位称为起始位，也称 SPACE 状态。起始位之后，在信号线上依次出现待发送的每一位字符数据，并且按照先低位后高位的顺序逐位发送。采用不同的字符编码方案，待发送的每个字符的位数不同，在 5、6、7 或 8 位之间选择。数据位的后面可以加上一位奇偶校验位，也可以不加，由编程指定。最后传送的是停止位，一般选择 1 位、1.5 位或 2 位。

3. 数据传送方式

1）单工方式：A→B。单工方式采用一根数据传输线，只允许数据按照固定的方向传送。

2）半双工方式：A→B，B→A。半双工方式采用一根数据传输线，允许数据分时地在两个方向传送，但不能同时双向传送。

3）全双工方式：A←→B。全双工方式采用两根数据传输线，允许数据同时进行双向传送。

4. UART 原理

UART 用来传输串行数据：发送数据时，CPU 将并行数据写入 UART，UART 按照一定的格式在一根传输线上串行发出；接收数据时，UART 检测另一根传输线上的信号，将串行数据放在缓冲区中，CPU 即可读取 UART 获得这些数据。UART 之间以全双工方式传输数据，最精简的连线方式只有 3 根线：TxD 用于发送数据，RxD 用于接收数据，Gnd 用于给双方提供参考电平，如图 5-11 所示。

UART 使用标准的 TTL/CMOS 逻辑电平（0～5V、0～3.3V、0～12.5V 或 0～1.8V）来表

示数据，1 表示高电平，0 表示低电平。为了增强数据的抗干扰能力，提高传输距离，通常将 TTL/CMOS 逻辑电平转换为 RS-232 逻辑电平，0 表示 3~12V，1 表示–3~–12V。

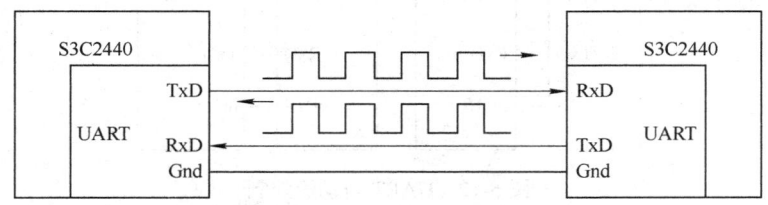

图 5-11　串口的 3 线制接线

TxD、RxD 数据线以"位"为最小的单位传输数据。帧（frame）由具有完整意义的、不可分割的若干位组成，包含起始位、数据位、校验位和停止位。在发送数据之前，UART 通信双方要约定好数据的传输速率（每位所占据的时间，其倒数称为波特率）、数据的传输格式（有多少个数据位、是否使用校验位、是奇校验还是偶校验、有多少停止位）。

数据传输流程如下：

1）发送数据处于"空闲"状态（1 状态）。

2）当要发送数据时，UART 改变 TxD 数据线状态（变为 0 状态）并维持 1 位的时间，这样接收方检测到起始位后，再等待 1.5 位的时间就开始一位一位地检测数据线的状态得到所传输的数据。

3）UART 一帧中可以有 5、6、7 或 8 位的数据，发送方一位一位地改变数据线的状态将它们发送出去，首先发送最低位。

4）如果使用校验功能，UART 在发送完数据位后，还要发送一个校验位。有两种校验方式：奇校验、偶校验——数据位连同校验位中，"1"的数目等于奇数或偶数。

5）最后发送停止位，数据线恢复到"空闲"状态（1 状态）。停止位的长度有 3 种：1 位、1.5 位、2 位。

5. UART 工作模式

（1）自动流控制

UART0 和 UART1 通过 nRTS、nCTS 信号支持自动流控制（Auto Flow Control，AFC），如连接到外部 UART 时。如果用户希望将 UART 连接到一个 MODEM，可以在 UMCONn 寄存器中禁止 AFC 位，并且通过软件控制 nRTS 信号。

在 AFC 时，nRTS 由接收器的状态决定，而 nCTS 信号控制发送器的操作。只有当 nCTS 信号有效时（在 AFC 时，nCTS 意味着其他 UART 的 FIFO 准备接收数据），UART 发送器才会发送 FIFO 中的数据。在 UART 接收数据之前，当它的接收 FIFO 多于 2B 的剩余空间时 nRTS 必须有效，当它的接收 FIFO 少于 1B 的剩余空间时 nRTS 必须无效（nRTS 意味着它自己的接收 FIFO 开始准备接收数据），如图 5-12 所示。

（2）中断/DMA 请求

每个 UART 有 5 个状态（Tx/Rx/Error）信号：溢出错误、帧错误、接收缓冲满、发送缓冲空和发送移位寄存器空。这些状态体现在 UART 状态寄存器中的相关位（UTRSTATn/UERSTATn）。

溢出错误和帧错误与接收错误状态相关，每个错误可以产生一个接收错误状态中断请求（如果控制寄存器 UCONn 中的 receive-error-status-interrupt-enable 位被置 1 的话）。如果探测到一个 receive-error-status-interrupt-enable 位，通过读 UERSTATn 的值可以识别这一中断请求。

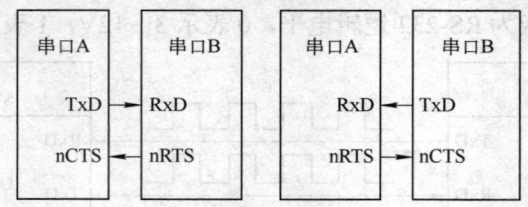

图 5-12   UART 自动流控制

控制寄存器 UCONn 的接收器模式为 1（中断或者循环检测模式）：当接收器在 FIFO 模式下将一个数据从接收移位寄存器写入 FIFO 时，如果接收到的数据到达了 Rx FIFO 的触发条件，Rx 中断就产生了。在无 FIFO 模式下，每次接收器将数据从移位寄存器写入接收保持寄存器都将产生一个 Rx 中断请求。

如果控制寄存器的接收和发送模式选择为 DMAn 请求模式，在上面的情况下则是 DMAn 请求发生而不是 Rx/Tx 中断请求产生。

（3）波特率产生

波特率用于标识 UART 通信的速度，它表示每秒传送的 bit 的个数。例如，9600 波特表示每秒发送 9600bit。波特率越高通信速度就越快，但波特率和通信的距离及稳定性成反比，速度越快受干扰的可能性就越高，因此在传输过程中随着信号的衰减，其稳定性也就越差。

在 S3C2440 中，如果使用系统时钟，其波特率最高可以达到 115200；如果采用外部时钟，波特率还可以再高。

（4）回送模式

S3C2440A 的 UART 控制器为了识别通信连接中的故障，提供了一种叫 loop-back 的测试模式。这种模式结构上使能了 UART 的 TxD 和 RxD 连接，因此发送数据被接收器通过 RxD 接收。这一特性允许处理器检查每个 SIO 通道的内部发送到接收的数据路径。可以通过设置 UART 控制寄存器 UCONn 中的 loopback 位选择这一模式。

（5）红外模式

S3C2440A 的 UART 控制器支持红外（IR）接收和发送，可以通过设置 UART 线性控制寄存器 ULCONn 的 Infra-red-mode 位来进入这一模式。

在 IR 发送模式下，发送脉冲的比例是 3/16——正常的发送比例（当发送数据位为 0 时）；在 IR 接收模式下，接收器必须检测 3/16 的脉冲来识别 0 值。

5.5.2   S3C2440 的串口驱动编程寄存器

1. UART 线性控制寄存器（ULCONn）

ULCONn 用于设置奇偶校验、停止位、数据位（5～8 位）。ULCONn 寄存器描述见表 5-17、表 5-18。

表 5-17   ULCONn 寄存器

寄存器	地址	读/写	描述	复位值
ULCON0	0x50000000	读/写	UART 通道 0 线性控制寄存器	0x00
ULCON1	0x50004000	读/写	UART 通道 1 线性控制寄存器	0x00
ULCON2	0x50008000	读/写	UART 通道 2 线性控制寄存器	0x00

表 5-18　ULCONn 寄存器功能位定义

ULCONn	功能位	描述	复位值
保留	[7]	保留位	0
Infrared	[6]	是否使用红外模式 0 = 正常模式 1 = 红外模式	0
Parity	[5:3]	奇偶校验类型： 0xx = 无校验；100 = 奇校验 101 = 偶校验 110 = 按 1 强制校验 111 = 按 0 强制校验	000
StopBit	[2]	停止位 0 = 每帧一个停止位；1 = 每帧两个停止位	0
DataBit	[1:0]	数据位 00 = 5 位，01 = 6 位 10 = 7 位，11 = 8 位	00

注： 一般设置为无校验位，一个停止位，数据位为 8 位，也就是常说的"8N1"，此时寄存器值为 0x3。（bit[6]=0 为正常模式，否则为红外模式。）

2. UART 控制寄存器（UCONn）

UCONn 选择 UART 时钟源（可选择 PCLK、UEXTCLK 或 FCLK/n）、设置 UART 中断方式。

bit[5]=1 为回送模式，用于测试；bit[3:2]和 bit[1:0]分别控制传输和接收模式，常设置为中断请求或查询模式，如 bit[3:2]=bit[1:0]=01。UCONn 寄存器描述见表 5-19、表 5-20。

表 5-19　UCONn 寄存器

寄存器	地址	读/写	描述	复位值
UCON0	0x50000004	读/写	UART 通道 0 控制寄存器	0x00
UCON1	0x50004004	读/写	UART 通道 1 控制寄存器	0x00
UCON2	0x50008004	读/写	UART 通道 2 控制寄存器	0x00

表 5-20　UCONn 寄存器功能位定义

UCONn	功能位	描述	复位值
FCLK Divider	[15:12]	当 UART 时钟源选为 FCLK/n 时的分频器值 其中 **UCON2[15]是 FCLK/n** 时钟使能位： 0 = 无效 FCLK/n 时钟 1 = 使能 FCLK/n 时钟 UCON0[15:12]、UCON1[15:12]、UCON2[14:12]用于配置 FCLK 的分频值 n **UCON0[15:12]：** 　若 n 从 7 到 21，使用 UCON0[15:12]，UART 时钟 = FCLK/(divider+6)，其 divider＞0，UCON1、UCON2 必须为 0 **UCON1[15:12]：** 　若 n 从 22 到 36，使用 UCON1[15:12]，UART 时钟 = FCLK/(divider+21)，其 divider＞0，UCON0、UCON2 必须为 0 **UCON2[14:12]：**	0000

（续）

UCONn	功能位	描述	复位值
FCLK Divider	[15:12]	若 n 从 37 到 43，使用 UCON2[14:12]，UART 时钟 = FCLK/(divider+36)，其 divider＞0，UCON0、UCON1 必须为 0 如果 UCON0/1[15:12]和 UCON2[14:12]都是 0，分频器为 44，则 UART 时钟 = FCLK/44，总的除数范围是 7～44	
Clock Selection	[11:10]	选择 UART 波特率发生器的时钟源 00，10 = PCLK 01 = UEXTCLK 11 = FCLK/n UBRDIVn = (int)(clock/(baudrate × 16)) − 1	00
Tx Interrupt Type	[9]	发送中断请求类型 **0 = Pulse** 脉冲式/边沿式中断。非 FIFO 模式时，一旦发送缓冲区中有资料，即产生一个中断；为 FIFO 模式时，一旦当 FIFO 中的资料达到一定的触发水平后，即产生一个中断 **1 = Level** 电平模式中断。非 FIFO 模式时，只要发送缓冲区中有资料，即产生一个中断；为 FIFO 模式时，只要 FIFO 中的资料达到触发水平后，即产生一个中断	0
Rx Interrupt Type	[8]	接收中断请求类型 **0 = Pulse** 脉冲式/边沿式中断。非 FIFO 模式时，一旦接收缓冲区中有资料，即产生一个中断；为 FIFO 模式时，一旦当 FIFO 中的资料达到一定的触发水平后，即产生一个中断 **1 = Level** 电平模式中断。非 FIFO 模式时，只要接收缓冲区中有资料，即产生一个中断；为 FIFO 模式时，只要 FIFO 中的资料达到触发水平后，即产生一个中断	0
Rx Time Out Enable	[7]	在 UART FIFO 有效时，启用或禁止数据接收超时中断使能 0 = 禁止；1 = 启用	0
Rx Error Status Interrupt Enable	[6]	启用 UART 接收异常中断。例如，在接收期间终止信号、帧错误、奇偶校验错误和溢出错误 0 = 禁止接收异常中断；1 = 启用接收异常中断	0
Loopback Mode	[5]	UART 回送模式。UART 数据自发自收，该模式仅用于测试目的 0 = 正常操作；1 = 回送模式	0
Send Break Signal	[4]	UART 帧终止信号。此位置位时，UART 会在一帧的时间里面发出一个"break"信号。在发送后该位自动清零 0 = 正常发送；1 = 发终止信号	0
Transmit Mode	[3:2]	UART 数据发送模式 00 = 无效 01 = 中断请求或查询模式 10 = DMA0 请求（仅对 UART0）、DMA3 请求（仅对 UART2） 11 = DMA1 请求（仅对 UART1）	00
Receive Mode	[1:0]	UART 数据接收模式 00 = 无效 01 = 中断请求或查询模式 10 = DMA0 请求（仅对 UART0）、DMA3 请求（仅对 UART2） 11 = DMA1 请求（仅对 UART1）	00

注：

1）若 UCON2[15] = 1，UCON0[15:12]、UCON1[15:12]、UCON2[14:12]共同决定 n 值。

此时 3 个串口频率一致，且应该在选择或取消选择 FCLK/n 后加上以下代码：

rGPHCON = rGPHCON & ～(3<<16);　　　　　　　//GPH8（UEXTCLK）输入

Delay(1);　　　　　　　　　　　　　　　　　　//大约 100μs

rGPHCON = rGPHCON & ～(3<<16) | (1<<17);　　//GPH8（UEXTCLK）UEXTCLK

2）接收超时使能：假设接收触发等级为 8，如果此时接收到数据小于 8B，在 3B 周期内没有接收到新数据将产生接收中断（若使能接收中断）。

3）DMA 应用请参阅相关资料。此处用"中断请求模式或查询模式"。

3. UART FIFO 控制寄存器（UFCONn）

UFCONn 用于设置是否使用 FIFO，设置各 FIFO 的触发阈值，即发送 FIFO 中有多少个数据时产生中断、接收 FIFO 中有多少个数据时产生中断，并可以通过设置 UFCONn 寄存器来复位各个 FIFO。读取 UTRSTATn 寄存器可以知道各个 FIFO 是否已经满，其中有多少个数据。UFCONn 寄存器描述见表 5-21、表 5-22。

表 5-21　UFCONn 寄存器

寄存器	地址	读/写	描述	复位值
UFCON0	0x50000008	读/写	UART 通道 0FIFO 控制寄存器	0x00
UFCON1	0x50004008	读/写	UART 通道 1FIFO 控制寄存器	0x00
UFCON2	0x50008008	读/写	UART 通道 2FIFO 控制寄存器	0x00

表 5-22　UFCONn 寄存器功能位定义

UFCONn	功能位	描述	复位值
Tx FIFO Trigger Level	[7:6]	发送 FIFO 的触发等级. 00 = 空　　01 = 16B 10 = 32B　11 = 48B	00
Rx FIFO Trigger Level	[5:4]	接收 FIFO 的触发等级 00 = 1B　　01 = 8B 10 = 16B　11 = 32B	00
保留	[3]	保留位	0
Tx FIFO Reset	[2]	在重置 FIFO 后自动清除 0 = 正常操作；1 = 发送 FIFO 重置	0
Rx FIFO Reset	[1]	在重置 FIFO 后自动清除 0 = 正常操作；1 = 接收 FIFO 重置	0
FIFO Enable	[0]	是否启用 FIFO 0 = 禁止；1 = 启用	0

注：

1）发送 FIFO 触发等级：若发送触发等级为 16，表示发送 FIFO 里有 16B 数据未发送。

2）Tx FIFO Reset：数据发送完后，此时指向发送 FIFO 的指针已经指向底部，但是数据仍在 FIFO 中，通过设置此位可以选择是否对 FIFO 清零。若为 0，清除发送 FIFO；若为 1，不清除。接收类似。

4. UART MODEM 控制寄存器（UMCONn）

UMCONn 寄存器描述见表 5-23、表 5-24。

表 5-23 UMCONn 寄存器

寄存器	地址	读/写	描述	复位值
UMCON0	0x5000000C	读/写	UART 通道 0MODEM 控制寄存器	0x0
UMCON1	0x5000400C	读/写	UART 通道 1MODEM 控制寄存器	0x0

表 5-24 UMCONn 寄存器功能位定义

UMCONn	功能位	描述	复位值
保留	[7:5]	保留位	000
AFC	[4]	自动流控 0 = 无效 1 = 有效	0
保留	[3:1]	保留位	000
RTS	[0]	如果 AFC 位无效，nRTS 必须由软件控制 0 = "H" level（不激活 nRTS）；1 = "L" level（激活 nRTS）	0

注：若使用流控（无论 AFC 为何值），通信的另一方也需使能流控。AFC=0 时，需软件控制 nRTS。bit[4]=0，AFC 无效。

5. UART 接收发送状态寄存器（UTRSTATn）

UTRSTATn 显示接收/发送缓存寄存器状态。UTRSTATn 寄存器描述见表 5-25、表 5-26。

表 5-25 UTRSTATn 寄存器

寄存器	地址	读/写	描述	复位值
UTRSTAT0	0x50000010	读/写	UART 通道 0 接收发送状态寄存器	0x00
UTRSTAT1	0x50004010	读/写	UART 通道 1 接收发送状态寄存器	0x00
UTRSTAT2	0x50008010	读/写	UART 通道 2 接收发送状态寄存器	0x00

表 5-26 UTRSTATn 寄存器功能位定义

UTRSTATn	功能位	描述	复位值
Transmitter empty	[2]	当发送缓存寄存器中没有有效值且发送移位寄存器空时，则自动置 1 0 = 非空 1 = 发送器空（发送缓存和移位寄存器空）	1
Transmit buffer empty	[1]	当发送缓存寄存器为空时，则自动置于 1 0 = 发送缓存寄存器不为空 1 = 发送缓存寄存器为空 （在非 FIFO 模式下，中断或 DMA 被请求；在 FIFO 模式下，当发送 FIFO 触发等级设为 00（空）时，中断或 DMA 被请求） 如果 UART 使用 FIFO，用户应该检查寄存器 UFSTAT 中的 Tx FIFO Coun 位和 Tx FIFO Full 位，取代对此位的检查	1
Receive buffer data ready	[0]	只要接收缓存寄存器保留通过 RxDn 端口接收的有效值，则自动置 1 0 = 缓存寄存器为空 1 = 缓存寄存器接收到数据 （在非 FIFO 模式下，请求中断或 DMA） 如果 UART 使用 FIFO，用户应该检查 UFSTAT 中的 Rx FIFO Count 位和 Rx FIFO Full 位，取代对此位的检查	0

注：在非 FIFO 模式时，bit[0]=1 表明接收到数据，bit[1]=1 表明发送缓存寄存器为空。在 FIFO 模式时，UFSTAT 寄存器的相关位具体见手册。

6. UART 错误状态寄存器（UERSTATn）

UERSTATn 表示各种错误是否发生。UERSTATn 寄存器描述见表 5-27、表 5-28。

表 5-27　UERSTATn 寄存器

寄存器	地址	读/写	描述	复位值
UERSTAT0	0x50000014	读/写	UART 通道 0 错误状态寄存器	0x00
UERSTAT1	0x50004014	读/写	UART 通道 1 错误状态寄存器	0x00
UERSTAT2	0x50008014	读/写	UART 通道 2 错误状态寄存器	0x00

表 5-28　UERSTATn 寄存器功能位定义

UERSTATn	功能位	描述	复位值
Break	[3]	自动置 1 来指出一个终止信号已发出 0 = 无中断接收 1 = 中断接收（已请求中断）	0
Frame	[2]	只要在接收操作中出现帧错误则自动置 1 0 = 接收过程中无帧错误 1 = 帧错误（已请求中断）	0
Parity	[1]	只要在接收操作中出现奇偶校验错误则自动置 1 0 = 接收过程中无奇偶校验错误 1 = 奇偶校验错误（已请求中断）	0
Overrun	[0]	只要在接收过程中出现溢出错误则自动置 1 0 = 接收过程中无溢出错误 1 = 溢出错误（已请求中断）	0

7. UART FIFO 状态寄存器（UFSTATn）

UFSTATn 表明 FIFO 的相关状态。UFSTATn 寄存器描述见表 5-29、表 5-30。

表 5-29　UFSTATn 寄存器

寄存器	地址	读/写	描述	复位值
UFSTAT0	0x50000018	读/写	UART 通道 0 FIFO 状态寄存器	0x00
UFSTAT1	0x50004018	读/写	UART 通道 1 FIFO 状态寄存器	0x00
UFSTAT2	0x50008018	读/写	UART 通道 2 FIFO 状态寄存器	0x00

表 5-30　UFSTATn 寄存器功能位定义

UFSTATn	功能位	描述	复位值
保留	[15]	保留位	0
Tx FIFO Full	[14]	只要在发送操作中发送 FIFO 满，则自动置 1 0 = 0B≤Tx FIFO data≤63B 1 = Full	0
Tx FIFO Count	[13:8]	发送 FIFO 中的数据数量	000000
保留	[7]	保留位	0
Rx FIFO Full	[6]	只要在接收操作中接收 FIFO 满，则自动置 1 0 = 0B≤Rx FIFO data≤63B 1 = Full	0
Rx FIFO Count	[5:0]	接收 FIFO 中的数据数量	000000

注：使用 FIFO 时，可以通过读取 UFSTATn[13:8]和 UFSTATn[5:0]获得 FIFO 中数据个数。

8. UART 发送接收缓存寄存器（UTXHn 和 URXHn）

UTXHn 和 URXHn 两个寄存器存放着发送和接收的数据，在关闭 FIFO 的情况下只有一个字节 8 位数据。需要注意的是，在发生溢出错误时，接收的数据必须被读出来，否则会引发下次溢出错误。UTXHn 和 URXHn 寄存器描述见表 5-31～表 5-34。

表 5-31　UTXHn 寄存器

寄存器	地址	读/写	描述	复位值
UTXH0	0x50000020(L) 0x50000023(B)	读/写	UART 通道 0 发送缓存寄存器	
UTXH1	0x50004020(L) 0x50004023(B)	读/写	UART 通道 1 发送缓存寄存器	
UTXH2	0x50008020(L) 0x50008023(B)	读/写	UART 通道 2 发送缓存寄存器	

表 5-32　UTXHn 寄存器功能位定义

UTXHn	功能位	描述	复位值
TXDATAn	[7:0]	UARTn 的发送数据	

表 5-33　URXHn 寄存器

寄存器	地址	读/写	描述	复位值
URXH0	0x50000024(L) 0x50000027(B)	读/写	UART 通道 0 接收缓存寄存器	
URXH1	0x50004024(L) 0x50004027(B)	读/写	UART 通道 1 接收缓存寄存器	
URXH2	0x50008024(L) 0x50008027(B)	读/写	UART 通道 2 接收缓存寄存器	

表 5-34　URXHn 寄存器功能位定义

URXHn	功能位	描述	复位值
RXDATAn	[7:0]	UARTn 的接收数据	

9. UART 波特率除数寄存器（UBRDIVn）

在 UART 模块中有 3 个 UART 波特率除数寄存器 UBRDIV0、UBRDIV1 和 UBRDIV2。UBRDIVn 寄存器描述见表 5-35。

存储在波特率除数寄存器 UBRDIVn 中的值用于决定串行发送接收时钟率（波特率）：

UBRDIVn = (int) (UART clock / (buad rate ×16)) − 1

(UART clock：PCLK、FCLK/n、UEXTCLK)

UBRDIVn 应该为 1～(216−1)，仅当使用小于 PCLK 的 UEXTCLK 时可以设为 0。例如，如果波特率为 115200bit/s 且 UART 时钟为 40MHz，则 UBRDIVn 为

UBRDIVn = (int) (40000000/(115200 × 16)) − 1 = (int) (21.7) − 1 [round to the nearest whole number] = 22 − 1 = 21

表 5-35　UBRDIVn 寄存器

寄存器	地址	读/写	描述	复位值
UBRDIV0[15:0]	0x50000028	读/写	波特率除数寄存器 0	
UBRDIV1[15:0]	0x50004028	读/写	波特率除数寄存器 1	
UBRDIV2[15:0]	0x50008028	读/写	波特率除数寄存器 2	

注：波特率分频值 UBRDIVn＞0，使用 UEXTCLK 作为输入时钟时，UBRDIVn 可以置 0。

5.5.3　S3C2440 的串口驱动代码

```
/* linux/drivers/serial/s3c2440.c
* Driver for Samsung S3C2440 and S3C2442 SoC onboard UARTs.
*/
#include <linux/module.h>
#include <linux/ioport.h>
#include <linux/io.h>
#include <linux/platform_device.h>
#include <linux/init.h>
#include <linux/serial_core.h>
#include <linux/serial.h>
#include <asm/irq.h>
#include <mach/hardware.h>

#include <plat/regs-serial.h>
#include <mach/regs-gpio.h>
#include "samsung.h"
static int s3c2440_serial_setsource(struct uart_port *port,
                    struct s3c24xx_uart_clksrc *clk)
{
    unsigned long ucon = rd_regl(port, S3C2410_UCON);
    /* todo - proper fclk<>nonfclk switch. */
    ucon &= ～S3C2440_UCON_CLKMASK;
    if (strcmp(clk->name, "uclk") == 0)
        ucon |= S3C2440_UCON_UCLK;
    else if (strcmp(clk->name, "pclk") == 0)
        ucon |= S3C2440_UCON_PCLK;
    else if (strcmp(clk->name, "fclk") == 0)
        ucon |= S3C2440_UCON_FCLK;
    else {
        printk(KERN_ERR "unknown clock source %s\n", clk->name);
        return -EINVAL;
```

```
        }

    wr_regl(port, S3C2410_UCON, ucon);
    return 0;
}
static int s3c2440_serial_getsource(struct uart_port *port,
                    struct s3c24xx_uart_clksrc *clk)
{
    unsigned long ucon = rd_regl(port, S3C2410_UCON);
    unsigned long ucon0, ucon1, ucon2;

    switch (ucon & S3C2440_UCON_CLKMASK) {
    case S3C2440_UCON_UCLK:
        clk->divisor = 1;
        clk->name = "uclk";
        break;
    case S3C2440_UCON_PCLK:
    case S3C2440_UCON_PCLK2:
        clk->divisor = 1;
        clk->name = "pclk";
        break;
    case S3C2440_UCON_FCLK:
        /* the fun of calculating the uart divisors on
         * the s3c2440 */
        ucon0 = __raw_readl(S3C24XX_VA_UART0 + S3C2410_UCON);
        ucon1 = __raw_readl(S3C24XX_VA_UART1 + S3C2410_UCON);
        ucon2 = __raw_readl(S3C24XX_VA_UART2 + S3C2410_UCON);

        printk("ucons: %08lx, %08lx, %08lx\n", ucon0, ucon1, ucon2);

        ucon0 &= S3C2440_UCON0_DIVMASK;
        ucon1 &= S3C2440_UCON1_DIVMASK;
        ucon2 &= S3C2440_UCON2_DIVMASK;

        if (ucon0 != 0) {
            clk->divisor = ucon0 >> S3C2440_UCON_DIVSHIFT;
            clk->divisor += 6;
        } else if (ucon1 != 0) {
            clk->divisor = ucon1 >> S3C2440_UCON_DIVSHIFT;
            clk->divisor += 21;
```

```
        } else if (ucon2 != 0) {
            clk->divisor = ucon2 >> S3C2440_UCON_DIVSHIFT;
            clk->divisor += 36;
        } else {
            /* manual calims 44, seems to be 9 */
            clk->divisor = 9;
        }

        clk->name = "fclk";
        break;
    }

    return 0;
}

static int s3c2440_serial_resetport(struct uart_port *port,
                    struct s3c2410_uartcfg *cfg)
{
    unsigned long ucon = rd_regl(port, S3C2410_UCON);

    dbg("s3c2440_serial_resetport: port=%p (%08lx), cfg=%p\n",
        port, port->mapbase, cfg);

    /* ensure we don't change the clock settings... */

    ucon &= (S3C2440_UCON0_DIVMASK | (3<<10));

    wr_regl(port, S3C2410_UCON,  ucon | cfg->ucon);
    wr_regl(port, S3C2410_ULCON, cfg->ulcon);

    /* reset both fifos */

    wr_regl(port, S3C2410_UFCON, cfg->ufcon | S3C2410_UFCON_RESETBOTH);
    wr_regl(port, S3C2410_UFCON, cfg->ufcon);

    return 0;
}

static struct s3c24xx_uart_info s3c2440_uart_inf = {
    .name           = "Samsung S3C2440 UART",
```

```
            .type          = PORT_S3C2440,
            .fifosize   = 64,
            .rx_fifomask   = S3C2440_UFSTAT_RXMASK,
            .rx_fifoshift  = S3C2440_UFSTAT_RXSHIFT,
            .rx_fifofull   = S3C2440_UFSTAT_RXFULL,
            .tx_fifofull   = S3C2440_UFSTAT_TXFULL,
            .tx_fifomask   = S3C2440_UFSTAT_TXMASK,
            .tx_fifoshift  = S3C2440_UFSTAT_TXSHIFT,
            .get_clksrc    = s3c2440_serial_getsource,
            .set_clksrc    = s3c2440_serial_setsource,
            .reset_port    = s3c2440_serial_resetport,
};
/* device management */
static int s3c2440_serial_probe(struct platform_device *dev)
{
        dbg("s3c2440_serial_probe: dev=%p\n", dev);
        return s3c24xx_serial_probe(dev, &s3c2440_uart_inf);
}

static struct platform_driver s3c2440_serial_drv = {
        .probe          = s3c2440_serial_probe,
        .remove         = s3c24xx_serial_remove,
        .driver         = {
            .name       = "s3c2440-uart",
            .owner      = THIS_MODULE,
        },
};
s3c24xx_console_init(&s3c2440_serial_drv, &s3c2440_uart_inf);
static int __init s3c2440_serial_init(void)
{
        return s3c24xx_serial_init(&s3c2440_serial_drv, &s3c2440_uart_inf);
}
static void __exit s3c2440_serial_exit(void)
{
        platform_driver_unregister(&s3c2440_serial_drv);
}
module_init(s3c2440_serial_init);
module_exit(s3c2440_serial_exit);
MODULE_DESCRIPTION("Samsung S3C2440,S3C2442 SoC Serial port driver");
MODULE_AUTHOR("Ben Dooks <ben@simtec.co.uk>");
```

```
MODULE_LICENSE("GPL v2");
MODULE_ALIAS("platform:s3c2440-uart");
```

5.6 S3C2440 的 ADC 和触摸屏驱动编程

S3C2440 具有 8 通道模拟输入的 10 位 CMOS A-D 转换器（ADC），8 个模拟信号输入通道分别是 AIN0、AIN1、AIN2、AIN3、AIN4/YM、AIN5/YP、AIN6/XM、AIN7/XP。S3C2440 内部 ADC 结构如图 5-13 所示。

A-D 转换器支持片上采样和保持功能，并支持掉电模式。

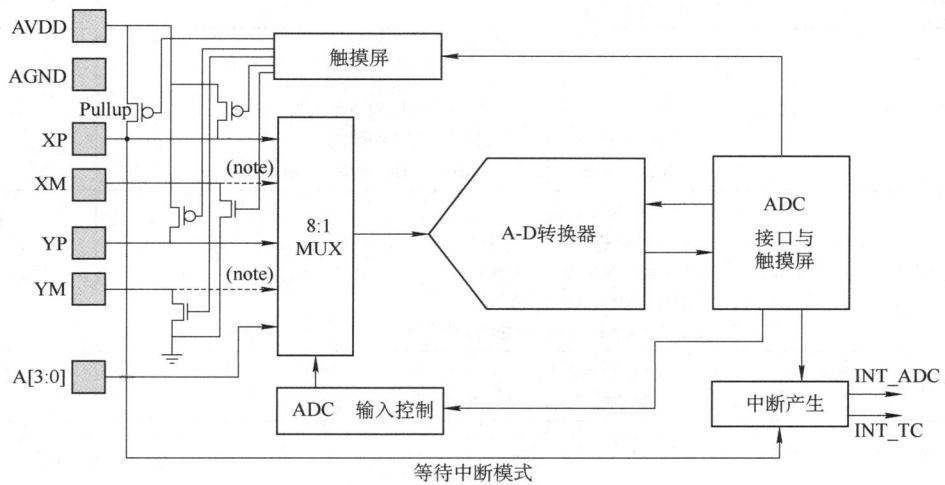

图 5-13 S3C2440 的 ADC 结构图

A-D 转换器最大可以工作在 2.5MHz 时钟下（A-D 转换器频率小于等于 2.5MHz），因此最大转换率能达到 500ks/s。当 PCLK 频率是 50MHz 且 ADCCON 寄存器中预分频器的设置值是 49 时，转换得到 10 位数字量时间总共需要：

A-D 转换器频率 = 50MHz/(49+1) = 1MHz

转换时间 = 1/(1MHz/5 周期) = 1/200kHz = 5μs

5.6.1 S3C2440 的 ADC 寄存器

1. ADC 控制寄存器（ADCCON）

ADCCON 用于设置 A-D 转换的频率、通道以及转换的方式等。ADCCON 寄存器描述见表 5-36、表 5-37。

表 5-36 ADCCON 寄存器

寄存器	地址	读/写	描述	复位值
ADCCON	0x58000000	读/写	ADC 控制寄存器	0x3FC4

ADCCON 寄存器的第 15 位用于标识 A-D 转换是否结束；第 14 位用于使能是否进行预分频，而第 6～13 位则存储的是预分频数值，因为 A-D 转换的速度不能太快，所以要通过预分频处理才可以得到正确的 A-D 转换速度，如想要得到 A-D 转换频率为 1MHz，则预分频的

值应为 49；第 3～5 位表示的是 A-D 转换的通道选择；第 2 位可以实现 A-D 转换的待机模式；第 1 位用于是否通过读取操作来使能 A-D 转换的开始；第 0 位则是在第 1 位被清零的情况下用于开启 A-D 转换。

表 5-37　ADCCON 寄存器功能位定义

ADCCON	功能位	描述	复位值
ECFLG	[15]	只读 A-D 转换结束标志 0 = A-D 转换中；1 = A-D 转换结束	0
PRSCEN	[14]	A-D 转换器预分频器使能 0 = 停止；1 = 使能	0
PRSCVL	[13:6]	A-D 转换器预分频器数值 数据值范围：1～255 注意，当预分频的值为 N 时，则除数实际上为（N+1） 注意，ADC 频率应该设置成小于 1/5PCLK （例如，如果 PCLK = 10MHz，ADC 频率<2MHz）	0xFF
SEL_MUX	[5:3]	模拟输入通道选择 000 = AIN0，001 = AIN1 010 = AIN2，011 = AIN3 100 = AIN4，101 = AIN5 110 = AIN6，111 = AIN7(XP)	000
STDBM	[2]	Standby 模式选择 0 = 普通模式；1 = Standby 模式	1
READ_START	[1]	通过读取来启动 A-D 转换 0 = 停止通过读取启动；1 = 使能通过读取启动	0
ENABLE_START	[0]	通过设置该位来启动 A-D 转换操作。如果 READ_START 是使能的，这个值就无效 0 = 无操作 1 = A-D 转换启动，启动后该位被清零	0

注：当触摸屏触点（YM、YP、XM、XP）无效时，这些引脚应该作为 ADC 的模拟输入引脚（AIN4、AIN5、AIN6、AIN7）。

2. ADC 开始延时寄存器（ADCDLY）

ADCDLY 寄存器描述见表 5-38。

表 5-38　ADCDLY 寄存器

寄存器	地址	读/写	描述	复位值
ADCDLY[15:0]	0x58000008	读/写	ADC 启动或间隔延时设置寄存器 1）正常转换模式、分离 X/Y 轴坐标转换模式和自动（连续）X/Y 轴坐标转换模式->X/Y 轴坐标转换延时值设置 2）等待中断模式。在等待中断模式下触笔点击发生时，这个寄存器以几毫秒的时间间隔为自动 X/Y 轴坐标转换产生中断信号（INT_TC） 注意，不能使用 0 值（0x0000）	0x00FF

注：在 ADC 转换前，触摸屏使用 X-tal 时钟或 EXTCLK（等待中断模式下）；在 ADC 转换期间，使用 PCLK。

3. ADC 数据寄存器（ADCDATn）

ADCDAT0、ADCDAT1 是 ADC 数据寄存器，其描述见表 5-39～表 5-41。

表 5-39　ADCDATn 寄存器

寄存器	地址	读/写	描述	复位值
ADCDAT0	0x5800000C	只读	ADC 数据寄存器 0	
ADCDAT1	0x5800000C	只读	ADC 数据寄存器 1	

表 5-40　ADCDAT0 寄存器功能位定义

ADCDAT0	功能位	描述	复位值
UPDOWN	[15]	等待中断模式下触笔的单击或提起状态 0 = 触笔单击状态；1 = 触笔提起状态	
AUTO_PST	[14]	自动连续 X/Y 轴坐标转换模式 0 = 普通 A-D 转换；1 = X/Y 轴坐标连续转换	
XY_PST	[13:12]	手动 X/Y 轴坐标转换模式 00 = 无操作；01 = X 轴坐标转换 10 = Y 轴坐标转换；11 = 等待中断模式	
保留	[11:10]	保留位	
XPDATA	[9:0]	X 轴坐标转换数据值（或是普通 A-D 转换数据值） 数据值范围：0～3FF	

表 5-41　ADCDAT1 寄存器功能位定义

ADCDAT1	功能位	描述	复位值
UPDOWN	[15]	等待中断模式下触笔的单击或提起状态 0 = 触笔单击状态；1 = 触笔提起状态	
AUTO_PST	[14]	自动连续 X/Y 轴坐标转换模式 0 = 普通 A-D 转换；1 = X/Y 轴坐标连续转换	
XY_PST	[13:12]	手动 X/Y 轴坐标转换模式 00 = 无操作；01 = X 轴坐标转换 10 = Y 轴坐标转换；11 = 等待中断模式	
保留	[11:10]	保留位	
YPDATA	[9:0]	Y 轴坐标转换数据值（或是普通 A-D 转换数据值） 数据值范围：0～3FF	

5.6.2　S3C2440 的 ADC 驱动程序设计

模拟信号从任一通道输入，设定寄存器中预分频器的值来确定 A-D 转换器频率。ADC 将模拟信号转换为数字信号保存到 ADC 数据寄存器 0（ADCDAT0）中，然后 ADCDAT0 中的数据可以通过中断或查询的方式来访问。

1. 驱动的初始化和退出程序

ADC 设备在 Linux 中可以看作是简单的字符设备，也可以当作是一混杂设备（misc 设备），这里看作是 misc 设备来实现 ADC 的驱动。注意，这里获取 A-D 转换后的数据将采用中断的方式，即当 A-D 转换完成后产生 A-D 转换中断，在中断服务程序中读取 ADCDAT0 的第 0～9 位的值（A-D 转换后的值）。

```
#include <linux/errno.h>
#include <linux/kernel.h>
#include <linux/module.h>
#include <linux/init.h>
#include <linux/input.h>
#include <linux/serio.h>
#include <linux/clk.h>
#include <linux/miscdevice.h>
#include <asm/io.h>
#include <asm/irq.h>
#include <asm/uaccess.h>
```
/*定义了一个用来保存经过虚拟映射后的内存地址*/
```
static void __iomem *adc_base;
```
/*保存从平台时钟队列中获取 ADC 的时钟*/
```
static struct clk *adc_clk;
```
/*引用外部一个锁，这个锁已经在 mini2440 加载的驱动里面，所以只能引用，不能重新定义，对 ADC 资源进行互斥访问*/
```
//DECLARE_MUTEX(ADC_LOCK);
extern struct semaphore ADC_LOCK;

static int __init adc_init(void)
{
    int ret;
```
/*从平台时钟队列中获取 ADC 的时钟，这里为什么要取得这个时钟，因为 ADC 的转换频率跟时钟有关。系统的一些时钟定义在 arch/arm/plat-s3c24xx/s3c2410-clock.c 中*/
```
    adc_clk = clk_get(NULL, "adc");
    if (!adc_clk)
    {
```
        /*错误处理*/
```
        printk(KERN_ERR "failed to find adc clock source\n");
        return -ENOENT;
    }
```
/*时钟获取后要使能后才可以使用，clk_enable 定义在 arch/arm/plat-s3c/clock.c 中*/
```
    clk_enable(adc_clk);
```
/*将 ADC 的 I/O 端口占用的这段 I/O 空间映射到内存的虚拟地址，ioremap 定义在 io.h 中。注意：I/O 空间要映射后才能使用，以后对虚拟地址的操作就是对 I/O 空间的操作。

　 S3C2410_PA_ADC 是 ADC 控制器的基地址，定义在 mach-s3c2410/include/mach/map.h 中，0x20 是虚拟地址长度大小*/
```
    adc_base = ioremap(S3C2410_PA_ADC, 0x20);
    if (adc_base == NULL)
```

```
        {
                /*错误处理*/
                printk(KERN_ERR "Failed to remap register block\n");
                ret = -EINVAL;
                goto err_noclk;
        }
        /*把 ADC 注册成为 misc 设备，misc_register 定义在 miscdevice.h 中
          adc_miscdev 结构体定义及内部接口函数在第 2 步中讲解，MISC_DYNAMIC _MINOR
是次设备号，定义在 miscdevice.h 中*/
        ret = misc_register(&adc_miscdev);
        if (ret)
        {
                /*错误处理*/
                printk(KERN_ERR "cannot register miscdev on minor=%d (%d)\n", MISC_DYNAMIC_
MINOR, ret);
                goto err_nomap;
        }
        printk(DEVICE_NAME " initialized!\n");
        return 0;
//以下是上面错误处理的跳转点
err_noclk:
        clk_disable(adc_clk);
        clk_put(adc_clk);
err_nomap:
        iounmap(adc_base);
        return ret;
}
static void __exit adc_exit(void)
{
        free_irq(IRQ_ADC, 1);           /*释放中断*/
        iounmap(adc_base);              /*释放虚拟地址映射空间*/
        if (adc_clk)                    /*屏蔽和销毁时钟*/
        {
                clk_disable(adc_clk);
                clk_put(adc_clk);
                adc_clk = NULL;
        }
        misc_deregister(&adc_miscdev);/*注销 misc 设备*/
}
/*因为信号量 ADC_LOCK 在内核已经加载的 ADC 驱动中声明了，所以在自己编写的 A-D
```

中只要引用它就可以了。ADC_LOCK 在触摸屏驱动中使用，因为触摸屏驱动和 ADC 驱动共用相关的寄存器，为了不产生资源竞态，就用信号量来保证资源的互斥访问*/

```
    //EXPORT_SYMBOL(ADC_LOCK);

    module_init(adc_init);
    module_exit(adc_exit);

MODULE_LICENSE("Dual BSD/GPL");
MODULE_AUTHOR("apple");
MODULE_DESCRIPTION("My2440 ADC Driver");
```

2．adc_miscdev 结构体定义及内部各接口函数

adc_miscdev 结构体定义及内部各接口函数的实现代码如下：

```
#include <plat/regs-adc.h>
/*设备名称*/
#define DEVICE_NAME        "my2440_adc"
/*定义并初始化一个等待队列 adc_waitq，对 ADC 资源进行阻塞访问*/
static DECLARE_WAIT_QUEUE_HEAD(adc_waitq);
/*用于标识 A-D 转换后的数据是否可以读取，0 表示不可读取*/
static volatile int ev_adc = 0;
/*用于保存读取的 A-D 转换后的值，该值在 ADC 中断中读取*/
static int adc_data;
/*misc 设备结构体实现*/
static struct miscdevice adc_miscdev =
{
    .minor    = MISC_DYNAMIC_MINOR, /*次设备号，定义在 miscdevice.h 中，为 255*/
    .name     = DEVICE_NAME,           /*设备名称*/
    .fops     = &adc_fops,             /*对 ADC 设备文件操作*/
};
/*字符设备的相关操作实现*/
static struct file_operations adc_fops =
{
    .owner    = THIS_MODULE,
    .open     = adc_open,
    .read     = adc_read,
    .release  = adc_release,
};
/*ADC 设备驱动的打开接口函数*/
static int adc_open(struct inode *inode, struct file *file)
{
    int ret;
```

　　/*申请 ADC 中断服务，这里使用的是共享中断：IRQF_SHARED，为什么要使用共享中断，因为在触摸屏驱动中也使用了这个中断号。中断服务程序为 adc_irq（在下面实现），IRQ_ADC 是 ADC 的中断号，这里注意，申请中断函数的最后一个参数一定不能为 NULL，否则中断申请会失败，如果中断服务程序中用不到这个参数，随便给个值就好了，这里给个 1*/

```
        ret = request_irq(IRQ_ADC, adc_irq, IRQF_SHARED, DEVICE_NAME, 1);
        if (ret)
        {
            /*错误处理*/
            printk(KERN_ERR "IRQ%d error %d\n", IRQ_ADC, ret);
            return -EINVAL;
        }
        return 0;
    }
```

/*ADC 中断服务程序，该服务程序主要是从 ADC 数据寄存器中读取 A-D 转换后的值*/
```
static irqreturn_t adc_irq(int irq, void *dev_id)
    {
```
　　　　/*保证了应用程序读取一次这里就读取 A-D 转换的值一次，避免应用程序读取一次后发生多次中断多次读取 A-D 转换值*/
```
        if(!ev_adc)
        {
```
　　/*读取 A-D 转换后的值保存到全局变量 adc_data 中，S3C2410_ADCDAT0 定义在 regs-adc.h 中，这里为什么要与上一个 0x3ff，很简单，因为 A-D 转换后的数据是保存在 ADCDAT0 的第 0~9 位，所以与上 0x3ff(1111111111)后就得到第 0~9 位的数据，多余的位都为 0*/
```
            adc_data = readl(adc_base + S3C2410_ADCDAT0) & 0x3ff;
            /*将可读标识为 1，并唤醒等待队列*/
            ev_adc = 1;
            wake_up_interruptible(&adc_waitq);
        }
        return IRQ_HANDLED;
    }
```

/*ADC 设备驱动的读接口函数*/
```
static ssize_t adc_read(struct file *filp, char *buffer, size_t count, loff_t *ppos)
    {
        /*试着获取信号量(加锁)*/
        if (down_trylock(&ADC_LOCK))
        {
            return -EBUSY;
        }
```

```
        if(!ev_adc)/*表示还没有 A-D 转换后的数据，不可读取*/
        {
            if(filp->f_flags & O_NONBLOCK)
            {
                /*应用程序若采用非阻塞方式读取则返回错误*/
                return -EAGAIN;
            }
            else/*以阻塞方式进行读取*/
            {
                /*设置 ADC 控制寄存器，开启 A-D 转换*/
                start_adc();
                /*使等待队列进入睡眠*/
                wait_event_interruptible(adc_waitq, ev_adc);
            }
        }
        /*能到这里就表示已有 A-D 转换后的数据，则标识清 0，给下一次读做判断用*/
        ev_adc = 0;
        /*将读取到的 A-D 转换后的值发往上层应用程序*/
        copy_to_user(buffer, (char *)&adc_data, sizeof(adc_data));
        /*释放获取的信号量(解锁)*/
        up(&ADC_LOCK);
        return sizeof(adc_data);
}


/*设置 ADC 控制寄存器，开启 A-D 转换*/
static void start_adc(void)
{
    unsigned int tmp;
    tmp = (1 << 14) | (255 << 6) | (0 << 3);/* 0 1 00000011 000 0 0 0 */
    writel(tmp, adc_base + S3C2410_ADCCON); /*A-D 预分频器使能、模拟输入通道设为
AIN0*/
    tmp = readl(adc_base + S3C2410_ADCCON);
    tmp = tmp | (1 << 0);                  /* 0 1 00000011 000 0 0 1 */
    writel(tmp, adc_base + S3C2410_ADCCON); /*A-D 转换开始*/
}


/*ADC 设备驱动的关闭接口函数*/
static int adc_release(struct inode *inode, struct file *filp)
{
```

```
        return 0;

    }
```

5.6.3　S3C2440 的触摸屏驱动基础

S3C2440 触摸屏接口与 ADC 接口集成在一起，触摸屏接口电路一般由触摸屏、4 个外部晶体管和一个外部电压源组成。触摸屏 X、Y 坐标所产生的模拟信号通过通道 7、5 输入，当触摸屏接口使用时，XM 或 YM 应该接触摸屏接口的地；当触摸屏设备不使用时，XM 或 YM 应该连接模拟输入信号作为普通 ADC 用。具体参考 S3C2440 硬件手册。4 线电阻触摸屏等效电路如图 5-14 所示。

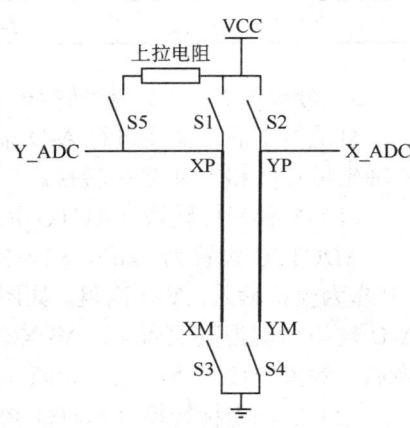

S3C2440 提供触摸屏接口有 5 种处理模式：普通转换模式、等待中断模式、分离的 X/Y 轴坐标转换模式、自动（连续）X/Y 轴坐标转换模式、静态（Standby）模式。

1．普通转换模式

普通转换模式（AUTO_PST = 0，XY_PST = 0）用作一般目的下的 A-D 转换。这个模式可以通过设置 ADCCON 和 ADCTSC 来进行对 A-D 转换的初始化，而后读取 ADCDAT0（ADC 数据寄存器 0）的 XPDATA 域（普通 A-D 转换）的值来完成转换。

图 5-14　4 线电阻触摸屏等效电路

2．等待中断模式

触摸屏初始化完成后，处于等待中断状态，ADCTSC 设置为 0xD3，此时 S4、S5 闭合，S1、S2、S3 断开，即 YM 接地，XP 上拉（作为模拟输入），YP 作为模拟输入，XM 高阻，如图 5-15 所示。触摸屏没有被按下时，由于上拉电阻的关系，Y_ADC 为高电平。

当 X、Y 轴受挤压而接触导通时，Y_ADC 的电压由于连通到 Y 轴接地而变为低电平，如图 5-16 所示，此低电平可以作为中断触发信号来通知 CPU 发生"pen down"事件，在 S3C2440 中称为等待中断模式。

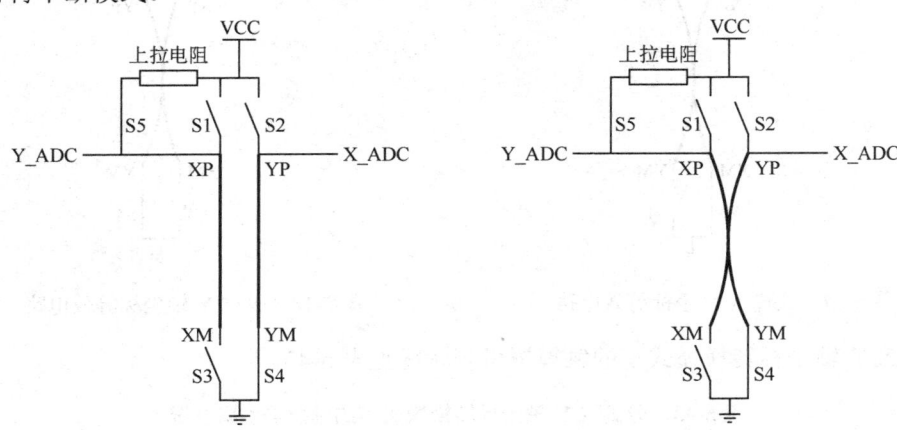

图 5-15　处于"等待按下中断"时等效电路　　　图 5-16　触笔按下时等效电路

在中断程序中完成 X/Y 轴坐标转换后，需要等待触笔提起，此时 ADCTSC 设置为 0xD3。当触笔提起时，产生中断触发信号通知 CPU 发生"pen up"事件。

当触摸屏控制器处于等待中断模式下时，它实际上是在等待触笔的单击。在触笔单击到触摸屏上时，控制器产生中断信号（INC_TC）。中断产生后，就可以通过设置适当的转换模式（分离的 X/Y 轴坐标转换模式或自动 X/Y 轴坐标转换模式）来读取 X 和 Y 的位置。等待中断模式下的触摸屏引脚状况见表 5-42。

表 5-42　等待中断模式下的触摸屏引脚状况

触摸屏引脚	XP	XM	YP	YM
等待中断模式	上拉	高阻	AIN[5]	GND

3. 分离的 X/Y 轴坐标转换模式

触笔按下后，需要进行 A-D 采样，分离的 X/Y 轴坐标转换模式可以分为两个转换步骤：X 轴坐标转换和 Y 轴坐标转换。

（1）X 轴坐标转换（AUTO_PST=0 且 XY_PST=01）

ADCTSC 设置为 0x69，S1、S3 闭合，S2、S4、S5 断开，即 XP 接上电源，XM 接地，YP 作为模拟输入，YM 高阻，如图 5-17 所示。这时 YP 即 X_ADC 就是 X 轴的分压值，进行 A-D 转换后就得到 X 坐标，将 X 轴坐标转换数值写入 ADCDAT0 寄存器的 XPDATA 域。转换后，触摸屏接口将产生中断源（INT_ADC）到中断控制器。

（2）Y 轴坐标转换（AUTO_PST=0 且 XY_PST=10）

ADCTSC 设置为 0x9A，S2、S4 闭合，S1、S3、S5 断开，即 YP 接上电源，YM 接地，XP 作为模拟输入，XM 高阻，如图 5-18 所示。这时 XP 即 Y_ADC 就是 Y 轴的分压值，进行 A-D 转换后就得到 Y 轴坐标，将 Y 轴坐标转换数值写入 ADCDAT1 寄存器的 YPDATA 域。转换后，触摸屏接口将产生中断源（INT_ADC）到中断控制器。

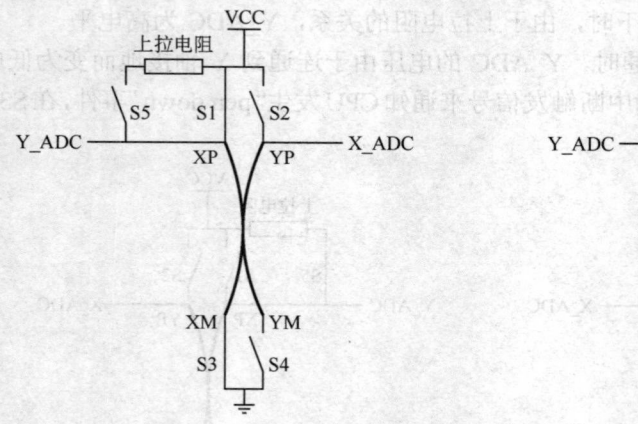

图 5-17　采样 X 轴坐标等效电路

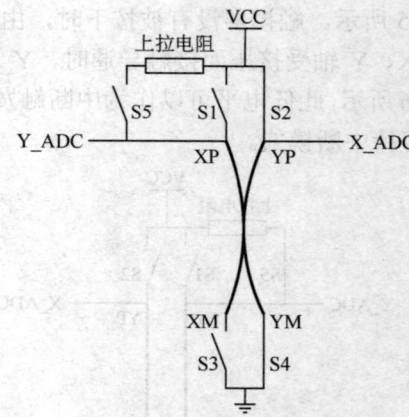

图 5-18　采样 Y 轴坐标等效电路

分离 X/Y 轴坐标转换模式下的触摸屏引脚状况见表 5-43。

表 5-43　分离 X/Y 轴坐标转换模式下的触摸屏引脚状况

触摸屏引脚	XP	XM	YP	YM
X 位置转换	外部电压	GND	AIN[5]	高阻
Y 位置转换	AIN[7]	高阻	外部电压	GND

4．自动（连续）X/Y 轴坐标转换模式

自动（连续）X/Y 轴坐标转换模式（AUTO_PST=1 且 XY_PST=00）实际上是将分离模式的 X、Y 坐标转换合并为一个步骤，ADCTSC 设置为 0x0C，触摸屏控制器将自动地切换 X 轴坐标和 Y 轴坐标并读取两个坐标轴方向上的坐标。触摸屏控制器自动将测量得到的 X 轴数据写入 ADCDAT0 寄存器的 XPDATA 域，然后将测量到的 Y 轴数据写入 ADCDAT1 寄存器的 YPDATA 域。自动（连续）转换之后，触摸屏控制器产生中断源（INT_ADC）到中断控制器。

自动（连续）X/Y 位置转换模式下的触摸屏引脚状况见表 5-44。

表 5-44　自动（连续）X/Y 位置转换模式下的触摸屏引脚状况

触摸屏引脚	XP	XM	YP	YM
X 位置转换	外部电压	GND	AIN[5]	高阻
Y 位置转换	AIN[7]	高阻	外部电压	GND

5．静态（Standby）模式

当 ADCCON 寄存器的 STDBM 位被设为 1 时，Standby 模式被激活。在该模式下，A-D 转换操作停止，ADCDAT0 寄存器的 XPDATA 域和 ADCDAT1 寄存器的 YPDATA 域（正常 ADC）保持着先前转换所得的值。

5.6.4　S3C2440 的触摸屏寄存器

1．ADC 触摸屏控制寄存器（ADCTSC）

ADCTSC 寄存器描述见表 5-45、表 5-46。

表 5-45　ADCTSC 寄存器

寄存器	地址	读/写	描述	复位值
ADCTSC	0x58000004	读/写	ADC 触摸屏控制寄存器	0x058

表 5-46　ADCTSC 寄存器功能位定义

ADCTSC	功能位	描述	复位值
UD_SEN	[8]	检测触笔按下或提起状态 0 = 检测触笔按下中断信号；1 = 检测触笔提起中断信号	0
YM_SEN	[7]	选择 YMON 的输出值 0 = YMON 输出是 0（YM = 高阻）；1 = YMON 输出是 1（YM = GND）	0
YP_SEN	[6]	选择 nYPON 的输出值 0 = nYPON 输出是 0（YP = 外部电压） 1 = nYPON 输出是 1（YP 连接 AIN[5]）	1
XM_SEN	[5]	选择 XMON 的输出值 0 = XMON 输出是 0（XM = 高阻）；1 = XMON 输出是 1（XM = GND）	0
XP_SEN	[4]	选择 nXPON 的输出值 0 = nXPON 输出是 0（XP = 外部电压） 1 = nXPON 输出是 1（XP 连接 AIN[7]）	1
PULL_UP	[3]	上拉切换使能 0 = XP 上拉使能；1 = XP 上拉禁止	1

（续）

ADCTSC	功能位	描述	复位值
AUTO_PST	[2]	自动（连续）转换 X 轴坐标和 Y 轴坐标 0 = 普通 A-D 转换 1 = 自动（连续）X/Y 轴坐标转换模式	0
XY_PST	[1:0]	手动测量 X 轴坐标和 Y 轴坐标 00 = 无操作模式；01 = 对 X 轴坐标进行测量 10 = 对 Y 轴坐标进行测量；11 = 等待中断模式	0

注: 当等待触摸屏中断时, XP_SEN（XP 输出无效）位应该置 1 且 PULL_UP（XP 上拉使能）位应该置 0。仅在自动（连续）X/Y 轴坐标转换中, AUTO_PST 位应该置 1。睡眠模式下为了避免泄漏电流, XP、YP 应该和地断开, 因为 XP 和 YP 在睡眠模式下保持高电平。

2. ADC 触摸屏指针上下中断检测寄存器（ADCUPDN）

ADCUPDN 寄存器描述见表 5-47、表 5-48。

表 5-47　ADCUPDN 寄存器

寄存器	地址	读/写	描述	复位值
ADCUPDN	0x58000014	读/写	ADC 触摸屏指针上下中断检测寄存器	0x0

表 5-48　ADCUPDN 寄存器功能位定义

ADCUPDN	功能位	描述	复位值
TSC_UP	[1]	光标提起中断 0 = 无光标提起状态；1 = 出现光标提起中断	0
TSC_DN	[0]	光标按下中断 0 = 无光标按下状态；1 = 出现光标按下中断	0

注:

1）可以通过中断或查询的方法来读取触摸屏坐标。在中断的方式下, 从 A-D 转换开始到读取已转换的数据, 由于中断服务程序的返回时间和数据操作时间的增加, 总的转换时间会延长。在查询的方式下, 检测 ADCCON[15]结束转换标记位, 如果置位则可以开始读取 ADCDAT 的转换数据, 总的转换时间相对较短。

2）A-D 转换能够通过不同的方法来激活: 将 ADCCON[1]——A-D 转换的"读取即开始转换模式"位设置为 1, 这样任何一个读取的操作, 都会立即启动 A-D 转换。

5.6.5　S3C2440 的触摸屏程序

```
#include <linux/errno.h>
#include <linux/kernel.h>
#include <linux/module.h>
#include <linux/slab.h>
#include <linux/input.h>
#include <linux/init.h>
#include <linux/serio.h>
#include <linux/delay.h>
```

```
#include <linux/platform_device.h>
#include <linux/clk.h>
#include <linux/gpio.h>
#include <asm/io.h>
#include <asm/irq.h>
#include <plat/regs-adc.h>
#include <mach/regs-gpio.h>
#define S3C2410TSVERSION 0x0101
#define DEVICE_NAME "YC2440_TS"
```

//定义一个 WAIT4INT 宏，该宏将对 ADC 触摸屏控制寄存器进行操作，S3C2410_ADCTSC_YM_SEN 这些宏都定义在 regs-adc.h 中

```
#define WAIT4INT(x) (((x)>>8)|S3C2410_ADCTSC_YM_SEN|S3C2410_ADCTSC_YP_SEN|
S3C2410_ADCTSC_XP_SEN|S3C2410_ADCTSC_XY_PST(3))
#define AUTOPST (S3C2410_ADCTSC_YM_SEN|S3C2410_ADCTSC_YP_SEN
|S3C2410_ADCTSC_XP_SEN|\
        S3C2410_ADCTSC_AUTO_PST|S3C2410_ADCTSC_XY_PST(0))
static struct input_dev *dev;           //输入设备结构体
static long xp;                         //记录转换后的 X、Y 坐标值
static long yp;
static int count;

extern struct semaphore ADC_LOCK;       //在 ADC 驱动中定义的信号量
static int ownADC = 0;
static struct clk *adc_clk;
static void __iomem *base_addr;
```

//touch_timer_fire 函数分三块执行，下面 1、2、3 分别实现不同功能

```
static void touch_timer_fire(unsigned long data)
{
    unsigned long data0;
    unsigned long data1;
    int updown;
    data0 = ioread32(base_addr+S3C2410_ADCDAT0);
    data1 = ioread32(base_addr+S3C2410_ADCDAT1);
        //判断触摸屏是按下、抬起状态
    updown = (!(data0 & S3C2410_ADCDAT0_UPDOWN)) && (!(data1 & S3C2410_ADCDAT0_
UPDOWN));
    if(updown)
    {
        if(count != 0)      //1.如果触摸屏按下，并且 ADC 已转换，则报告事件、数据
        {
```

```
                        long tmp;
                        tmp = xp;
                        xp = yp;
                        yp = tmp;
                        xp >>= 2;
                        yp >>= 2;
#ifdef CONFIG_TOUCHSCREEN_DEBUG
                        struct timeval tv;
                        do_gettimeofday(&tv);
                        printk(KERN_DEBUG "T:%06d, X:%03d, Y:%03d\n",(int)tv.tv_usec,xp,yp);
#endif
                        input_report_abs(dev,ABS_X,xp);
                        input_report_abs(dev,ABS_Y,yp);
                        input_report_key(dev,BTN_TOUCH,1);
                        input_report_abs(dev,ABS_PRESSURE,1);
                        input_sync(dev);        //等待接收方收到数据后回复确认，用于同步
                }
                //2.如果触摸屏按下，并且没有 ADC 转换，则启动 ADC 转换
                xp = 0;
                yp = 0;
                count = 0;
                iowrite32(S3C2410_ADCTSC_PULL_UP_DISABLE|AUTOPST,base_addr+
S3C2410_ADCTSC);
                iowrite32(ioread32(base_addr+S3C2410_ADCCON)|S3C2410_ADCCON_
ENABLE_START,base_addr+S3C2410_ADCCON);
        }
        else      //3.如果触摸屏是抬起状态，则报告事件、数据，重置等待按下状态
        {
                count = 0;
                input_report_key(dev,BTN_TOUCH,0);
                input_report_abs(dev,ABS_PRESSURE,0);
                input_sync(dev);
                iowrite32(WAIT4INT(0),base_addr+S3C2410_ADCTSC);          //将触摸屏重新设置为
等待中断状态
                if(ownADC)               //如果触摸屏抬起，就意味着这一次的操作结束，所以就释
放 ADC 资源的占有
                {
                        printk(KERN_INFO "up\n");
                        ownADC = 0;
                        up(&ADC_LOCK);
```

```
            }
        }
    }
//定义并初始化了一个定时器 touch_timer，定时器服务程序为 touch_timer_fire
static struct timer_list touch_timer=TIMER_INITIALIZER(touch_timer_fire,0,0);

static irqreturn_t stylus_updown(int irq,void *dev_id)    //触摸屏中断服务程序，触摸屏按
下、抬起执行
{
        unsigned long data0;
        unsigned long data1;
        int updown;
        if(down_trylock(&ADC_LOCK)==0)
        {
            ownADC = 1;
            data0 = ioread32(base_addr+S3C2410_ADCDAT0);
            data1 = ioread32(base_addr+S3C2410_ADCDAT1);
            updown = (!(data0 & S3C2410_ADCDAT0_UPDOWN)) && (!(data1 & S3C2410_
ADCDAT0_UPDOWN));
            if(updown)
            {       //如果触摸屏按下，则执行 touch_timer_fire 的功能 2
                printk(KERN_INFO "down\n");
                touch_timer_fire(0);
            }
            else
            {       //如果抬起，结束一次操作，释放相应资源
                printk(KERN_INFO "up-irq\n");
                ownADC = 0;
                up(&ADC_LOCK);
            }
        }
        return IRQ_HANDLED;
    }
static irqreturn_t stylus_action(int irq,void *dev_id)        //ADC 中断服务程序
{
        unsigned long data0;
        unsigned long data1;
        if(ownADC)
        {       //读取一次转换值
            data0 = ioread32(base_addr+S3C2410_ADCDAT0);
```

```
            data1 = ioread32(base_addr+S3C2410_ADCDAT1);
            xp += data0 & S3C2410_ADCDAT0_XPDATA_MASK;
            yp += data1 & S3C2410_ADCDAT1_YPDATA_MASK;
            count++;
            if(count<(1<<2)) //如果转换次数小于 4，重启 A-D 转换
            {
                iowrite32(S3C2410_ADCTSC_PULL_UP_DISABLE|AUTOPST,base_
addr+S3C2410_ADCTSC);
                iowrite32(ioread32(base_addr+S3C2410_ADCCON)|S3C2410_
ADCCON_ENABLE_START,base_addr+S3C2410_ADCCON);
            }
            else    //如果转换 4 次，启动 1 个时间滴答的定时器，最终调用 touch_timer_fire
功能 1 或功能 3
            {
                mod_timer(&touch_timer,jiffies+1);
                iowrite32(WAIT4INT(1),base_addr+S3C2410_ADCTSC);  //置触摸屏等待抬起
中断
            }
        }
        return IRQ_HANDLED;
    }

    static int __init s3c2440ts_init(void)
    {
        int ret;
        adc_clk = clk_get(NULL,"adc");
        if(!adc_clk)
        {
            printk(KERN_ERR "Failed to get adc clock\n");
            return -ENOENT;
        }
        clk_enable(adc_clk);
        base_addr = ioremap(S3C2410_PA_ADC,0x20);
        if(base_addr==NULL)
        {
            printk(KERN_ERR "Failed to remap register\n");
            ret = -EINVAL;
            goto err_remap;
        }
        //初始化 A-D 转换参数，置触摸屏等待按下中断
```

```
        iowrite32(S3C2410_ADCCON_PRSCEN|S3C2410_ADCCON_PRSCVL(0xff), base_addr+
S3C2410_ADCCON);
        iowrite32(0xffff,base_addr+S3C2410_ADCDLY);
        iowrite32(WAIT4INT(0),base_addr+S3C2410_ADCTSC);
        //输入设备申请空间，位于 include/linux/input.h
        dev = input_allocate_device();
        if(!dev)
        {
            printk(KERN_ERR "unable to allocate input_dev\n");
            ret = -ENOMEM;
            goto err_alloc;
        }
```

/*下面初始化输入设备，即给输入设备结构体 input_dev 的成员设置值。evbit 字段用于描述支持的事件，这里支持同步事件、按键事件、绝对坐标事件；BIT 宏实际就是对 1 进行位操作，定义在 linux/bitops.h 中*/

```
        dev->evbit[0] = BIT(EV_SYN)|BIT(EV_KEY)|BIT(EV_ABS);
```

/*keybit 字段用于描述按键的类型，在 input.h 中定义了很多，这里用 BTN_TOUCH 类型来表示触摸屏的点击*/

```
        dev->keybit[BITS_TO_LONGS(BTN_TOUCH)] = BIT(BTN_TOUCH);
```

/*对于触摸屏来说，使用的是绝对坐标系统。这里设置该坐标系统中 X 和 Y 坐标的最小值和最大值(0~1023 范围)

　　　ABS_X 和 ABS_Y 表示 X 坐标和 Y 坐标，ABS_PRESSURE 表示触摸屏是按下还是抬起状态*/

```
        input_set_abs_params(dev,ABS_X,0,0x3ff,0,0);
        input_set_abs_params(dev,ABS_Y,0,0x3ff,0,0);
        input_set_abs_params(dev,ABS_PRESSURE,0,1,0,0);
        dev->name = DEVICE_NAME;                /*设备名称*/
        dev->id.bustype = BUS_RS232;            /*总线类型*/
        dev->id.vendor = 0xDEAD;                /*经销商 ID 号*/
        dev->id.product = 0xBEEF;               /*产品 ID 号*/
        dev->id.version = S3C2410TSVERSION;     /*版本 ID 号*/
        //申请中断，IRQ_ADC 为 ADC、触摸屏共享
        ret = request_irq(IRQ_ADC,stylus_action,IRQF_SHARED|IRQF_SAMPLE_RANDOM,
DEVICE_NAME,dev);
        if(ret)
        {
            printk(KERN_ERR "request IRQ_ADC fail\n");
            ret = -EINVAL;
            goto err_alloc;
```

```
        }
        ret = request_irq(IRQ_TC,stylus_updown,IRQF_SAMPLE_RANDOM,DEVICE_NAME,dev);
        if(ret)
        {
            printk(KERN_ERR "requers IRQ_TS fail\n");
            ret = -EINVAL;
            goto err_adcirq;
        }
        printk(KERN_INFO "%s successfully load\n",DEVICE_NAME);
        /*把 dev 触摸屏设备注册到输入子系统中*/
        input_register_device(dev);
        return 0;
err_adcirq:
        free_irq(IRQ_ADC,dev);
err_alloc:
        iounmap(base_addr);
err_remap:
        clk_disable(adc_clk);
        clk_put(adc_clk);
        return ret;
}
static void __exit s3c2440ts_exit(void)
{
        disable_irq(IRQ_ADC);
        disable_irq(IRQ_TC);
        free_irq(IRQ_ADC,dev);
        free_irq(IRQ_TC,dev);
        if(adc_clk);
        {
            clk_disable(adc_clk);
            clk_put(adc_clk);
            adc_clk = NULL;
        }
        input_unregister_device(dev);
        iounmap(base_addr);
}
module_init(s3c2440ts_init);
module_exit(s3c2440ts_exit);
MODULE_LICENSE("GPL");
MODULE_AUTHOR("Zechin Liao");
```

　　1）如果触摸屏感觉到触摸，则触发触摸屏中断即进入 stylus_updown，获取 ADC_LOCK 后判断触摸屏状态为按下，则调用 touch_timer_fire 启动 ADC 转换。

　　2）当 ADC 转换启动后，触发 ADC 中断即进入 stylus_action，如果转换的次数小于 4，则重新启动 ADC 进行转换；如果 4 次完毕后，启动 1 个时间滴答的定时器，停止 ADC 转换，也就是说在这个时间滴答内，ADC 转换是停止的。

　　3）这里为什么要在 1 个时间滴答到来之前停止 ADC 的转换呢？这是为了防止屏幕抖动。

　　4）如果 1 个时间滴答到来则进入定时器服务程序 touch_timer_fire，判断触摸屏仍然处于按下状态则上报事件和转换的数据，并重启 ADC 转换，重复第 2）步。

　　5）如果触摸抬起了，则上报释放事件，并将触摸屏重新设置为等待中断状态。

本章小结

　　在第 4 章嵌入式 Linux 驱动程序设计的基础上，本章介绍了 S3C2440 的 4 种常用外设的引脚定义、相关寄存器配置及其驱动程序代码设计，为 S3C2440 的应用设计打下基础。

习题与思考题

5-1　请列出 ARM 处理器的 7 种执行模式并说明其含义。

5-2　写出基于 ARM920T 核的处理器的异常向量及异常进入的模式。

5-3　ARM920T 体系结构支持哪两种方法存储数据？

5-4　简述 ARM 处理器对中断异常的响应步骤。

5-5　简述 ARM 处理器从异常返回的步骤。

第 6 章　嵌入式 Linux 系统的 Qt 编程

　　早期的嵌入式系统功能与操作相对简单，对图形用户界面的编程没有太高的需求，而且对环境要求较高，在嵌入式系统上实现图形应用系统有较高的成本和技术要求。现在应市场和产品的需求，以及多种可视化编程语言和环境的出现，使得嵌入式 Linux 下的图形用户界面（Graphical User Interface，GUI）应用开发成为可能，易于设计出操作简便、可视化效果较好的界面。

　　一个能够移植到多种硬件平台上的嵌入式 GUI 系统至少抽象出两类设备：基于图形显示设备的图形抽象层（Graphic Abstract Layer，GAL）、基于输入设备（如键盘、触摸屏等）的输入抽象层（Input Abstract Layer，IAL）。GAL 完成系统对具体的显示硬件设备的操作，极大程度上屏蔽各种不同硬件的技术实现细节，为程序开发人员提供统一的图形编程接口；IAL 则需要实现对于各类不同输入设备的控制操作，提供统一的调用接口。GAL 与 IAL 的设计概念可以提高嵌入式 GUI 的可移植性。

　　本章主要内容：
- 嵌入式 Linux 的 GUI 简介
- Qt /Qt/Embedded 概述
- Qt/Embedded 程序开发基础
- Qt/Embedded 程序设计

6.1　嵌入式 Linux 的 GUI 简介

　　嵌入式 GUI 要求简单、直观、可靠、占用资源少且反应快速，以适应系统硬件资源有限的条件。另外，由于嵌入式系统硬件本身的特殊性，嵌入式 GUI 应具备高度可移植性与可裁剪性，以适应不同的硬件条件和使用需求。

　　为了满足嵌入式系统应用开发的要求，嵌入式 GUI 应具备以下特点：

　　1）轻量型、资源占用少。不能建立在庞大复杂的、系统资源消耗大的操作系统和 GUI 之上。

　　2）高性能、高可靠性。特别是工业实时控制系统，对实时性的要求非常高，相对于其他嵌入式系统而言，对 GUI 的要求也更高。

　　3）可配置。嵌入式系统是一种定制设备，它们对 GUI 的需求各不相同，有的系统只要求一些基本的图形功能，而有些系统要求完备的 GUI 支持，因此，GUI 也必须是可定制的。

　　4）上层接口与硬件无关，具有较好的可移植性。

　　目前主流的嵌入式 Linux 的 GUI 如下：

　　1. OpenGUI

OpenGUI 在 Linux 系统上已经存在很长时间了，早期的名字叫 FastGL，只支持 256 色的线性显示模式，但目前也支持其他显示模式，并且支持多种操作系统平台，如 MS-DOS、QNX 和 Linux 等，目前主要应用于 x86 硬件平台。

OpenGUI 分为三层：第一层是由汇编语言编写的快速图形引擎；第二层提供了图形绘制相关的 API，包括线条、矩形、圆弧等，并且兼容 Borland 的 BGI API 等；第三层用 C++编写，提供了完整的 GUI 对象库。

OpenGUI 采用 LGPL 条款发布，并利用 MMX 指令进行了优化。OpenGUI 运行速度较快，支持 32 位的系统，能够在多种操作系统下运行，主要用来在这些系统中开发图形应用程序和游戏。但由于它是基于汇编语言实现的内核，其内部使用的是私有的 API，可移植性较差，可配置性也较差。

2．Qt/Embedded

Qt 是由挪威 Trolltech 公司开发的跨平台 C++图形用户界面研发工具，也是该公司的一个标志性产品，分为商业版和免费版两种。软件工程师可以利用 Qt 编写应用程序，并可在 Windows、Linux、UNIX、Mac OS X 和嵌入式 Linux 等不同平台上进行本地化运行。

Qt 以工具开发包的形式提供给研发者，这些开发包包括了图形设计器 Qt、Makefile 制作工具 qmake、国际化工具和 Qt 的 C++类库等。Qt 的一个显著特点是跨平台特性，能够在多个平台（UNIX、Linux、Windows）上运行，并对不同平台的私有 API 进行了封装，如文字处理、网络协议、进程处理、线程、数据库访问等。从某种意义上讲，Qt 雷同于 Microsoft 的 MFC 和 Borland 的 VCL，都是 C++的一个研发库，不同的是它封装了不同操作系统的访问细节，能够实现跨平台的应用。由于 Qt 是基于 C++构造的，因此 Qt 具有面向对象编程的所有优点，这有利于研发人员快速地切换到 Qt 平台上进行研发，有效地降低了学习成本。Qt 还是一个 GUI 仿真工具包，由不同平台的底层绘图函数仿真不同的风格，较好地提升了运行速度。

3．MiniGUI

MiniGUI 是由北京飞漫软件技术有限公司主持开发的一个自由软件项目（遵循 GPL 条款），其目标是为基于 Linux 的实时嵌入式系统提供一个轻量级的图形用户界面支持系统。

MiniGUI 为应用程序定义了一组轻量级的窗口和图形设备接口，利用这些接口，每个应用程序可以建立多个窗口，而且可以在这些窗口中绘制图形。用户也可以利用 MiniGUI 建立菜单、按钮、列表框等常见的 GUI 元素。

MiniGUI 是 Linux 控制台上运行的基于 SVGALib 和 LinuxThread6 库的多窗口图形用户界面支持系统。MiniGUI 采用了类 Win32 的 API 接口，实现了简化的类 Windows 98 风格的图形用户界面。MiniGUI 也是一个窗口系统，它的主要组成元素是窗口，在这个基础上 MiniGUI 中的窗口可以分 4 类，分别为主窗口、对话框、控件和主窗口中的窗片。MiniGUI 中的主窗口和 Windows 应用程序的主窗口概念类似，MiniGUI 中的每个主窗口对应于一个单独的线程，通过函数调用可建立主窗口以及对应的线程。每个线程有一个消息队列，主窗口从这一消息队列中获取消息并由窗口过程（回调函数）进行处理。MiniGUI 的目标是保持现有小巧的特点，在 Linux 控制台上提供一个小的窗口支持系统。同时，MiniGUI 又与 Microsoft 的 Windows API 保持兼容，这样定位是希望 MiniGUI 可以在未来以 Linux 为基础的应用平台上提供一个简单可行的 GUI 支持系统，让 MiniGUI 可以应用在 Windows CE 可以应用的任何场合。

6.2　Qt/Qt/Embedded 概述

6.2.1　Qt 体系架构

Qt 体系架构包括项目生成向导、高级的 C++代码编辑器、浏览文件及类的工具，以及集成的 Qt Designer、图形化的 GDB 调试前端、qmake 构建工具等，如图 6-1 所示。

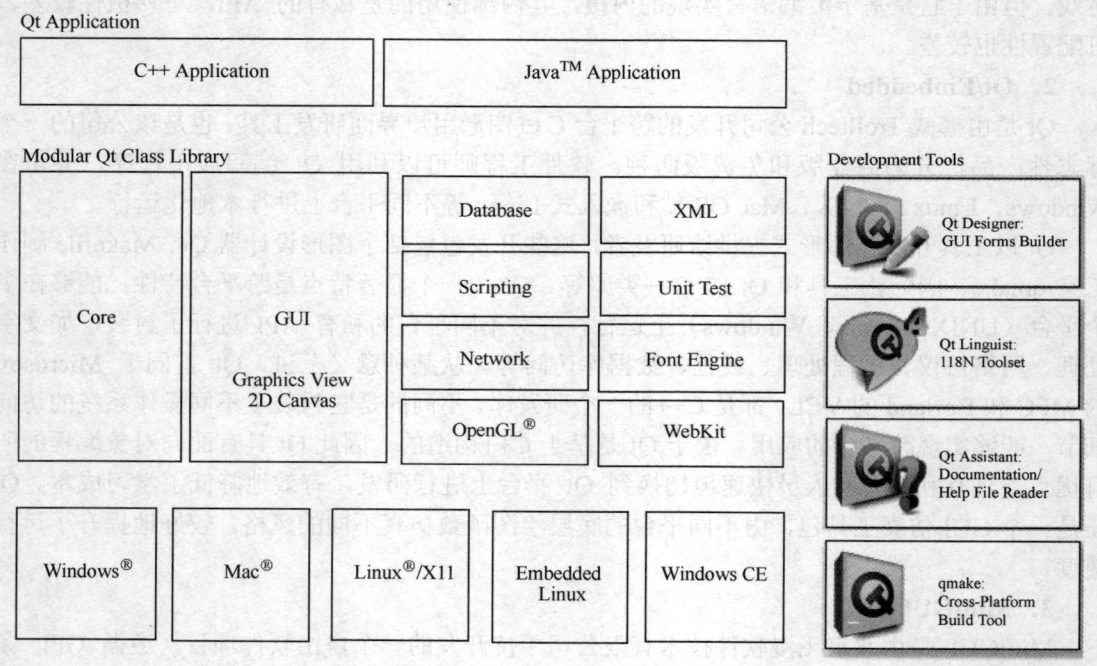

图 6-1　Qt 体系架构

1．Qt Designer

Qt Designer 是一个全功能的图形用户界面开发工具，与 Delphi 的界面有些相似。它支持包括菜单和工具栏的应用软件主窗口的交互式设计，并且完全支持可定制模式的窗口控件。此外，Qt Designer 还内置了 C++编辑器，允许用户在 RAD 环境中直接编辑源代码。

2．Qt Linguist

Qt Linguist 是一个本地化工具，能够让用户把基于 Qt 开发的程序从一种语言简单、智能地转变成另外一种语言，适合于开发国际版软件。它能够把程序中所有可见的文本转换成任何支持统一字符编码标准（Unicode）和指定平台的语言。它最主要的特征是一个适应特殊目的的编辑工具和多语言术语智能数据库，一旦完成新的翻译，数据库将保存这些术语，以便以后再次使用。此外，Qt Linguist 还完全支持 Unicode 3。

3．Qt Assistant

Qt Assistant 是 Qt 3.0 提供的一个独立应用软件，它能够浏览 Qt 的类文档、Qt Designer 和 Qt Linguist 手册。此外，它还提供了目录检索、内容纵览、书签、历史记录以及在页面内搜索等功能，类似于 Microsoft 的 MSDN。

4．数据库编程

Qt 3.0 内建了一组独立于各平台和数据库的 API，专门用来调用 SQL 数据库，这组 API 为 Oracle、PostgreSQL 及 MySQL 提供 ODBC 以及特殊数据库驱动程序支持。Qt 3.0 内置 GUI 和底层数据库同步的数据检测支持功能，使得后台数据的更改与前端界面的刷新同步，而 Qt Designer 亦支持这些新的控制功能，为数据库提供应用软件快速开发工具（RAD）解决方案。

5．国际化文本显示

即使是在系统没有安装 Unicode 字体的情况下，Qt 3.0 也支持多内码混合的文本。同时，它亦支持从右至左以及从上至下型的语言，如阿拉伯语（Arabic）和希伯来语（Hebrew）。

6．支持 HTTP 和 FTP 网络协议

Qt 3.0 的网络编程模块提供一个通过 HTTP 交换数据的 API（以前版本已经实现 FTP）。

7．支持多显示器

Qt 3.0 允许应用软件支持多个显示器。在 UNIX 平台上，Qt 3.0 支持 Xinerama 和传统的多显示器技术，而 Windows 平台上则是 Windows 98 和 2000 支持的虚拟桌面技术。Qt 3.0 提供一个独立于系统平台的 API 以实现上述技术。

8．新的组件模型

新的组件模型类似于 Windows 下的 COM（虽然 COM 也号称平台无关，但目前似乎仅在 Windows 平台上应用）。Qt 3.0 提供一个独立于系统平台的 API 以实现共享库加载等功能。

9．美观的 GUI 实现

Qt 3.0 支持浮动窗口，扩展了风格引擎，支持大量的标准窗口部件，包括进度显示条、旋转框以及表格标题等。此外，它还为交互式文本编辑增加了图形界面控制。

10．可接近性支持

Qt 可控制与提供有关可接近性体系结构的信息，通过 Qt 提供的标准工具可开发视觉或肢体残疾用户使用的应用软件（如 Windows Magnifier 和 Narrator）。

6.2.2　Qt/Embedded

Qt 的版本众多，可分为两大家族：桌面平台家族与嵌入式平台家族。Qt 的版本是按照不同的图形系统来划分的，目前分为 4 个版本：Win32 版，适用于 Windows 平台；X11 版，适合于使用了 X 系统的各种 Linux 和 UNIX 平台；Mac 版，适合于苹果 Mac OS X；Embedded 版，适合于具有帧缓冲（Frame Buffer）的 Linux 平台。

Qt/Embedded 是一个专门为嵌入式系统设计图形用户界面的工具包，是 Qt 的嵌入式版本，如图 6-2 所示。

Qt 在刚出现的时候，对于 Linux 和 UNIX 系统，只有构建于 Xlib 之上的 X11 版。但随着 Linux 操作系统在嵌入式领域的应用日渐广泛，Qt 推出了嵌入式的版本 Qt/Embedded。由于嵌入式受限的硬件环境往往难以运行庞大的 X 服务器，Qt 的嵌入式版跳过了 Xlib 和 XServer 直接操作帧缓冲，可以在速度和体积上有很大的提高。

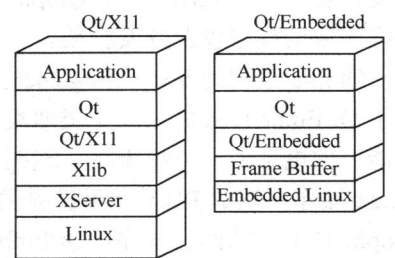

图 6-2　Qt 的版本

嵌入式系统的要求是小而快速，而 Qt/Embedded 能帮助开发者为满足这些要求开发强壮的应用程序。Qt/Embedded 是模块化和可裁剪的，开发者可以选取需要的一些特性，裁剪掉

不需要的。这样，通过选择需要的特性，Qt/Embedded 的映像变得较小，最小达到 600KB 左右。

Qt/Embedded 由于平台无关性和提供了很好的 GUI 编程接口，在许多嵌入式系统中得到了广泛应用，是一个成功的嵌入式 GUI 产品。Qt/Embedded 的基本特征如下：

1）拥有同 Qt 一样的 API。开发者只需要了解 Qt 的 API，不用关心程序所用到的系统与平台。Qt/Embedded 也可以看成是一组用于访问嵌入式设备的 Qt C++ API。Qt 的 Qt/X11、Qt/Win32 和 Qt/Mac 版本提供的都是相同的 API 和工具。

2）优化了内存和资源的利用。

3）拥有自己的窗口系统。Qt/Embedded 不需要一些子图形系统，可以直接对底层的图形驱动进行操作。

4）模块化。开发者可以自己定制所需要的模块，Qt/Embedded 提供了大约 200 个可配置的特征。

5）代码公开以及拥有十分详细的技术文档帮助开发者。

6）强大的开发工具。Qt/Embedded 提供了构建（qmake）、可视化设计（uic 和 Designer）、国际化（Linguist）、文档系统（Assistant）等一系列非常好用的工具。

7）与硬件平台无关。Qt/Embedded 可以应用在所有主流平台和 CPU 上，支持所有主流的嵌入式 Linux，对于在 Linux 上的 Qt/Embedded 的基本要求只不过是 Frame Buffer 设备和一个 C++编译器（如 GCC）。Qt/Embedded 同时也支持很多实时的嵌入式系统，如 QNX 和 Windows CE 等。

8）提供压缩字体格式。即使在很小的内存中，也可以提供较好的字体支持。

9）支持多种硬件和软件的输入。

10）支持 Unicode，可以使程序支持多种语言。

11）支持反锯齿文本和 Alpha 混合的图片。

12）运行需要资源少、功能强大。相对 X 窗口下的嵌入式解决方案而言，Qt/Embedded 只要求一个较小的存储空间（Flash）和内存。Qt/Embedded 可以运行在不同的处理器上部署的 Linux 系统，只需要这个系统有一个线性地址的帧缓冲并支持 C++的编译器。

6.2.3　Qtopia

Qtopia 是 Trolltech 公司(现已被 Digia 收购）为采用嵌入式 Linux 操作系统的消费电子设备而开发的综合应用平台，Qtopia 包含完整的应用层、灵活的用户界面、窗口操作系统、应用程序启动程序以及开发框架。

Qtopia 最初是 Sourceforge.net 上的一个开源项目，全称是 Qt Palmtop Environment，是构建于 Qt/Embedded 之上一个类似桌面系统的应用环境，包括了 PDA 和手机等掌上系统常见的功能，如电话簿、日程表等。现在 Qtopia 已经成为了 Trolltech 的又一个主打产品，为基于 Linux 操作系统的 PDA 和手机提供了一个完整的图形环境。在版本 4 之前，Qt/Embedded 和 Qtopia 是不同的两套程序，Qt/Embedded 是基础类库，Qtopia 是构建于 Qt/Embedded 之上的一系列应用程序。但从版本 4 开始，Trolltech 将 Qt/Embedded 并入了 Qtopia，并推出了新的 Qtopia4。在该版本中，原来的 Qt/Embedded 称为 Qtopia Core，作为嵌入式版本的核心，既可以与 Qtopia 配合，也可以独立使用；原来的 Qtopia 则分成几层，核心的应用框架和插件系统称为 Qtopia Platform，上层的应用程序则按照不同的目标用户分为不同的包，如 Qtopai PDA、

Qtopia Phone，已经有很多公司采用了 Qtopia 来开发各自主流的 PDA。

6.3 Qt/Embedded 程序开发基础

Qt 是跨平台的 C++图形用户界面应用程序开发框架。它既可以开发 GUI 程序，也可用于开发非 GUI 程序，如控制台工具和服务器。Qt 是面向对象的框架，使用特殊的代码生成扩展（称为元对象编译器（Meta Object Compiler，MOC））以及一些宏。Qt 很容易扩展，并且允许真正的组件编程。

2014 年 Qt Creator 3.1.0 正式发布，新增 WinRT、Beautifier 等插件，废弃了无 Python 接口的 GDB 调试支持，集成了基于 Clang 的 C/C++代码模块，并对 Android 支持做出了调整，至此实现了全面支持 IOS、Android、WP，给应用程序开发提供了图形用户界面所需的所有功能。

6.3.1 Qt 对象模型

C++标准中虽然有很多对实时对象模型的支持，但由于其静态的特性，导致其仍然缺乏灵活性。Qt 提供了自己的对象模型，主要包括对象树、对象属性以及元对象系统等。

1．对象树

由于 GUI 的设计层次结构比较强，并需要兼顾效率，Qt 设计了对象树（Object Tree）并支持动态类类型转换，其中父对象与子对象相互指向，整体的结构关系相当于一个森林，父对象与子对象为一对多的关系，并有多个平行的父对象。

2．对象属性

对象属性（Object Properties）基于元对象系统（Meta-Class System），Qt 中的 Q_PROPORTY(...)宏标记了相关属性信息，将其注册到 QMetaObject 中，QMetaObject 记录了所有注册过的属性信息，允许程序在编译时能够动态添加进来。

3．元对象系统

元对象系统负责信号/槽（signal/slot）机制、实时类型判断以及对象属性。这个系统依赖于 MOC，MOC "阅读" 代码，将所有标记信息读入、整理，来满足上面所述 3 个方面的应用，如图 6-3 所示。

4．元对象编译器

MOC 对 C++文件中的类声明进行分析并产生用于初始化元对象的 C++代码，元对象包含全部信号和槽的名字以及指向这些函数的指针。

MOC 读取 C++源文件，如果发现有 Q_Object 宏声明的类，就会生成另外一个 C++源文件，这个新生成的文件中包含该类的元对象代码。例如，假设有一个头文件 mysignal.h，在这个文件中包含信号或槽的声明，那么在编译之前 MOC 就会根据该文件自动生成一个名为 mysignal.moc.h 的 C++源文件并将其提交给编译器；类似地，对应于 mysignal.cpp 文件，MOC 将自动生成一个名为 mysignal.moc.cpp 的文件提交给编译器。

5．元对象代码

元对象代码是 signal/slot 机制所必须的。用 MOC 产生的 C++源文件必须与类实现一起进行编译和链接，或者用#include 语句将其包含到类的源文件中。MOC 并不扩展#include 或者 #define 宏定义，它只是简单地跳过所遇到的任何预处理指令。

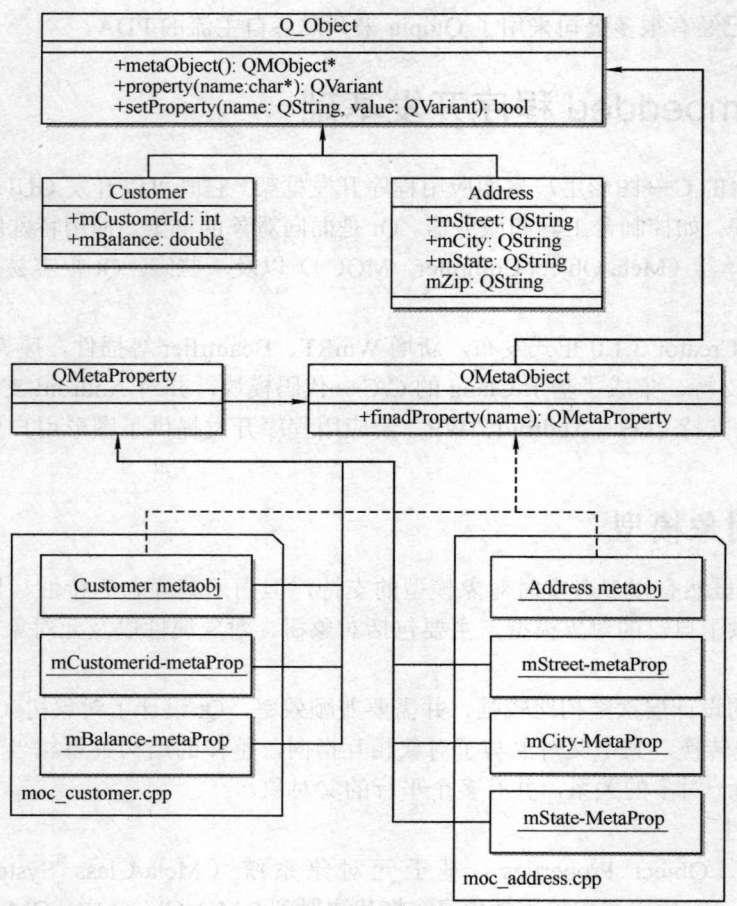

图 6-3　Qt 元对象系统示意图

6.3.2　Qt 信号与槽

信号/槽机制是 Qt 的核心机制，要学习 Qt 编程就必须对信号和槽有所了解。信号/槽是一种高级接口，应用于对象之间的通信，它是 Qt 的核心特性，也是 Qt 区别于其他工具包的重要地方。

信号/槽是 Qt 自行定义的一种通信机制，它独立于标准的 C/C++语言，因此要正确地处理信号和槽，必须借助一个称为 MOC 的 Qt 工具，该工具是一个 C++预处理程序，它为高层次的事件处理自动生成所需要的附加代码。

在很多 GUI 工具包中，窗口小部件（Widget）都有一个回调函数用于响应它们能触发的每个动作，这个回调函数通常是一个指向某个函数的指针。但是，在 Qt 中信号和槽取代了这些函数指针，使得编写这些通信程序更为简洁明了。信号和槽能携带任意数量和任意类型的参数，它们是类型完全安全的，不会像回调函数那样产生 core dumps。

所有从 QObject 或其子类（如 QWidget）派生的类都能够定义信号和槽。当对象改变其状态时，信号就由该对象发射（emit）出去，这就是对象所要做的全部事情，它不知道另一端是谁在接收这个信号。这就是真正的信息封装，它确保对象被当作一个真正的软件组件来使用。槽用于接收信号，但它是普通的对象成员函数。一个槽并不知道是否有任何信号与自己相连接。而且，对象并不了解具体的通信机制。

可以将很多信号与单个的槽进行连接，也可以将单个的信号与很多的槽进行连接，甚至于将一个信号与另外一个信号相连接也是可能的，这时无论第一个信号什么时候发射，系统都将立刻发射第二个信号。总之，信号与槽构造了一个强大的部件编程机制。

1. 信号

当某个信号对其客户或所有者的内部状态发生改变时，信号被一个对象发射。只有定义过这个信号的类及其派生类能够发射这个信号。当一个信号被发射时，与其相关联的槽将被立刻执行，就像一个正常的函数调用一样。

信号/槽机制完全独立于任何 GUI 事件循环。只有当所有的槽返回以后，发射函数才返回。如果存在多个槽与某个信号相关联，那么，当这个信号被发射时，这些槽将会一个接一个地执行，但是它们执行的顺序将会是随机的、不确定的，不能人为地指定哪个先执行、哪个后执行。

信号的声明是在头文件中进行的，Qt 的 signals 关键字指出进入了信号声明区，随后即可声明自己的信号。例如，下面定义了 3 个信号：

signals:

void mySignal();

void mySignal(int x);

void mySignalParam(int x,int y);

signals 是 Qt 的关键字，而非 C/C++的；

void mySignal()定义了信号 mySignal，这个信号没有携带参数；

void mySignal(int x)定义了重名信号 mySignal，但是它携带一个整型参数，这有点类似于C++中的虚函数。

从形式上看信号的声明与普通的 C++函数是一样的，但是信号却没有函数体定义；另外，信号的返回类型都是 void，不能从信号返回什么有用信息。信号由 MOC 自动产生，它们不应该在.cpp 文件中实现。

2. 槽

槽是普通的 C++成员函数，可以被正常调用，它们唯一的特殊性就是很多信号可以与其相关联。当与其关联的信号被发射时，这个槽就会被调用。槽可以有参数，但槽的参数不能有默认值。既然槽是普通的成员函数，因此与其他函数一样，也有存取权限。槽的存取权限决定了谁能够与其相关联。

同普通的 C++成员函数一样，槽函数也分为 3 种类型：

1）public slots：在这个区内声明的槽意味着任何对象都可将信号与之相连接。这对于组件编程非常有用，可以创建彼此互不了解的对象，将它们的信号与槽进行连接以便信息能够正确传递。

2）protected slots：在这个区内声明的槽意味着当前类及其子类可以将信号与之相连接。这适用于那些槽，它们是类实现的一部分，但是其界面接口却面向外部。

3）private slots：在这个区内声明的槽意味着只有类自己可以将信号与之相连接。这适用于联系非常紧密的类。

槽也能够声明为虚函数，这也是非常有用的。槽的声明也是在头文件中进行的。例如，下面声明了 3 个槽：

```
public slots:
    void mySlot();
    void mySlot(int x);
    void mySignalParam(int x,int y);
```

3. 信号和槽的联系

通过调用 QObject 对象的 connect 函数来将某个对象的信号与另外一个对象的槽函数相关联，这样当发射者发射信号时，接收者的槽函数将被调用。connect 函数的定义如下：

```
bool QObject::connect ( const QObject * sender, const char * signal,
    const QObject * receiver, const char * member ) [static]
```

这个函数的作用就是将发射者 sender 对象中的信号 signal 与接收者 receiver 中的 member 槽函数联系起来。当指定信号 signal 时必须使用 Qt 的宏 SIGNAL()，当指定槽函数时必须使用宏 SLOT()。如果发射者与接收者属于同一个对象，那么在 connect 调用中接收者参数可以省略。

例如，下面定义了两个对象：标签对象 label 和滚动条对象 scroll，并将 valueChanged() 信号与标签对象的 setNum()相关联，另外信号还携带了一个整型参数，这样标签总是显示滚动条所处位置的值。

```
QLabel     *label  = new QLabel;
QScrollBar *scroll = new QScrollBar;
QObject::connect( scroll, SIGNAL(valueChanged(int)),
                          label,   SLOT(setNum(int)) );
```

信号甚至能够与另一个信号相关联，例如：

```
class MyWidget : public QWidget
{
public:
    MyWidget();
    ...
signals:
    void aSignal();
    ...
private:
    ...
    QPushButton *aButton;
};
MyWidget::MyWidget()
{
    aButton = new QPushButton( this );
    connect( aButton, SIGNAL(clicked()), SIGNAL(aSignal()) );
}
```

在上面的构造函数中，MyWidget 创建了一个私有的按钮 aButton，按钮的单击事件产生的信号 clicked()与另外一个信号 aSignal()进行了关联。这样一来，当信号 clicked()被发射时，信号 aSignal()也接着被发射。当然，也可以直接将单击事件与某个私有的槽函数相关联，然后在槽中发射 aSignal()信号，这样的话似乎有点多余。

当信号与槽没有必要继续保持关联时，可以使用 disconnect 函数来断开连接。disconnect 函数的定义如下：

```
bool QObject::disconnect ( const QObject * sender, const char * signal,
    const Object * receiver, const char * member ) [static]
```

这个函数断开发射者中的信号与接收者中的槽函数之间的关联。有 3 种情况必须使用 disconnect()函数：

1）断开与某个对象相关联的任何对象。当在某个对象中定义了一个或者多个信号，这些信号与另外若干个对象中的槽相关联时，如果要切断这些关联的话，就可以利用这个方法。例如：

```
disconnect( myObject, 0, 0, 0 )
```

或者：

```
myObject->disconnect()
```

2）断开与某个特定信号的任何关联。例如：

```
disconnect( myObject, SIGNAL(mySignal()), 0, 0 )
```

或者：

```
myObject->disconnect( SIGNAL(mySignal()) )
```

3）断开两个对象之间的关联。例如：

```
disconnect( myObject, 0, myReceiver, 0 )
```

或者：

```
myObject->disconnect( myReceiver )
```

在 disconnect 函数中 0 可以用作一个通配符，分别表示任何信号、任何接收对象、接收对象中的任何槽函数。但是发射者 sender 不能为 0，其他 3 个参数的值可以等于 0。

4. 信号和槽的示例

在 Qt 程序中，利用信号（signal）/槽（slot）机制进行对象间通信事件处理的方式也是回调，当对象状态发生改变的时候，发出 signal 通知所有的 slot 接收 signal，尽管它并不知道哪些函数定义了 slot，而 slot 也同样不知道要接收怎样的 signal。signal/slot 机制真正实现了封装的概念，slot 除了接收 signal 之外和其他成员函数没有什么不同，而且 signal 和 slot 之间也不是一一对应的。信号与槽的连接方式如图 6-4 所示。

信号和槽函数的声明一般位于头文件中，同时在类声明的开始位置必须加上 Q_OBJECT 语句，这条语句是不可缺少的，它将告诉编译器在编译之前必须先应用 MOC 工具进行扩展。关键字 signals 指出随后开始信号的声明，这里 signals 用的是复数形式而非单数，siganls 没有 public、private、protected 等属性，这点不同于 slots。另外，signals、slots 关键字是 Qt 自己定义的，不是 C++中的关键字。

信号的声明类似于函数的声明而非变量的声明，左边要有类型，右边要有括号，如果要向槽中传递参数的话，在括号中指定每个形式参数的类型，当然，形式参数的个数可以多于一个。

关键字 slots 指出随后开始槽的声明，这里 slots 用的也是复数形式。槽的声明与普通函数的声明一样，可以携带零或多个形式参数。既然信号的声明类似于普通 C++函数的声明，那么信号也可采用 C++中虚函数的形式进行声明，即同名但参数不同。例如，第一次定义的 void mySignal()没有带参数，而第二次定义的却带有参数，从这里可以看到 Qt 的信号机制是非常灵活的。

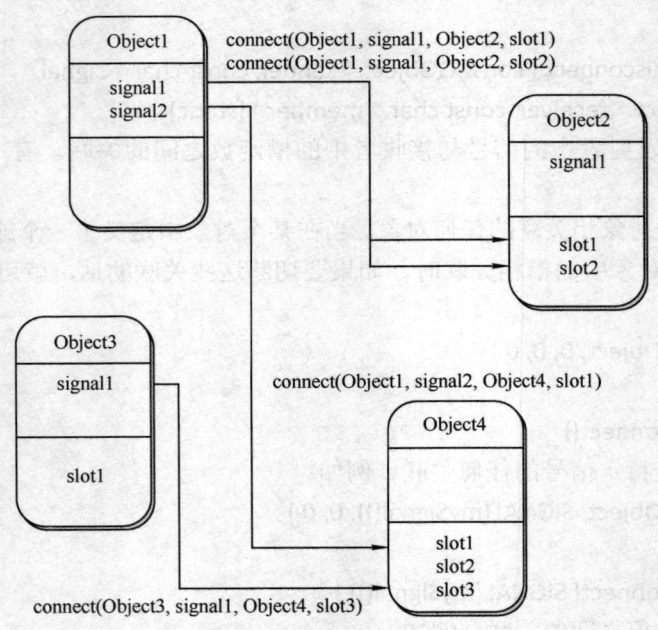

图 6-4　信号与槽的连接方式

信号与槽之间的联系必须事先用 connect 函数进行指定。如果要断开二者之间的联系，可以使用函数 disconnect。

信号与槽的示例代码如下：

```
//tsignal.h
...
class TsignalApp:public QMainWindow
{
    Q_OBJECT
    ...
    //信号声明区
signals:
    //声明信号  mySignal()
    void mySignal();
    //声明信号  mySignal(int)
    void mySignal(int x);
    //声明信号  mySignalParam(int,int)
    void mySignalParam(int x,int y);
    //槽声明区
public slots:
    //声明槽函数  mySlot()
```

```
        void mySlot();
        //声明槽函数  mySlot(int)
        void mySlot(int x);
        //声明槽函数  mySignalParam (int，int)
        void mySignalParam(int x,int y);
}
...
//tsignal.cpp
...
TsignalApp::TsignalApp()
{
    ...
    //将信号  mySignal()  与槽  mySlot()  相关联
    connect(this,SIGNAL(mySignal()),SLOT(mySlot()));
    //将信号  mySignal(int)  与槽  mySlot(int)  相关联
    connect(this,SIGNAL(mySignal(int)),SLOT(mySlot(int)));
    //将信号  mySignalParam(int,int)  与槽  mySlotParam(int,int)  相关联
    connect(this,SIGNAL(mySignalParam(int,int)),SLOT(mySlotParam(int,int)));
}
//定义槽函数  mySlot()
void TsignalApp::mySlot()
{
    QMessageBox::about(this,"Tsignal", "This is a signal/slot sample without
parameter.");
}
//定义槽函数  mySlot(int)
void TsignalApp::mySlot(int x)
{
    QMessageBox::about(this,"Tsignal", "This is a signal/slot sample with one
parameter.");
}
//定义槽函数  mySlotParam(int,int)
void TsignalApp::mySlotParam(int x,int y)
{
    char s[256];
    sprintf(s,"x:%d y:%d",x,y);
    QMessageBox::about(this,"Tsignal", s);
}
void TsignalApp::slotFileNew()
{
```

```
        //发射信号  mySignal()
        emit mySignal();
        //发射信号  mySignal(int)
        emit mySignal(5);
        //发射信号  mySignalParam(5，100)
        emit mySignalParam(5,100);
   }
```

5. 信号/槽的局限性

信号/槽机制是比较灵活的，但也有一些局限性。

1）信号/槽的效率是非常高的，但是同真正的回调函数比较起来，由于增加了灵活性，因此在速度上还是有所损失的，当然这种损失相对来说是比较小的，通过在一台 i586-133 的机器上测试是 10μs（运行 Linux），可见这种机制所提供的简洁性、灵活性还是值得的。但如果要追求高效率的话，如在实时系统中就要尽可能的少用这种机制。

2）信号/槽机制与普通函数的调用一样，如果使用不当的话，在程序执行时也有可能产生死循环。因此，在定义槽函数时一定要注意避免间接形成无限循环，即在槽中再次发射所接收到的同样信号。例如，在前面给出的例子中，如果在 mySlot()槽函数中加上语句 emit mySignal()即可形成死循环。

3）如果一个信号与多个槽相联系的话，那么，当这个信号被发射时，与之相关的槽被激活的顺序将是随机的。

4）宏定义不能用在 signal 和 slot 的参数中。既然 MOC 工具不扩展#define，因此，在 signals 和 slots 中携带参数的宏就不能正确地工作，但不带参数是可以的。例如，下面的例子中将带有参数的宏 SIGNEDNESS(a)作为信号的参数是不合语法的。

```
#ifdef ultrix
#define SIGNEDNESS(a) unsigned a
#else
#define SIGNEDNESS(a) a
#endif
class Whatever : public QObject
{
[...]
signals:
void someSignal( SIGNEDNESS(a) );
[...]
};
```

5）构造函数不能用在 signals 或者 slots 声明区域内。将一个构造函数放在 signals 或者 slots 区内有点不可理解，无论如何，不能将它们放在 private slots、protected slots 或者 public slots 区内。下面的用法是不合语法要求的：

```
class SomeClass : public QObject
{
    Q_OBJECT
```

```
    public slots:
    SomeClass( QObject *parent, const char *name )
        : QObject( parent, name ) {}    //在槽声明区内声明构造函数不合语法
[...]
};
```

6）函数指针不能作为信号或槽的参数。例如，下面的例子中将 void (*applyFunction)
(QList*, void*)作为参数是不合语法的。

```
class someClass : public QObject
{
    Q_OBJECT
    [...]
    public slots:
    void apply(void (*applyFunction)(QList*, void*), char*); //不合语法
};
```

可以采用下面的方法绕过这个限制：

```
typedef void (*ApplyFunctionType)(QList*, void*);
class someClass : public QObject
{
    Q_OBJECT
    [...]
    public slots:
    void apply( ApplyFunctionType, char *);
};
```

7）信号与槽不能有默认参数。既然 signal→slot 绑定是发生在运行时刻，那么，从概念上讲使用默认参数是困难的。下面的用法是不合理的：

```
class SomeClass : public QObject
{
    Q_OBJECT
    public slots:
    void someSlot(int x=100); //将 x 的默认值定义成 100，在槽函数声明中使用是错误的
};
```

8）信号与槽也不能携带模板类参数。如果将信号、槽声明为模板类参数的话，即使 MOC 工具不报告错误，也不可能得到预期的结果。例如，下面的例子中当信号发射时，槽函数不会被正确调用。

```
public slots:
    void MyWidget::setLocation (pair<int,int> location);
        [...]
public signals:
    void MyObject::moved (pair<int,int> location);
```

但是，使用 typedef 语句：

```
typedef pair<int,int> IntPair;
    [...]
    public slots:
        void MyWidget::setLocation (IntPair location);
    [...]
    public signals:
    void MyObject::moved (IntPair location);
```
就可以得到正确的结果。

9）嵌套的类不能位于信号或槽区域内，也不能有信号或者槽。例如，下面的例子中，在 class B 中声明槽 b()是不合语法的，在信号区内声明 class B 也是不合语法的。

```
class A
{
    Q_OBJECT
public:
    class B
    {
    public slots:      //在嵌套类中声明槽不合语法
            void b();
    [....]
    };
signals:
    class B
    {
    //在信号区内声明嵌套类不合语法
    void b();
    [....]
    }:
};
```

10）友元声明不能位于信号或者槽声明区内。相反，它们应该在普通 C++的 private、 protected 或者 public 区内进行声明。下面的例子是不合语法规范的：

```
class someClass : public QObject
{
    Q_OBJECT
    [...]
signals: //信号定义区
    friend class ClassTemplate; //此处定义不合语法
};
```

6.3.3　Qt/Embedded 事件

事件是由窗口系统或 Qt 本身对各种事务的反应而产生的。当用户按下、释放一个键或鼠标按钮时，一个键盘或鼠标事件产生；当窗口第一次显示时，一个绘图事件产生，从而告知最新的可见窗口需要重绘自身。大多数事件是由于响应用户的动作而产生的，但还有一些，如定时器等，是由系统独立产生的，如图 6-5 所示。

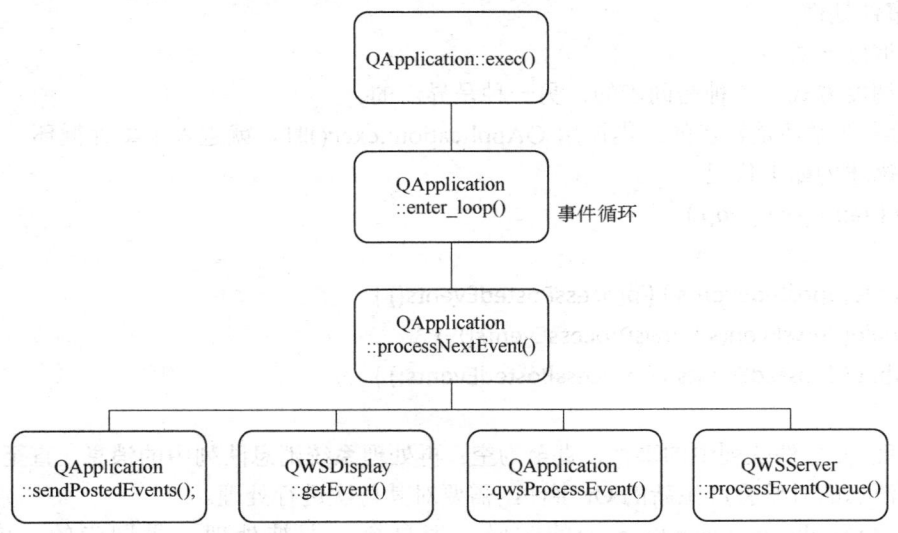

图 6-5　事件运行机制

　　Qt 程序是事件驱动的，程序的每个动作都是由幕后某个事件所触发的。Qt 事件的类型很多，常见的 Qt 事件如下：

1）键盘事件：按键按下和松开；

2）鼠标事件：鼠标移动、鼠标按键的按下和松开；

3）拖放事件：用鼠标进行拖放；

4）滚轮事件：鼠标滚轮滚动；

5）绘屏事件：重绘屏幕的某些部分；

6）定时事件：定时器到时；

7）焦点事件：键盘焦点移动；

8）进入和离开事件：鼠标移入 Widget 之内，或是移出；

9）移动事件：Widget 的位置改变；

10）大小改变事件：Widget 的大小改变；

11）显示和隐藏事件：Widget 显示和隐藏；

12）窗口事件：窗口是否为当前窗口。

1. 事件分类

（1）系统产生

通常是操作系统把从系统得到的消息，如鼠标按键、键盘按键等，放入系统的消息队列中，Qt 事件循环的时候读取这些事件，转化为 QEvent，再依次处理。

（2）Qt 应用程序自身产生

程序产生事件有两种方式：

1）调用 QApplication::postEvent()。例如，QWidget::update()函数，当需要重新绘制屏幕时，程序调用 update()函数，创建一个 paintEvent，调用 QApplication::postEvent()将其放入 Qt

的消息队列中，等待依次被处理。

2）调用 sendEvent()函数。这种情况下事件不会放入队列，而是直接被派发和处理，如 QWidget::repaint()函数用的就是这种方式。

2．事件处理

（1）调度方式

两种调度方式：一种是同步的，另一种是异步的。

Qt 的事件循环是异步的，当调用 QApplication::exec()时，就进入了事件循环。该循环可以简化地描述为如下代码：

```
while ( !app_exit_loop )
{
    while( !postedEvents ) { processPostedEvents() }
    while( !qwsEvents ){ qwsProcessEvents(); }
    while( !postedEvents ) { processPostedEvents() }
}
```

先处理 Qt 事件队列中的事件，直至为空；再处理系统消息队列中的消息，直至为空。在处理系统消息的时候会产生新的 Qt 事件，需要对其再次进行处理。

调用 QApplication::sendEvent()的时候，消息会立即被处理，是同步的。实际上，QApplication::sendEvent()是通过调用 QApplication::notify()，直接进入了事件的派发和处理环节。

（2）事件的派发和处理

事件过滤器是 Qt 中一个独特的事件处理机制，其功能强大而且使用起来灵活方便。通过它可以让一个对象侦听拦截另外一个对象的事件。

事件过滤器的实现：在所有 Qt 对象的基类 QObject 中有一个类型为 QObjectList 的成员变量，名字为 eventFilters，当某个 QObject(qobjA)给另一个 QObject(qobjB)安装了事件过滤器之后，qobjB 会把 qobjA 的指针保存在 eventFilters 中。在 qobjB 处理事件之前，会先去检查 eventFilters 列表，如果非空，就先调用列表中对象的 eventFilter()函数。

一个对象可以给多个对象安装过滤器，同样，一个对象能同时被安装多个过滤器。在事件到达之后，这些过滤器以安装次序的反序被调用。事件过滤器函数(eventFilter())返回值是 bool 型，如果返回 true，则表示该事件已经被处理完毕，Qt 将直接返回，进行下一事件的处理；如果返回 false，事件将接着被送往剩下的事件过滤器或是目标对象进行处理。

Qt 事件的派发是从 QApplication::notify()开始的，因为 QAppliction 也是继承自 QObject，所以先检查 QAppliation 对象，如果有事件过滤器安装在 QAppliction 上，先调用这些事件过滤器，接下来 QApplication::notify()会过滤或合并一些事件（如失效 Widget 的鼠标事件会被过滤掉，而同一区域重复的绘图事件会被合并），之后事件被送到 reciver::event()处理。同样，在 reciver::event()中，先检查有无事件过滤器安装在 reciever 上，若有则调用之；接下来，根据 QEvent 的类型，调用相应的特定事件处理函数。

一些常见的事件都有特定事件处理函数，如 mousePressEvent()、focusOutEvent()、resizeEvent()、paintEvent()、resizeEvent()等。在实际应用中，经常需要重载这些特定事件处理函数来处理事件。但对于那些不常见的事件，是没有相对应的特定事件处理函数的。如果要处理这些事件，就需要使用别的办法，如重载 event()函数，或是安装事件过滤器。

3．事件的转发

对于某些类别的事件，如果在整个事件的派发过程结束后还没有被处理，那么这个事件将会向上转发给它的父 Widget，直到最顶层窗口。例如，事件最先发送给 QCheckBox，如果 QCheckBox 没有处理，那么由 QGroupBox 接着处理，如果 QGroupBox 没有处理，再送到 QDialog，因为 QDialog 已经是最顶层 Widget，所以如果 QDialog 不处理，QEvent 将停止转发。

如何判断一个事件是否被处理了？Qt 中和事件相关的函数通过以下两种方式相互通信：

1）QApplication::notify()、QObject::eventFilter()、QObject::event()通过返回 bool 值来表示是否已处理。"真"表示已经处理，"假"表示事件需要继续传递。

2）调用 QEvent::ignore()或 QEvent::accept()对事件进行标识。这种方式只用于 event()函数和特定事件处理函数之间的沟通，而且只有用在某些类别事件上是有意义的，这些事件就是上面提到的那些会被转发的事件，包括鼠标、滚轮、按键等事件。

4．事件的处理级别

根据对 Qt 事件机制的分析，可以得到 5 种级别的事件过滤、处理办法，以功能从弱到强排列如下：

1）重载特定事件处理函数。最常见的事件处理办法就是重载像 mousePressEvent()、keyPressEvent()、paintEvent()这样的特定事件处理函数。以按键事件为例，其处理函数如下：

```
void imageView::keyPressEvent(QKeyEvent * event)
{
    switch (event->key()) {
    case Key_Plus:
        zoomIn();
        break;
    case Key_Minus:
        zoomOut();
        break;
    case Key_Left:
        //…
    default:
        QWidget::keyPressEvent(event);
    }
}
```

2）重载 event()函数。通过重载 event()函数，可以在事件被特定的事件处理函数（如 keyPressEvent()）处理之前处理它。当改变 Tab 键的默认动作时，一般要重载这个函数。

在处理一些不常见的事件如 LayoutDirectionChange 时，event()也很有用，因为这些事件没有相应的特定事件处理函数。当重载 event()函数时，需要调用父类的 event()函数来处理或是不清楚如何处理的事件。下面的例子可以说明如何重载 event()函数，改变 Tab 键的默认动作，默认的是键盘焦点移动到下一个控件上。

```
bool CodeEditor::event(QEvent * event)
{
    if (event->type() == QEvent::KeyPress)
```

```
        {
                QKeyEvent *keyEvent = (QKeyEvent *) event;
                if (keyEvent->key() == Key_Tab)
                {
                        insertAtCurrentPosition('\t');
                        return true;
                }
        }
        return QWidget::event(event);
}
```

3）在 Qt 对象上安装事件过滤器。安装事件过滤器有两个步骤：假设要用 A 来监视过滤 B 的事件，首先调用 B 的 installEventFilter(const QOject *obj)，以 A 的指针作为参数，这样所有发往 B 的事件都将先由 A 的 eventFilter()处理；然后 A 要重载 QObject::eventFilter()函数，在 eventFilter()中书写对事件进行处理的代码。例如：

```
MainWidget::MainWidget()
{
    CodeEditor * ce = new CodeEditor( this, "code editor");
    ce->installEventFilter( this );
}
bool MainWidget::eventFilter( QOject * target, QEvent * event )
{
    if( target == ce )
    {
        if( event->type() == QEvent::KeyPress )
        {
            QKeyEvent *ke = (QKeyEvent *) event;
            if( ke->key() == Key_Tab )
            {
                ce->insertAtCurrentPosition('\t');
                return true;
            }
        }
    }
    return false;
}
```

4）给 QAppliction 对象安装事件过滤器。一旦给 qApp(每个程序中唯一的 QApplication 对象)装上过滤器，那么所有的事件在发往任何其他过滤器时，都要先经过当前这个 eventFilter()。在 Debug 的时候，这个办法就非常有用，也常常用来处理失效了的 Widget 的鼠标事件，通常这些事件会被 QApplication::notify()丢掉。在 QApplication::notify()中，先调用 qApp 的过滤器，再对事件进行分析，以决定是否合并或丢弃。

5）继承 QApplication 类，并重载 notify()函数。Qt 是用 QApplication::notify()函数来分发事件的，在任何事件过滤器查看任何事件之前先得到这些事件，重载这个函数是唯一的办法。通常来说事件过滤器更好用一些，因为不需要去继承 QApplication 类，而且可以给 QApplication 对象安装任意个数的事件过滤器。

5．事件与信号的区别

Qt 的事件和 Qt 中的 signal 不一样，后者通常用来“使用”Widget，而前者用来“实现”Widget。比如，一个按钮，使用这个按钮的时候，只关心它 clicked()的 signal，至于这个按钮如何接收处理鼠标事件，再发射这个信号，是不用关心的。但是，如果要重载一个按钮的时候，就要面对 event 了。比如，可以改变它的行为，在鼠标按键按下的时候（mouse press event）就触发 clicked()的 signal，而不是通常在释放的时候（mouse release event）。

简单来说，信号通过事件实现，事件可以过滤，事件更底层；事件是基础，信号是扩展。

6.3.4　Qt 类库基础

Qt 类库拥有构建强健高端应用所需的全部函数，包含了上百个类，结构十分复杂。Qt 类库中的类可以分成以下两种类型：

1）直接或者间接继承自 Qt 类。直接从 Qt 类继承的类主要可以分成 QObject 类和 QEvent 类。QObject 类是所有应用组件的基类，QEvent 类是所有 Qt 事件响应类的基类。其他还有 QCursor、QPen、QTab 等类描述的窗口组件，可以在窗体的任意地方出现，因此直接从 Qt 基类继承。

QWidget 类是组件容器，所有可以结合在一起的组件都从该类继承。QWidget 类继承自 QObject 类，因为所有的窗体组件都是应用组件的一部分。

Qt 类库组织合理，在使用的时候按照类的继承关系操作。例如，QButton、QSlider 等组件可以加入到 QWidget 对象中，而 QProcess、QTimer 组件是不能加入到 QWidget 对象中的。

2）独立类，不从任何类继承。独立类在 Qt 库中一般用来完成独立的功能，如操作 XML 文件的 QXmlReader 类。

Qt 直属的 API 包括：
- 核心类；
- GUI 类；
- SQL 数据库类；
- XML 类；
- 网络类；
- OpenGL 3D 图像类；
- 其他还有更多。

一些常用的 Qt 类：
- QApplication 应用程序类（管理图形用户界面应用程序的控制流和主要设置）；
- QLabel 标签类（提供文本或者图像的显示）；
- QPushButton 按钮类（提供了命令按钮，按钮的一种）；
- QButtonGroup 按钮组合类（按钮组，相关按钮的组合）；
- QGroupBox 群组类（一个有标题的组合框）；
- QDateTimeEdit 日期时间编辑框类；

- QLineEdit 行编辑框类（单行文本编辑器）；
- QTextEdit 文本编辑框类（单页面多信息编辑器对象）；
- QComboBox 组合框类；
- QProgressBar 进度条类；
- QLCDNumber 数字显示框类；
- QScrollBar 滚动条类；
- QSpinBox 微调框类；
- QSlider 滑动条类；
- QIconView 图标视图类；
- QListView 列表视图类；
- QListBox 列表框类；
- QTable 表格类；
- QValidator 有效性检查类；
- QImage 图像类；
- QMainWindow 主窗口类；
- QPopupMenu 弹出性菜单类；
- QMenuBar 菜单栏类；
- QToolButton 工具按钮类；
- QToolTip 提示类；
- QWhatsThis 这是什么类；
- QAction 动作类；
- QHBoxLayout 水平布局类；
- QVBoxLayout 垂直布局类；
- QGridLayout 表格布局类；
- QT 对话框类；
- QMessageBox 消息对话框类；
- QProgressDialog 进度条对话框类；
- QWizard 向导对话框类；
- QFileDialog 文件对话框类；
- QColorDialog 颜色对话框类；
- QFontDialog 字体对话框类；
- QPrintDialog 打印对话框类。

6.4　Qt 的安装与移植

6.4.1　Qt 的安装

1. Qt 在计算机上的安装

1）从 Qt 官网下载源码，如 qt-everywhere-opensource-src-5.5.1.tar.gz。

2）解压该压缩包。

3）进行编译安装：

① 创建安装目录：

mkdir /usr/local/Qt-"版本号"

② 进入解压目录：

cd ./qt-everywhere-opensource-src-5.5.1

③ 进行配置：

./configure -prefix /usr/local/Qt-5.5.1

④ 进行编译：

gmake

⑤ 进行安装：

gmake install

⑥ 设置环境变量：

打开/etc/profile 文件：

sudo gedit /etc/profile

⑦ 添加以下代码：

export QTDIR=/usr/local/Qt-5.5.1

export PATH=$QTDIR/bin:$PATH

export LD_LIBRARY_PATH=$QTDIR/lib:$LD_LIBRARY_PATH

$source /etc/profile

⑧ 重启计算机，运行 qmake -v·，若有 qmake 的版本信息输出，则表示 Qt 安装成功。

2．qt-creator 的安装

1）下载 qt-creator-opensource-linux-x86_64-3.3.0.run。

2）chmod +x qt-creator-opensource-linux-x86_64-3.3.0.run。

./ qt-creator-opensource-linux-x86_64-3.3.0.run

3）重启系统。

3．Qt 的安装测试

编写一个测试程序，文件名为 hello.cpp，进入该文件目录，进行工程编译，看是否能正确通过编译。

1）用 vi 设计 hello.cpp 文件：

```
#include <QApplication>
#include <QDebug>
int main(int argc,char *argv[])
{
    qDebug("Hello, welcome to Qt world!");
    return 0;
}
```

2）生成 hello1.pro 工程文件：

qmake -project hello1.cpp

3）生成 Makefile 文件：

qmake hello1.pro

4）生成 hello.o 文件：

make

6.4.2　Qt4.7.0 的移植

1．开发硬件配置背景

开发板型号：TQ2440 开发板、Ubuntu12.04-32 位桌面版。

2．准备源代码

1）tslib-1.4.1.tar.gz 触摸屏源代码。

2）qt-everywhere-opensource-src-4.7.0.tar.gz qt 库文件源代码。

3．编译安装触摸屏源代码

1）进入到触摸屏源代码目录：

#cd /opt/arm/tslib-1.4.1

2）配置触摸屏源代码：

#./autogen.sh

#./configure –host=arm-linux –disable-hp3600 –disable-arctic2 –disable-mk712 –disable-collie –disable-corgi –disable-ucb1x00 –disable-linear-h2200 –with-gnu-ld –prefix=/home/cj/qt/tslib/ build-arm　ac_cv_func_malloc_0_nonnull=yes

注：autogen.sh 提供了一个自动 build 工具。./configure 为当前目录下的配置，后面则是相应的配置选项。主要配置选项说明如下：

–host 选项：说明配置的版本为 arm-Linux 交叉平台。

–prefix 选项：说明生成的文件保存在/home/cj/qt/tslib/build-arm 路径下。

–with-gnu-ld 选项：说明加载链接器。

3）编译并安装：

#make

#make install

注：如果在配置过程中出现关于 raw input 模块的错误，请修改 tslib 文件，即修改/home/cj/qt/tslib/etc/ts.conf。

去掉注释 Module_raw input。Module_raw input 目的在于告知 tslib 从 Linux 的输入设备读取数据，需要用到 input 这个模块，也就是 plugin 目录下的 input.so 文件，所以 TSLIB_PLUGINDIR 一定要配置正确，让 tslib 能够找到模块文件。

4．进入到 qt-everywhere-opensource-src-4.7.0 源代码进行配置

配置代码如下：

#./configure -embedded arm -release -opensource -silent -qt-libpng -qt-libjpeg -qt-libmng -qt-libtiff -nomultimedia

-make libs -nomake tools -make examples -nomake docs -make demos -qt-kbd- linuxinput -qt-mouse-tslib -xplatform qws/linux-arm-g++ -little-endian -qt-freetype -depths 16,18 -qt-gfx-linuxfb -no-qt3support -no-nis -no-cups -no-iconv -no-dbus -no-openssl -no- fast -no-accessibility -no-scripttools -no-mmx -no-multimedia -svg -no-webkit -no-3dnow -no-sse -no-sse2 -no-gfx-transformed -no-gfx-multiscreen -no-gfx-vnc -no-gfx-qvfb -no-glib –prefix /opt/EmbedSky/qt-4.7-arm -I /opt/ EmbedSky /tslib_install/include　-L

/opt/ EmbedSky /tslib_install/lib

主要选项说明如下：

-embedded arm：需要编译的版本是运行在嵌入式 ARM 平台上的。

-release：需要编译成 release 版本。

-prefix /opt/arm/qt-4.7-arm：编译后的结果生成在/opt/EmbedSky/qt-4.7-arm 目录下。

-I /opt/ EmbedSky /tslib_install/include：编译过程中可添加/opt/ EmbedSky /tslib_install/ include 头文件搜索路径。此目录为开发板触摸屏编译结果的头文件目录，可按照需要选择是否添加。

-L /opt/ EmbedSky /tslib_install/lib：编译过程中可添加/opt/ EmbedSky /tslib_install/lib 动态库文件链接路径。

5. Qt 4.7.0 的编译

针对 ARM 版本的 Qt4.7.0 配置完成后，可直接进行 Qt4.7.0 的 ARM 版本的编译：

#make

#make install

6. 制作包含 Qt4.7 支持的文件系统

制作包含 Qt4.7 支持的文件系统是以原 TQ2440 开发板提供的 Qt4.5 版本的文件系统 root_ qt_4.5_2.6.30.4_20100601.tar.bz2 为基础，进行适当修改后添加 Qt4.7 的路径支持而完成的。读者依据以下步骤进行适当修改，实现在自行制作的最小根文件系统中添加 Qt4.7 的支持。

1）解压原文件系统，运行命令：

#tar jxf root_qt_4.5_2.6.30.4_20100601.tar.bz2 –C /

2）在 root 目录下添加有关触摸屏 lib 的支持，运行命令：

#cp -rf tslib_install/lib/*　　/opt/EmbedSky/root_nfs/lib/ #将触摸屏的函数库添加到根文件系统的 lib 目录下

3）添加触摸屏校正程序，运行命令：

cp -f tslib_install/bin/ts_calibrate　　/opt/EmbedSky/root_nfs/bin/ #ts_calibrate 为触摸屏校正程序

在原文件系统中添加编译好的 Qt4.7 库文件，主要利用 Qt4.7 编译好的 lib 及 plugins 目录下的文件，lib 库文件为 Qt 的函数库，plugins 为 Qt 的插件文件目录。

4）创建 qt 目录，运行命令：

#mkdir -p /opt/EmbedSky/root_nfs/opt/qt-4.7

5）将/opt/EmbedSky/qt-4.7-arm/lib 和/opt/EmbedSky/qt-4.7-arm/plugins 复制到文件系统中，运行以下命令：

#/opt/EmbedSky/root_nfs/opt/qt-4.7 文件夹

#cp -rf /opt/EmbedSky/qt-4.7-arm/lib /opt/EmbedSky/root_nfs/opt/qt-4.7

#cp -rf /opt/EmbedSky/qt-4.7-arm/plugins /opt/EmbedSky/root_nfs/opt/qt-4.7

6）添加测试程序。创建一个/opt/EmbedSky/root_nfs/opt/qt-4.7/bin 目录用于存放自己的 Qt 程序：

#mkdir /opt/EmbedSky/root_nfs/opt/qt-4.7/bin

将原文件系统中的 hello_cn 测试程序复制进来，以方便文件系统启动测试使用，运行命令：

#cp　-f　/opt/EmbedSky/root_nfs/opt/qt-4.5/bin/hello_cn　/opt/EmbedSky/root_nfs/opt/qt

-4.7/bin

7）添加 Qt 的全局变量路径。修改文件系统中的 profile 文件，运行命令#vi /etc/profile：

export set QPEDIR=/opt/qt-4.5 改成 export set QPEDIR=/opt/qt-4.7

export set QPEDIR=/opt/qt-4.5 改成 export set QPEDIR=/opt/qt-4.7

注：/etc/profile 文件为 Linux 的用于保存环境变量的文件，此文件的内容对所有的用户起作用。

8）在/bin 目录下修改 Qt 运行的脚本文件 qt4，运行命令#vi bin/qt4：

export set QTDIR=/opt/qt-4.5 改成 export set QTDIR=/opt/qt-4.7

export set QPEDIR=/opt/qt-4.5 改成 export set QPEDIR=/opt/qt-4.7

注：/bin/qt4 为脚本文件，在原文件系统的/etc/init.d/rcs 文件里利用命令 qt4 &后台启动 Qt 的脚本文件，因此在此需要修改/bin/qt4 的脚本文件。

9）常用 Qt 的配置项：

QTDIR：Qt 的安装路径。

QWS_DISPLAY：设置显示处理驱动和帧缓存，这里为 LinuxFb，而/dev/fb0 指的是设备名称。

QWS_MOUSE_PROTO：设置鼠标处理驱动、带触摸屏的显示器，Qt 是不会自动检测得到的，需要指定其值。这里执行的驱动处理有 Tslib 和 IntelliMouse，前者是处理触摸屏的，后者是处理 USB 鼠标的。它们的设备名称分别为/dev/event0 和/dev/mouse0，而却要使用 Tslib 驱动，在配置时，必须用上-qt-mouse-tslib 配置项。

QWS_KEYBOARD：设置输入设备处理的驱动，一般为 TTY（指的是控制台），设备是/dev/tty1。

QT_PLUGIN_PATH：Qt 插件的安装位置。

QT_QWS_FONTDIR：Qt 字体库的路径。

PATH：指定 qmake 程序和其他的 Qt 工具路径。

LD_LIBRARY_PATH：Qt 函数库路径。

10）Tslib 触摸屏处理驱动的配置项：

TSLIB_TSDEVICE：设置触摸设备，这里是/dev/event0。

TSLIB_CALIBFILE：指定存有计算鼠标基准参数的文件，利用它们来计算鼠标的单击位置，默认在/etc/pointercal 中。

TSLIB_CONFFILE：指定存有触摸处理配置项的文件，包括输入方式、去抖等参数设置。

TSLIB_PLUGINDIR：设置插件路径。这些插件有去抖、输入等，即配置文件中所需的。这里为/lib/ts 文件夹。

到了这里，Qt4.7 移植到文件系统的工作已经完成。

6.5 Qt 编程实例

利用 Qt 编写 Widget 窗口部件，添加按钮分别利用信号以及事件的方式实现 hello singal 以及 hello Event 的提示。

1. 创建项目

1）选择新建项目→进入模板页面→选择"Qt C++ Project"→Qt Gui Application，如

图 6-6 所示。

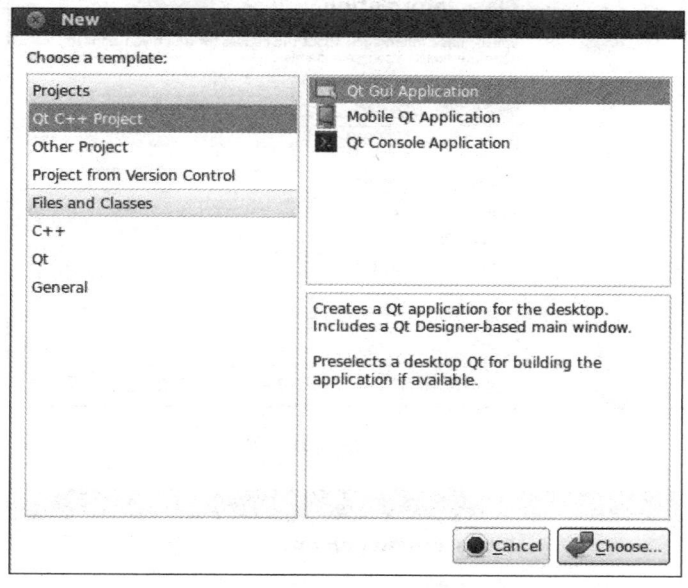

图 6-6　新建项目

2）键入项目名称以及确定项目文件的保存目录，如图 6-7 所示。

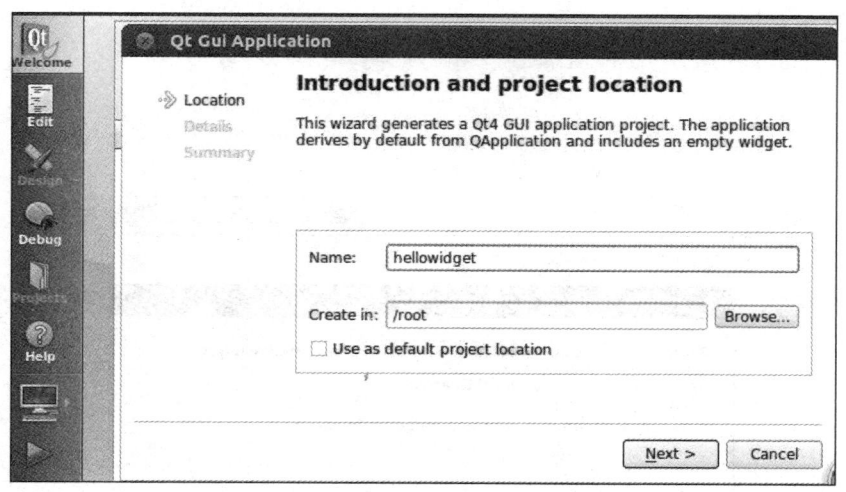

图 6-7　项目名称以及文件的保存目录

3）由于本项目的基础类继承自 Widget 类，因此可按照图 6-8 选择基础类的信息。

注：类名 Widget（由于继承的基类为 QWidget，因此默认基础类名为 Widget，也可以按照自行需要进行命名）继承的基类为 QWidget。

4）项目信息。qtcreator 会自动创建相应的头文件 widget.h、widget.cpp、widget.ui(当选择创建情况下)。widget.h 为用于保存新建的 Widget 类所需的头文件以及该类的声明（包括公共成员 public、私有成员 private、私有槽 private slot），widget.cpp 为新建类 Widget 的构建函数，widget.ui 为界面程序，如图 6-9 所示。

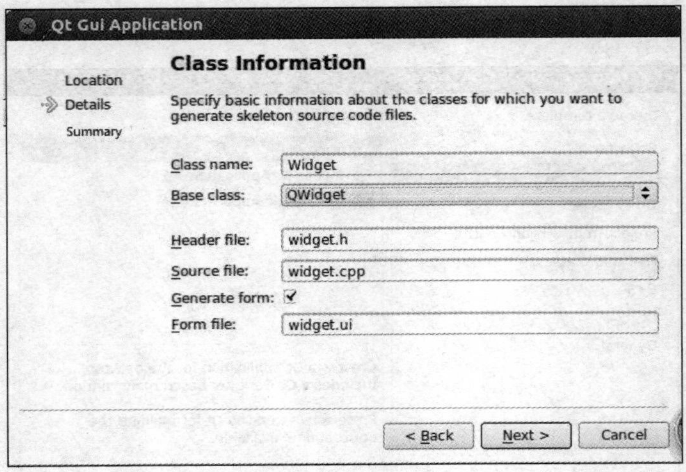

图 6-8　基础类设置

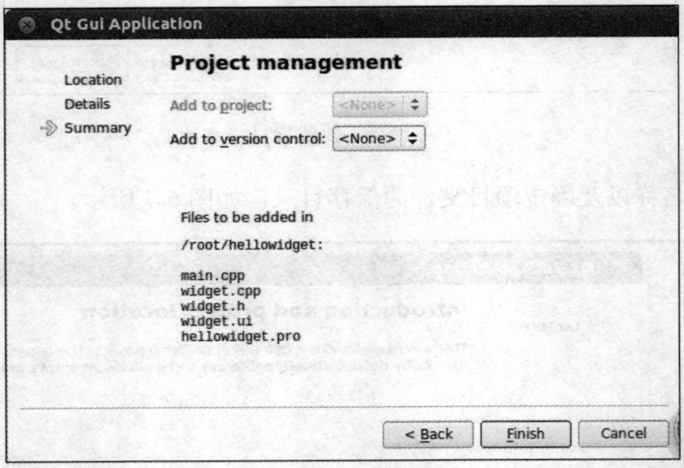

a)

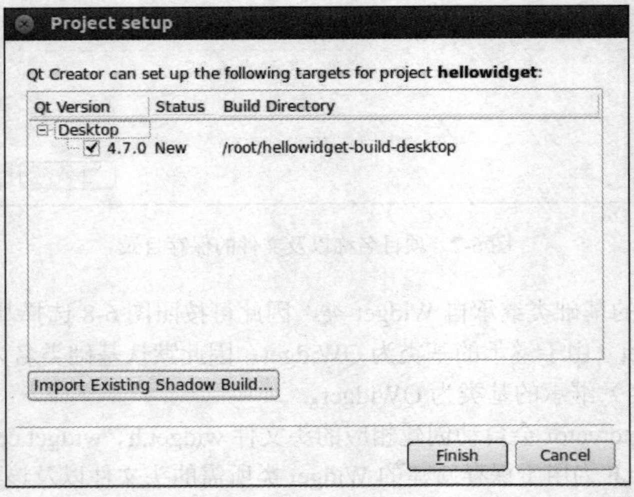

b)

图 6-9　项目信息界面

2．添加按钮（QpushButton）以及文字控件（textEdit）

1）打开 widget.ui 程序，通过拖动相应的控件编辑 widget.ui 来完成 Widget 窗口所需的控件设计。

2）根据项目设计的需要，设计一个 button 控件，从左侧控件类中拖动 push button 进入右侧 Widget 界面内，并单击按钮上的文字，编辑输入"singal"完成按钮上的文字显示，如图 6-10 所示。

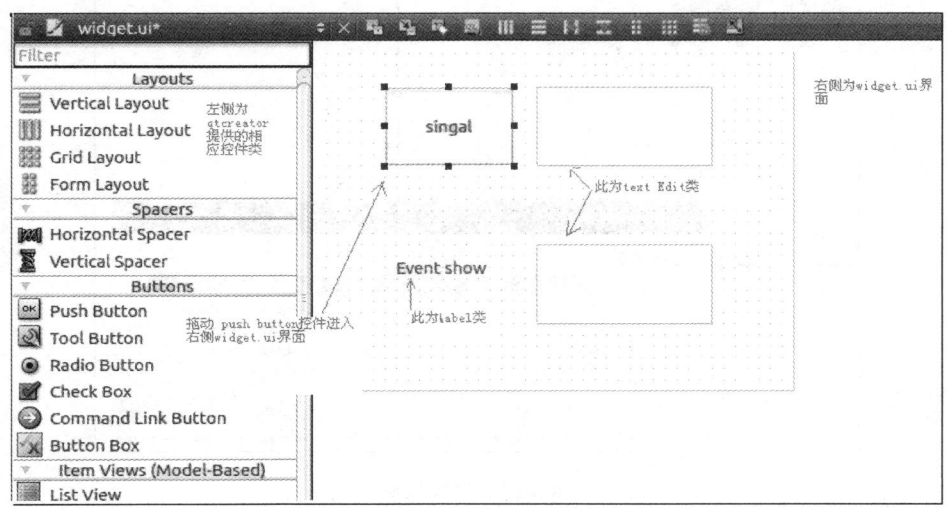

图 6-10　button 控件添加界面

3）完成了 singal 控件的设计后，还可以按照上述的步骤相应完成控件提示框（Qtextbrowser 类）、label 类的编辑，编辑后的 UI 界面结构如图 6-11 所示。

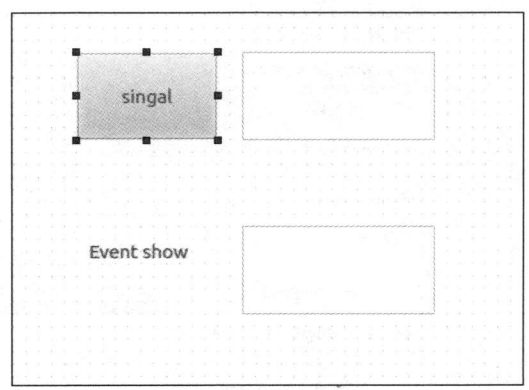

图 6-11　控件设计界面

按照从左至右，由上及下的顺序，控件分别为：按钮，对象名为 singal，类名为 Qpush Button；text 控件一，对象名为 text1，类名为 Qtextbrowser；label 控件，对象名为 label，类名为 label；text 控件二，对象名为 text2，类名为 Qtextbrowser。

3．利用信号实现 hello singal 提示

按照设计任务的要求，singal 按钮完成的效果是，单击 singal 按钮，能够实现其右侧 text1 控件中显示出"hello singal"提示。设计思路是利用 Qt 的信号与槽来实现以上功能，当单击

singal 控件时，发送信号"clicked()"，而后编辑相应 clicked()信号所需要引发的槽函数，来实现在 text1 控件中显示提示的功能，具体步骤如下：

1）右键单击 singal 控件→转到槽(go to slot)→选择 clicked()→单击 OK 按钮，如图 6-12 所示。

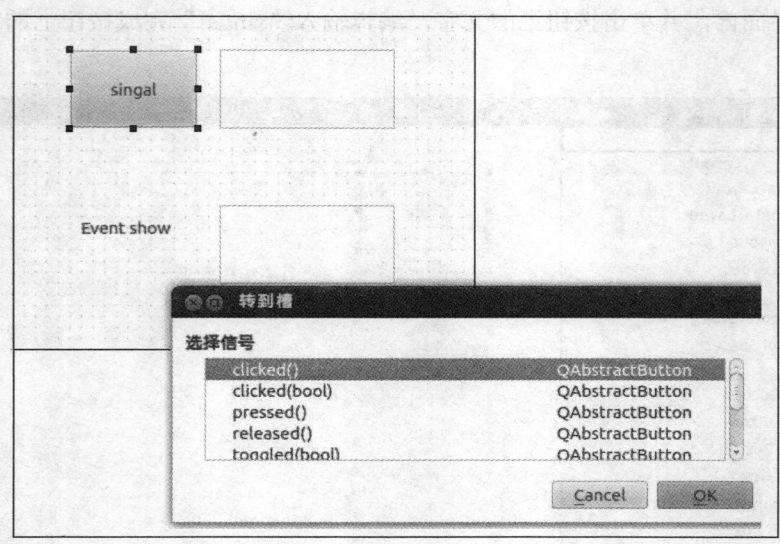

图 6-12　信号与槽

2）qtcreator 会自动跳转到 widget.cpp 的编辑界面，进而编辑 Widget::on_singal_clicked() 函数，该函数为 clicked()信号所自动连接的槽函数，如图 6-13 所示。

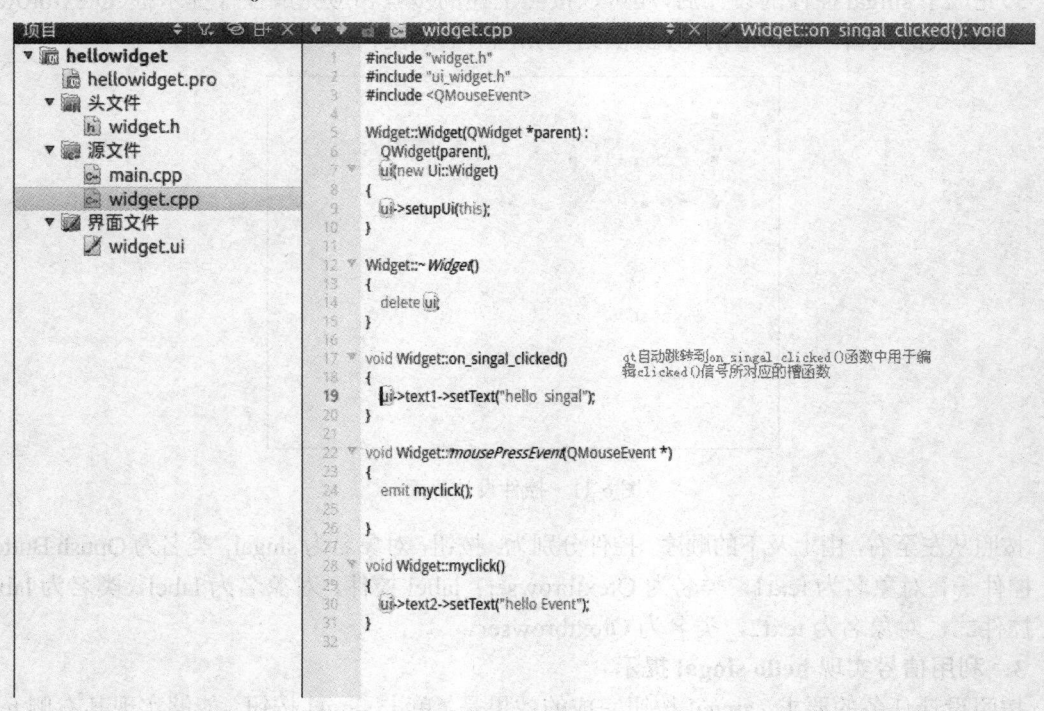

图 6-13　槽函数设计界面

信号与槽函数的连接在 Qt 编程中有两种方式：

1）利用 qtcreator 自动编辑信号和相应的槽函数。该方式如图 6-13 所示，clicked()信号通过相应操作所连接的槽函数自动命名为 on_控件名_信号类型。因该控件名为"singal"，信号类型选择了"clicked()"，因此 qtcreator 自动默认其对应的槽函数为 void Widget::on_singal_clicked()，读者对其函数内容进行编辑后即可完成槽函数的编写。

2）利用 connect 函数来实现。按照要求，singal 按钮实现的槽函数为对应的 text1 对象，因此编辑 void Widget::on_singal_clicked()，添加内容 ui->text1->setText("hello singal")，利用 UI 中的 text1 对象的 setText 函数在文字框中看到提示"hello singal"。

4．利用事件实现 hello Event 提示

利用鼠标事件，实现以下内容：通过鼠标单击的动作，在相应的文字框中实现"hello Event"的提示。设计思路是事件在 Qt 中属于底层，项目所设计的事件是鼠标事件，因此在实现事件前应先在 widget.h 头文件、widget.cpp 函数文件中对事件进行声明和定义。

1）先在 widget.h 头文件中对需要的鼠标事件进行声明，即在 widget.h 的 private 中添加以下内容：

void mousePressEvent(QMouseEvent *); #该事件为鼠标单击事件，即 mousePressEvent

2）在 widget.cpp 中添加对 mousePressEvent 的头文件的引用以及 mousePressEvent 事件所引发的信号的定义。

在 widget.cpp 中添加#include <QMouseEvent> 完成对鼠标事件的头文件引用。

在 widget.cpp 中添加以下内容：

void Widget::mousePressEvent(QMouseEvent *) #对 mousePressEvent 事件的定义
{
    ui->text2->setText("hello Event"); #实现 ui->text2 中设置文字"hello Event"
}

3）代码设计。在 Qt 创建的源代码中，main.cpp 为主程序，该程序定义了基础对象，widget.cpp 定义了 main 中基础类的主要实现函数，widget.h 声明了该类所包含的公有成员（public）、私有成员（private）、私有槽（private slot）等。

① main.cpp 代码如下：

#include "widget.h"　　　　#widget 头文件
#include <QApplication>　　　#QApplication 类管理图形用户界面应用程序的控制流和主要设置
int main(int argc, char *argv[]) #主程序入口
{
    QApplication a(argc, argv); #定义对象 a，用于管理图形界面应用程序的控制流和主要设置
    Widget w;　#利用 Widget 定义对象 w
    w.show();　#显示 w 对象
    return a.exec();　#相当于把程序运行交给 Qt 处理，进入程序的循环状态
}

② widget.cpp 代码如下：

#include "widget.h"

```cpp
#include "ui_widget.h" #包括 widget 的 ui 界面头文件
#include <QMouseEvent>   #头文件包括鼠标事件 QMouseEvent
Widget::Widget(QWidget *parent) : #定义 Wdiget 类的 ui
    QWidget(parent),
    ui(new Ui::Widget) #初始化一个 Widget 界面指针，其变量名为 ui
{
    ui->setupUi(this); #ui 初始化
}
Widget::～Widget() #定义 Widget 析构函数
{
    delete ui;   #程序退出删除 ui
}
void Widget::on_singal_clicked() #定义 Widget 类的槽函数，由 clicked()信号引发
{
    ui->text1->setText("hello   singal"); #调用 ui 界面中 text1 的 setText 函数，让其显示
"hello singal"
}
    void Widget::mousePressEvent(QMouseEvent *)   #定义鼠标按下事件函数，由鼠标按下动
作引发
{
    ui->text2->setText("hello Event");    #调用 ui 界面中 text2 的 setText 函数，显示 hello
Event 提示
}
```

③ widget.h 代码如下：

```cpp
#ifndef WIDGET_H
#define WIDGET_H
#include <QWidget>     #包含 QWidget 的基础类头文件
namespace Ui {
class Widget; #命名空间为 ui 中包含 Widget 类
}
class Widget : public Qwidget
{
    Q_OBJECT                       #加入 Q_OBJECT 后才可使用信号和槽
public:                            #公有成员
    explicit Widget(QWidget *parent = 0);
    ～Widget();                    #析构函数 Widget
private slots:                     #私有槽函数定义
    void on_singal_clicked();
private:                           #私有成员说明
    Ui::Widget *ui;
```

```
        void mousePressEvent(QMouseEvent *);
};
#endif //WIDGET_H
```

5. 程序运行

1）原始界面，如图 6-14 所示。

2）单击 singal 按钮，在 text1 显示 "hello singal"，如图 6-15 所示。

3）在任意位置单击鼠标左键，在 text2 显示 "hello Event"，如图 6-16 所示。

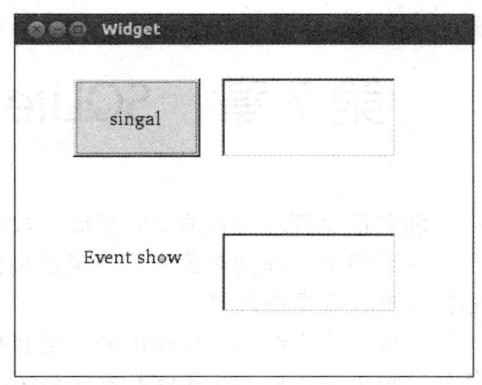

图 6-14　原始界面

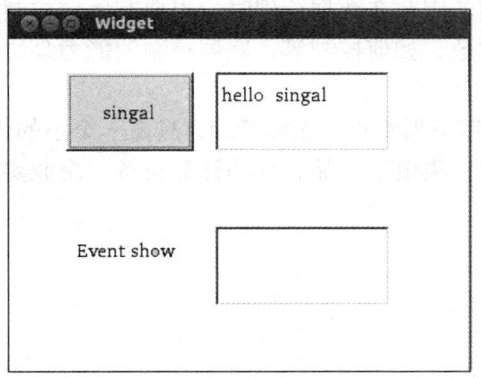

图 6-15　单击 singal 按钮的界面

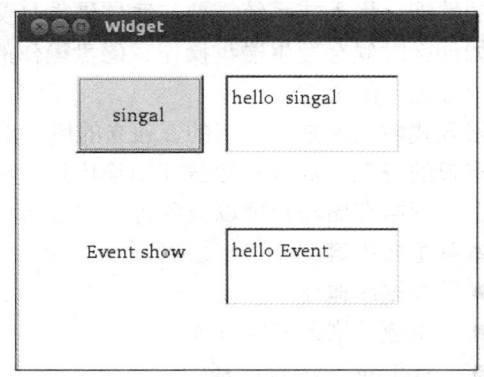

图 6-16　鼠标左击的界面

本章小结

本章介绍了嵌入式 Linux 下 Qt 的图形编程。首先介绍了几种常见的嵌入式图形编程软件；接着重点介绍了 Qt/Embedded 程序开发基础，包括 Qt 程序设计的基本内容与要求，控件、信号与槽等的应用基础；最后给出了 Qt 的设计案例。

习题与思考题

6-1　请在自己计算机的 Linux 系统下安装与配置 Qt 环境。

6-2　请使用 Qt Designer 设计一个简单的图形用户界面，并实现信号与槽之间的关联。

6-3　请使用 Qt 提供的 uic、qmake 等工具对前面设计好的程序进行编译与运行。

6-4　请将前面的 Qt 程序重新针对 S3C2440 开发板编译，并移植到开发板上，通过 LCD 观察程序运行结果。

第 7 章　SQLite 数据库的嵌入式应用

随着信息管理内容的不断扩展，数据库系统开发了多种数据模型，如层次模型、网状模型、关系模型、面向对象模型、半结构化模型等，相关的技术也层出不穷，如数据流、Web 数据管理、数据挖掘等。

在嵌入式系统中，数据库的应用具有较强实时性、可靠性要求，这里把应用于嵌入式系统的数据库系统称为嵌入式数据库系统或嵌入式实时数据库系统（ERTDBS）。嵌入式系统要求数据库操作具备可预知性，而且数据库的大小和性能也都必须是可预知的，这样才能保证系统的性能。嵌入式系统需要与底层硬件打交道，因此在数据管理时，也要有底层控制的能力，如什么时候会发生磁盘操作、磁盘操作的次数、如何控制等。底层控制的能力是决定数据库管理操作的关键。

嵌入式数据库是轻量级的、独立的库，没有服务器组件，无需管理，只需一个小的代码，以及有限的资源。嵌入式数据库用途广泛，如消费类电子产品、移动计算设备、企业实时管理应用、网络存储与管理以及各种专用设备。

本章主要内容：
- 数据库概述
- 主流的嵌入式数据库
- SQLite 应用设计基础
- SQLite 数据库编程 API

7.1　数据库概述

按照数据库中数据的组织结构，数据库分为网状数据库、层次型数据库和关系型数据库。

1. 网状数据库

处理以记录类型为节点的网状数据模型的数据库称为网状数据库。处理方法是将网状结构分解成若干棵二级树结构，称为系。系类型是两个或两个以上的记录类型之间联系的一种描述。在一个系类型中，有一个记录类型处于主导地位，称为系主记录类型，其他称为成员记录类型。系主和成员之间的联系是一对多的联系。网状数据库的代表是 DBTG 系统，采用典型的三级结构体系：子模式、模式、存储模式，相应的数据定义语言分别称为子模式定义语言（SSDDL）、模式定义语言（SDDL）、设备介质控制语言（DMCL）。现有的网状数据库系统大都是采用 DBTG 方案的。

2. 层次型数据库

层次型数据库管理系统是紧随着网状数据库而出现的，也是按记录来存取数据的。其最基本的数据关系是层次关系，它代表两个记录型之间的关系，也叫作双亲子女关系（PCR）。数据库中有且仅有一个记录型无双亲，称为根节点，其他记录型有且仅有一个双亲。在层次模型中从一个节点到其双亲的映射是唯一的，所以对每一个记录型（除根节点外）只需要指出它的双亲，就可以表示出层次模型的整体结构。层次模型是树状的。最典型的层次型数据库系统是 IBM 公司的 IMS（Information Management System），它是 IBM 公司研制的早期大型数据库系统程序产品。

3．关系型数据库

关系型数据库以行和列的形式存储数据，这一系列的行和列称为表，关系型数据库是由多个表（table）和表之间的关联关系组成的数据集合。

1）表是一个由若干行、若干列组成的二维的关系结构。实体用表来表示，实体之间的关系也通过表来表示。表的列称为字段（field），表的行称为记录（record）。

2）视图可以看成是虚拟表或存储查询。除非是索引视图，否则视图的数据不会作为非重复对象存储在数据库中。视图是从一个或几个基本表（或视图）导出的表。它与基本表不同，是一个虚表。数据库只存放视图的定义，而不存放视图对应的数据，这些数据仍存放在原来的基本表中。所以基本表中的数据发生变化，从视图中查询出的数据也就随之改变了。从这个意义上讲，视图就像一个窗口，透过它可以看到数据库中自己感兴趣的数据及其变化。

3）索引是对数据库表中一列或多列的值进行排序的一种结构，使用索引可快速访问数据库表中的特定信息。数据库索引好比是一本书前面的目录，能加快数据库的查询速度。

4）数据库的完整性约束。约束是用来确保数据的准确性和一致性的。数据的完整性就是对数据的准确性和一致性的一种保证。数据完整性（Data Integrity）是指数据的精确性（Accuracy）和可靠性（Reliability）。完整性约束可分为 3 种类型：与表有关的约束、域（Domain）约束、断言（Assertion）等。

目前，商品化的数据库管理系统以关系型数据库为主导产品，技术比较成熟，主要的关系型数据库管理系统有 Oracle、MySQL、DB2 和 SQL Server 等。

7.2　主流的嵌入式数据库

嵌入式数据库的名称来自其独特的运行模式。这种数据库嵌入到了应用程序进程中，消除了与客户机/服务器配置相关的开销。嵌入式数据库是轻量级的，在运行时需要的内存较少。它们是使用精简代码编写的，对于配置与性能有限的嵌入式设备，其速度更快，效果更理想。嵌入式运行模式允许嵌入式数据库通过 SQL 来轻松管理应用程序数据，而不依靠原始的文本文件。嵌入式数据库还可以提供零配置运行模式，这样可以启用其中一个并运行一个快照。目前，主流的嵌入式数据库包括以下几种。

1．MySQL

MySQL 是一个关系型的数据库管理系统，是由瑞典 MySQL AB 公司开发出来的。由于MySQL 体积小、速度快、总体成本低，而且源代码开放等特点，许多中小型网站为了降低总体成本，都选择了 MySQL 数据库。MySQL 的特征如下：

1）源代码采用 C 和 C++语言编写，并且使用了多种编译器进行测试，因此保证了源代码的可移植性和稳定性。

2）支持 AIX、FreeBSD、HP-UX、Linux、Mac OS、Novell Netware、OpenBSD、OS/2 Wrap、Solaris 和 Windows 等多种操作系统。

3）为多种编程语言提供了 API 函数，如 C、C++、Eiffel、Java、Perl、PHP、Python、Ruby 和 Tcl 等。

4）优化 SQL 查询算法，有效地提高了查询效率。

5）支持多线程机制，能够充分利用 CPU 资源。

6）提供了用于管理、检查、优化数据库操作的强大的管理工具。

7）能够支持多种语言，如中文的 GB 2312 和 BIG5、日文的 Shift_JIS 等常见的编码，这些都可作为数据表名和数据列名。

8）能够处理拥有上千万条记录的大型数据库。

9）提供了 TCP/IP、ODBC 和 JDBC 等多种数据库连接途径。

在客户端/服务器的网络环境中，可以把 MySQL 作为一个单独的应用程序，也可以把 MySQL 作为一个库嵌入到其他软件中。

2．BerkeleyDB

BerkeleyDB 的源代码是开源的，它是一个内嵌式的数据库管理系统，在为应用程序提供数据管理服务时可以达到很高的性能，在进行程序编写时只需要调用一些简单的 API 函数就可以访问数据库、管理数据库。它与 MySQL 和 Oracle 等常用的数据库管理系统是不尽相同的，在 BerkeleyDB 中是没有数据库服务器的概念的，应用程序直接通过内嵌在程序中的函数库完成对数据的保存、查询、修改和删除等，这些操作事先不需要同数据库服务建立起网络连接。

3．Solid

Solid 与传统的大型企业级数据库系统不同，它是一款"轻量级"的数据库，小巧轻便（安装介质为 30MB 左右，运行时只需要 10MB 左右的系统资源），安装部署和维护也很简单，这使得客户的维护管理成本大大降低。但是 Solid 同样是标准的关系型数据库，它不会因为"轻量级"的性质而损失任何功能，支持 SQL、ACID 和事务隔离级别等标准，也支持数据库的内部编程，如存储过程、触发器、事件等，有其他关系型数据库使用经验的技术人员比较容易掌握。此外，它覆盖了几乎所有的操作系统平台，可以稳定地运行在嵌入式操作系统，如 Windows CE、Linux、AIX、HP-UX 和 Solaris 等环境上，可以在全局网络内为用户提供端到端的数据共享平台。Solid 数据库的适用范围非常广阔，如嵌入式领域、桌面系统、中小型业务系统，还可以应用在金融/通信等高端行业的业务支撑系统，另外可以在电信、金融等行业的核心运营支撑系统中使用。

4．SQLite

SQLite 数据库是一种嵌入式数据库，是由 D.Richard Hipp 开发出来的。它是用一个小型 C 库实现的，是一种强有力的嵌入式关系数据库。它为了追求尽量简单的目标，放弃了传统的企业级数据库的复杂特性，只是实现了数据库一些必备的基本功能。由此可见，大多数标准的 SQL92 语句都能够得到 SQLite 的支持。此外，SQLite 采用单文件的方式存放数据库，速度比 MySQL 快 1～2 倍，在语句的操作上更类似于关系型数据库，使用非常方便。SQLite 的使用不会涉及版权问题，它是开源的数据库系统，可以广泛地应用在商业性的产品中。SQLite 具有以下特征：

1）源代码开放。在嵌入式系统的程序开发中，开源免费的代码不仅可以减少产品的开发时间，节约开发成本，也有利于产品的维护和运行的稳定性。

2）体积较小、速度快。SQLite 的全部源代码由大约 3 万行 C 语言代码组成，大小约 250KB，对数据的操作比目前流行的大多数数据库系统都快。

3）功能完善。SQLite 支持 ACID 的原子性（Atomicity）、一致性（Consistency）、隔离性（Isolation）、持久性（Durability）事务，支持大多数的 SQL92，即支持触发器、多表和索引、事务、视图等，还支持嵌套的 SQL。SQLite 数据库存储在单一的磁盘文件中，可以使不同字节序的机器进行自由共享，支持数据库的大小可以达到 2TB。

4）提供丰富的 API 支持。对于 C/C++、PHP、Perl 等编程语言都可以通过 API 来访问 SQLite 数据库，能够与数据库文件进行通信。

7.3 SQLite 应用设计基础

7.3.1 SQLite 数据类型

数据库大多采用固定的静态数据类型，而 SQLite 采用的是动态数据类型，会根据存入值自动判断。SQLite 支持 5 种数据类型：空值、带符号的整型、浮点数字、字符串文本、二进制对象，见表 7-1。

表 7-1 SQLite 数据类型

数据类型	类型说明	兼容 SQL92
NULL	空值	
INTEGER	用来存储一个整数，根据大小可以使用 1、2、3、4、6、8 位来存储	Int、smallint
REAL	IEEE 浮点数	float、numeric
TEXT	按照字符串来存储	varchar、char
BLOB	按照二进制值存储	

7.3.2 SQLite "点" 命令

SQLite 数据库启动后，会等待用户输入并读入输入行，把它们传递到 SQLite 库中去运行，如建表、插入和查询等。但是如果输入行以一个点"."开始，那么这行将被 SQLite3 程序截取并解释，这些"点命令"通常用来改变查询输出的格式，见表 7-2。

表 7-2 点命令表

命令	命令说明
.backup ?DB? FILE	备份 DB 数据库（默认是"main"）到 FILE 文件
.bail ON|OFF	发生错误后停止。默认为 OFF
.databases	列出附加数据库的名称和文件
.dump ?TABLE?	以 SQL 文本格式转储数据库。如果指定了 TABLE 表，则只转储匹配 LIKE 模式的 TABLE 表
.echo ON|OFF	开启或关闭 echo 命令
.exit	退出 SQLite 提示符
.explain ON|OFF	开启或关闭适合于 EXPLAIN 的输出模式。如果没有带参数，则为 EXPLAIN on，即开启 EXPLAIN
.header(s) ON|OFF	开启或关闭头部显示
.help	显示消息
.import FILE TABLE	导入来自 FILE 文件的数据到 TABLE 表中
.indices ?TABLE?	显示所有索引的名称。如果指定了 TABLE 表，则只显示匹配 LIKE 模式的 TABLE 表的索引
.load FILE ?ENTRY?	加载一个扩展库
.log FILE|off	开启或关闭日志。FILE 文件可以是 stderr（标准错误）/stdout（标准输出）

（续）

命令	命令说明
.mode MODE	设置输出模式，MODE 可以是下列之一 csv：逗号分隔的值 column：左对齐的列 html：HTML 的\<table\>代码 insert TABLE：表的 SQL 插入（insert）语句 line：每行一个值 list：由.separator 字符串分隔的值 tabs：由 Tab 分隔的值 tcl：Tcl 列表元素
.nullvalue STRING	在 NULL 值的地方输出 STRING 字符串
.output FILENAME	发送输出到 FILENAME 文件
.output stdout	发送输出到屏幕
.print STRING...	逐字地输出 STRING 字符串
.prompt MAIN CONTINUE	替换标准提示符
.quit	退出 SQLite 提示符
.read FILENAME	执行 FILENAME 文件中的 SQL
.schema ?TABLE?	显示 CREATE 语句。如果指定了 TABLE 表，则只显示匹配 LIKE 模式的 TABLE 表
.separator STRING	改变输出模式和.import 所使用的分隔符
.show	显示各种设置的当前值
.stats ON|OFF	开启或关闭统计
.tables ?PATTERN?	列出匹配 LIKE 模式的表的名称
.timeout MS	尝试打开锁定的表
.width NUM NUM	为 column 模式设置列宽度
.timer ON|OFF	开启或关闭 CPU 定时器测量

点命令实例：

1）查询数据库表：.tables

```
sqlite> .tables
tbl_student
sqlite>
```

说明：查询在 init.sql 文件里创建了 tbl_student 表。

2）查询表结构：.schema [表名]

```
sqlite> .schema tbl_student
CREATE TABLE tbl_student
(
        stu_no integer primary key,--学号
        stu_name char(20) not null,--姓名
        stu_age int check (stu_age>=15 and stu_age<=18),--年龄
        stu_sex char(2) default '男'                    --性别
);
```

3）显示表字段名称：.head on

```
sqlite> .head on
sqlite> select *from tbl_student;
stu_no|stu_name|stu_age|stu_sex
1|lili|16|女
sqlite>
```

说明：select 查询数据可以看到表字段。

4）改变输出格式：.mode column

```
sqlite> .mode column
sqlite> select *from tbl_student;
stu_no      stu_name    stu_age     stu_sex
----------  ----------  ----------  --------
1           lili        16          女
sqlite>
```

7.3.3　SQL 数据库操作语言

ISO/ANSI 和 IEC 共同制定了针对数据库操作的结构化查询语言 SQL，1992 年推出了国际标准，称为 SQL92。各关系数据库厂家在遵循 SQL92 标准的基础上，在自己产品上扩展了 SQL，如 SQL SERVER-TSQL、ORACLE-PL/SQL 等。

SQL92 中定义了所有对数据库的操作，如库的管理、表的创建/更改、视图和索引的操作等。SQL92 标准包含：数据定义语言（DDL），如 CREATE、DROP、ALTER 等语句；数据操作语言（DML），如 INSERT、UPDATE、DELETE 语句；数据查询语言（DQL），如 SELECT 语句；数据控制语言（DCL），如 GRANT、REVOKE、COMMIT、ROLLBACK 等语句。

1. 数据定义语言

数据定义语言（Data Definition Language，DDL）主要用在定义或改变表的结构、数据类型、表之间的链接和约束等初始化工作，其主要的命令有 CREATE、DROP、ALTER 等。

（1）ATTACH DATABASE

ATTACH DATABASE 语法格式如下：

ATTACH DATABASE 'DatabaseName' As 'Alias-Name';

该语句将数据库文件名称"DatabaseName"与逻辑数据库"Alias-Name"绑定在一起，如果数据库尚未被创建，则将创建一个数据库。

示例：

① 如果绑定一个现有的数据库 testDB.db，则 ATTACH DATABASE 语句将如下：

sqlite> ATTACH DATABASE 'testDB.db' as 'TEST';

② 使用 SQLite .databases 命令来显示附加的数据库：

sqlite> .databases

```
seq   name             file
---   --------------   ----------------------
0     main             /home/sqlite/testDB.db
2     test             /home/sqlite/testDB.db
```

③ 数据库名称 main 和 temp 被保留用于主数据库和存储临时表及其他临时数据对象的数据库。这两个数据库名称可用于每个数据库连接，但不应该被用于附加，否则将得到一个警告消息：

sqlite>   ATTACH DATABASE 'testDB.db' as 'TEMP';

Error: database TEMP is already in use

sqlite>   ATTACH DATABASE 'testDB.db' as 'main';

Error: database TEMP is already in use

若文件名含标点符号，则应用引号引起来。

（2）DETACH DATABASE

DETACH DATABASE 语法格式如下：

DETACH DATABASE 'Alias-Name';

该语句分离使用 ATTACH DATABASE 语句绑定的数据库连接，"Alias-Name"与之前使用 ATTACH 语句绑定的数据库所用到的别名相同。如果使用了不同的名称多次绑定同一数据库，那么拆分一个连接不会影响其他连接。

示例：

假设已经创建了一个数据库，并对它绑定了"test"和"currentDB"。

① 使用.databases 命令，可以看到：

sqlite>.databases

seq	name	file
0	main	/home/sqlite/testDB.db
2	test	/home/sqlite/testDB.db
3	currentDB	/home/sqlite/testDB.db

② 把"currentDB"从 testDB.db 中分离出来：

sqlite> DETACH DATABASE 'currentDB';

③ 如果检查当前绑定的数据库，会发现 testDB.db 仍与"test"和"main"保持连接：

sqlite>.databases

seq	name	file
0	main	/home/sqlite/testDB.db
2	test	/home/sqlite/testDB.db

（3）CREATE DATABASE

CREATE DATABASE 语法格式如下：

CREATE DATABASE database_name;

该语句创建一个 SQL 数据库。

示例：

CREATE DATABASE my_db;

创建一个名为"my_db"的数据库。

（4）DROP DATABASE

DROP DATABASE 语法格式如下：

drop database 数据库名称

示例：

SQL> drop database

drop database

（5）CREATE TABLE

CREATE TABLE 用于创建数据库中的表，其语法格式如下：

CREATE TABLE 表名

（

```
字段名 1　数据类型　列的特征,
字段名 2　数据类型　列的特征,
    ...
);
```

CREATE TABLE 语句基本上就是 "CREATE TABLE" 关键字后跟一个新的表名以及括号内的一堆定义和约束。表名可以是字符串或者标识符，以 "sqlite_" 开头的表名是留给数据库引擎使用的。

每个字段的定义是字段名后跟字段的数据类型，接着是一个或多个字段约束。字段的数据类型并不限制字段中可以存放的数据，SQL 中常用的数据类型见表 7-3。

表 7-3　SQL 中常用的数据类型

数据类型	描述
integer(size) int(size) smallint(size) tinyint(size)	仅整数。在括号内规定数字的最大位数
decimal(size,d) numeric(size,d)	带有小数的数字。size 规定数字的最大位数，d 规定小数点右侧的最大位数
char(size)	固定长度的字符串（可容纳字母、数字以及特殊字符）。在括号中规定字符串的长度
varchar(size)	可变长度的字符串（可容纳字母、数字以及特殊的字符）。在括号中规定字符串的最大长度
date(yyyymmdd)	日期

示例：

```
sqlite> CREATE  TABLE  stuInfo      /*-创建学员信息表-*/
   ...> (
   ...>      stuNo   CHAR(6)  primary key,   --学号，非空（必填）
   ...>      stuName  VARCHAR(20)  NOT  NULL ,  --姓名，非空（必填）
   ...>      stuAge  INT  NOT  NULL,  --年龄，INT类型默认为4个字节
   ...>      stuID  NUMERIC(18,0),      --身份证号
   ...>      stuSeat    INTEGER,    --座位号，自动编号
   ...>      stuAddress   TEXT   --住址，允许为空，即可选输入
   ...> ) ;
sqlite> .tables
stuInfo      tbl_student
sqlite>
```

创建名为 stuInfo 的表，该表包含 6 个字段，字段名分别是 stuNo、stuName、stuAge、stuID、stuSeat 以及 stuAddress，对各字段的数据类型也分别做了定义。

（6）ALTER TABLE

ALTER TABLE 用于在已有的表中添加、修改或删除列。

① 如需在表中添加列，ALTER TABLE 语法格式如下：

ALTER TABLE table_name

ADD column_name datatype

ADD [COLUMN]语法用于在已有表中添加新的字段。新字段总是添加到已有字段列表的末尾。

② 如要删除表中的列，ALTER TABLE 语法格式如下：

ALTER TABLE table_name

DROP COLUMN column_name

1）添加字段：

alter table　表名　[add　字段名,数据类型,列的特征]

例如：

alter table stuInfo add tel varchar(20) not null

2）添加约束：

alter table　表名　add constraint　约束名、约束类型、具体约束说明

例如：

alter table stuInfo add constraint PK_stuNo primary key(stuNo),　　--主键约束—

constraint UQ_stuID unique(stuID),　　　--唯一约束—

constraint DF_stuAddress default('地址不详') for stuAddress,　--默认约束—

constraint CK_stuAge check(stuAge between 15 and 40),　　--检查约束—

constraint FK_stuNo foreign key(stuNo) references stuInfo(stuNo) --参照约束--

3）删除约束：

alter table　表名　drop constraint　约束名

例如：

alter table stuInfo drop constraint PK_stuNo

ALTER　TABLE 语句的执行时间与表中的数据量无关，它在操作一个有一千万行的表时的运行时间与操作仅有一行的表时是一样的。

（7）DROP TABLE

DROP TABLE 语句删除由 CREATE TABLE 语句创建的表。表将从数据库结构和磁盘文件中完全删除，且不能恢复。该表的所有索引也同时被删除。

DROP TABLE 语法格式如下：

drop table　表名

例如：

if exists(select * from sysobjects where name='stuInfo')

　　　　drop table stuInfo

DROP　TABLE 语句在默认模式下不改变数据库文件的大小，空间会留给后来的 INSERT 语句使用。要释放删除产生的空间，可以使用 VACUUM 命令。若 AUTOVACUUM 模式开启，则空间会自动被 DROP TABLE 释放。若使用可选的 IF EXISTS 子句，在删除的表不存在时就不会报错。

示例：

```
sqlite> drop table stuInfo;
sqlite> .tables
tbl_student
sqlite>
```

（8）CREATE VIEW

CREATE VIEW 命令为一个包装好的 SELECT 语句命名。当创建了一个视图后，它可以用于其他 SELECT 的 FROM 子句中代替表名。若 "TEMP" 或 "TEMPORARY" 关键字出现在 "CREATE" 和 "VIEW" 之间，则创建的视图仅对打开数据库的进程可见，且在数据库关闭时自动删除。

CREATE VIEW 语法格式如下：

create view　视图名　[with encryption] as　　SQL 语句体

不能对视图使用 COPY、DELETE、INSERT 或 UPDATE 命令，视图在 SQLite 中是只读的，多数情况下可以在视图上创建 TRIGGER 来达到相同目的。

示例：

CREATE VIEW V_Customer

AS SELECT First_Name, Last_Name, Country

FROM Customer;

（9）DROP VIEW

DROP VIEW 语句删除由 CREATE VIEW 语句创建的视图。视图只是从数据库的 schema 中删除，而表中的数据不会被更改。

DROP VIEW 语法格式如下：

drop view 视图名

示例：

USE pubs

IF EXISTS (SELECT TABLE_NAME FROM INFORMATION_SCHEMA.VIEWS

　　　　　WHERE TABLE_NAME = 'titles_view')

　　DROP VIEW titles_view

GO

删除"titles_view"视图。

（10）CREATE INDEX

CREATE INDEX 语法格式如下：

create　[unique][clustered|nonclustered]　index　索引名　on　表名(列名[asc|desc])　　[with fillfactor=x]

其中：

unique：指定唯一索引。

clustered | nonclustered：指定是聚集还是非聚集索引。一个表只能创建一个聚集索引，但可以有多个非聚集索引，设置某列为主键则此列默认为聚集索引。

fillfactor：填充因子，指定一个 1～100 的值，该值指示索引页填满空间所占的百分比。

CREATE INDEX 语句由"CREATE INDEX"关键字后跟新索引的名字、关键字"ON"、待索引表的名字以及括弧内的用于索引键的字段列表构成。每个字段名可以跟随"ASC"或"DESC"关键字说明排序法则，如果排序法则被忽略，总是按照上升序排序。

示例：

CREATE INDEX PersonIndex

ON Person (LastName DESC)

以降序索引 Person 表 LastName 列中的值。

（11）DROP INDEX

DROP INDEX 语句删除由 CREATE INDEX 语句创建的索引。索引将从数据库结构和磁盘文件中完全删除，唯一的恢复方法是重新输入相应的 CREATE INDEX 命令。

DROP INDEX 语法格式如下：

drop index 索引名

DROP INDEX 语句在默认模式下不减小数据库文件的大小,空间会留给后来的 INSERT 语句使用。要释放删除产生的空间,可以使用 VACUUM 命令。若 AUTOVACUUM 模式开启,则空间会自动被 DROP INDEX 释放。

示例:

DROP INDEX pub_id_idx

　　ON titles;

2．数据操作语言

数据操作语言（Data Manipulation Language，DML）主要的命令有 INSERT、UPDATE、DELETE，这 3 条命令是用来对数据库里的数据进行操作的。

（1）INSERT

INSERT 语法格式如下:

INSERT INTO TABLE_NAME (column1, column2, column3, ..., columnN)]　　VALUES (value1, value2, value3, ..., valueN);

INSERT 语句有两种基本形式。一种带有"VALUES"关键字,表示在已有表中插入一个新的行。若不定义字段列表,那么值的数目将与表中的字段数目相同,否则值的数目须与字段列表中的字段数目相同。而没有出现在字段列表中的字段被赋予默认值或 NULL(当未定义默认值时)。

INSERT 的另一种形式从 SELECT 语句中获取数据。若未定义字段列表,则从 SELECT 得到的字段的数目必须与表中的字段数目相同,否则应与定义的字段列表中的字段数目相同。SELECT 的每一行结果在表中插入一个新的条目。

示例 1:

```
sqlite> insert into stuInfo values(1001,'李雷',15,350622199005180020,1,'福州');
sqlite> select *from stuInfo;
stuNo       stuName     stuAge      stuID              stuSeat     stuAddress
----------  ----------  ----------  ----------------   ----------  ----------
1001        李雷        15          350622199005180020 1          福州
sqlite>
```

示例 2:

```
sqlite> insert into stuInfo(stuNo,stuName,stuAge,stuID) values(1002,'冰冰',15,350622199105180021);
sqlite> select *from stuInfo;
stuNo       stuName     stuAge      stuID              stuSeat    stuAddress
----------  ----------  ----------  ----------------   ----------  ----------
1001        李雷        15          350622199005180020 1          福州
1002        冰冰        15          350622199105180021
sqlite>
```

（2）UPDATE

UPDATE 语法格式如下:

UPDATE table_name

SET column1 = value1, column2 = value2, ..., columnN = valueN

WHERE [condition];

UPDATE 语句用于改变表中所选行的字段值。每个 UPDATE 的赋值的等号左边为字段名而右边为表达式,表达式可以使用其他字段的值,所有的表达式将在赋值之前求出结果。可以使用 WHERE 与 UPDATE 查询子句来更新所选行,否则所有的行会受到影响,也可以使用 AND 或 OR 运算符组合 N 多个条件。

示例:

```
sqlite> update stuInfo set stuAge=14  where stuName='冰冰';
sqlite>
sqlite> select *from stuInfo;
stuNo        stuName      stuAge      stuID                stuSeat      stuAddress
----------   ----------   ----------  ------------------   ----------   ----------
1001         李雷         15          350622199005180020   1            福州
1002         冰冰         14          350622199105180021
sqlite>
```

（3）DELETE

DELETE 语法格式如下：

DELETE FROM table_name

WHERE [condition];

DELETE 命令用于从表中删除记录，命令包含 "DELETE FROM" 关键字以及需要删除的记录所在的表名。可以使用 WHERE 子句限定 DELETE 查询删除所选行，否则所有的记录将被删除，也可以使用 AND 或 OR 运算符组合 N 多个条件。

示例：

```
sqlite> delete from stuInfo where stuName='冰冰';
sqlite> select *from stuInfo;
stuNo        stuName      stuAge      stuID                stuSeat      stuAddress
----------   ----------   ----------  ------------------   ----------   ----------
1001         李雷         15          350622199005180020   1            福州
sqlite>
```

3．数据查询语言

数据查询语言（Data Query Language，DQL）用来查询数据库中的数据的命令为 SELECT。SELECT 语法格式如下：

SELECT column1, column2, columnN FROM table_name

WHERE [condition1] AND [condition2]...AND [conditionN];

SELECT 语句用于查询数据库。一条 SELECT 命令的返回结果是零或多行且每行有固定字段数的数据。字段的数目由在 SELECT 和 FROM 之间的表达式列表定义。任意的表达式都可以被用作结果。若表达式是 ".*"，则表示所有表的所有字段。若表达式是表的名字后接 ".*"，则结果为该表中的所有字段。

查询对 FROM 之后定义的一个或多个表进行。若多个表用逗号连接，则查询针对它们的交叉连接。所有的 SQL92 连接语法均可以用于定义连接。圆括号中的副查询可能被 FROM 子句中的任意表名替代。当结果中仅有一行包含表达式列表中的结果的行时，整个的 FROM 子句会被忽略。

WHERE 子句可以限定查询操作的行数目。HAVING 子句与 WHERE 相似，只是 HAVING 用于过滤分组创建的行，可能包含值，甚至是不出现在结果中的聚集函数。

GROUP BY 子句将一行或多行结果合成单行输出。当结果有聚集函数时这将尤其有用。GROUP BY 子句的表达式必须是出现在结果中的表达式。

ORDER BY 子句对所得结果根据表达式排序。表达式无须是简单 SELECT 的结果，但在复合 SELECT 中每个表达式必须精确对应一个结果字段。每个表达式可能跟随一个可选的 COLLATE 关键字以及用于排序文本的比较函数名称和/或关键字 ASC 或 DESC，用于说明排序规则。

LIMIT 子句限定行数的最大值。负的 LIMIT 表示无上限。后跟可选的 OFFSET 说明跳过结果集中的前多少行。在一个复合查询中，LIMIT 子句只允许出现在最终 SELECT 语句中。

复合的 SELECT 由两个或更多简单 SELECT 经由 UNION、UNION ALL、INTERSECT、

EXCEPT 中的一个运算符连接而成。在一个复合 SELECT 中，各个 SELECT 需指定相同个数的结果字段，仅允许一个 ORDER BY 子句出现在 SELECT 的末尾。UNION 和 UNION ALL 运算符从左至右将所有 SELECT 的结果合成一个大的表。二者的区别在于 UNION 的所有结果行是不相同的，而 UNION ALL 允许重复行。INTERSECT 运算符取左右两个 SELECT 结果的交。EXCEPT 从左边 SELECT 的结果中除掉右边 SELECT 的结果。三个或更多 SELECT 复合时，它们从左至右结合。

示例 1：查询 stuInfo 表所有信息

```
sqlite> select *from stuInfo;
stuNo       stuName     stuAge      stuID                  stuSeat     stuAddress
----------  ----------  ----------  ------------------     ----------  ----------
1001        李雷        15          350622199005180020     1           福州
1002        冰冰        14          350622199105180021
sqlite>
```

示例 2：查询姓名为李雷的信息

```
sqlite> select *from stuInfo where stuName='李雷';
stuNo       stuName     stuAge      stuID                  stuSeat     stuAddress
----------  ----------  ----------  ------------------     ----------  ----------
1001        李雷        15          350622199005180020     1           福州
sqlite>
```

示例 3：查询年龄小于 15 岁的学生信息

```
sqlite> select *from stuInfo where stuAge<15;
stuNo       stuName     stuAge      stuID                  stuSeat     stuAddress
----------  ----------  ----------  ------------------     ----------  ----------
1002        冰冰        14          350622199105180021
sqlite>
```

示例 4：按年龄升序排序

```
sqlite> select *from stuInfo order by stuAge;
stuNo       stuName     stuAge      stuID                  stuSeat     stuAddress
----------  ----------  ----------  ------------------     ----------  ----------
1002        冰冰        14          350622199105180021
1001        李雷        15          350622199005180020     1           福州
sqlite>
```

示例 5：按年龄降序排序

```
sqlite> select *from stuInfo order by stuAge desc;
stuNo       stuName     stuAge      stuID                  stuSeat     stuAddress
----------  ----------  ----------  ------------------     ----------  ----------
1001        李雷        15          350622199005180020     1           福州
1002        冰冰        14          350622199105180021
sqlite>
```

示例 6：查询年龄最小学生信息

```
sqlite> select *from stuInfo order by stuAge  limit 1;
stuNo       stuName     stuAge      stuID                  stuSeat     stuAddress
----------  ----------  ----------  ------------------     ----------  ----------
1002        冰冰        14          350622199105180021
sqlite>
```

4. 数据控制语言

数据控制语言（Data Control Language，DCL）用来设置或更改数据库用户或角色的权限，包括 GRANT、ROLLBACK、COMMIT 等语句。

1）GRANT：授权。

2）ROLLBACK [WORK] TO [SAVEPOINT]：回退到某一点。

回滚命令使数据库状态回到上次最后提交的状态。其语法格式如下：

ROLLBACK;

3）COMMIT [WORK]：提交。

数据库的插入、删除和修改操作，只有当事务在提交到数据库时才算完成。在事务提交前，只有操作数据库的用户才有权看到所做的事情，其他用户只有在最后提交完成后才可以看到。

提交数据有 3 种类型：显式提交、隐式提交及自动提交。

① 显式提交：用 COMMIT 命令直接完成的提交为显式提交。其语法格式如下：

COMMIT;

② 隐式提交：用 SQL 命令间接完成的提交为隐式提交。这些命令是 ALTER、AUDIT、COMMENT、CONNECT、CREATE、DISCONNECT、DROP、EXIT、GRANT、NOAUDIT、QUIT、REVOKE、RENAME。

③ 自动提交：若把 AUTOCOMMIT 设置为 ON，则在插入、修改、删除语句执行后，系统将自动进行提交。其语法格式如下：

SET AUTOCOMMIT ON;

7.3.4 事务与锁

事务是一组单一逻辑单元的操作集合，它定义了一组 SQL 命令的边界，这组命令或者作为一个整体被全部执行，或者都不执行。每个事务都是一个原子操作，事务冲突由锁控制。

1. 锁

SQLite 锁包含 SHARED（共享）锁、RESERVED（保留）锁、PENDING（未决）锁和 EXCLUSIVE（独占）锁。

1）SHARED 锁。读数据库操作时，事务需要获取共享锁，各事务可以同时拥有各自的共享锁。

2）RESERVED 锁。写数据库操作时，事务需要获取保留锁。当一个事务获取到保留锁后，其他事务仍然可以连接数据库和读取数据库，但不能再次获取保留锁，即一个数据库只有一个保留锁。

3）PENDING 锁。当写数据库的事务提交时即需要将缓冲数据写进磁盘文件，需要从保留锁升级到未决锁，此时其他事务可以继续进行读操作，获取共享锁。

4）EXCLUSIVE 锁。当其他拥有共享锁的连接或事务执行完后，未决锁可以升级到独占锁，此时其他事务不能对数据库进行任何操作（连接、读、写）。

2. 事务

1）自动事务：每执行一条命令自动创建一个事务，命令结束自动结束事务。

2）手动事务：通过命令显式创建事务并结束事务。

在事务之外，不能对数据库进行更改。如果当前没有有效的事务，任何修改数据库的命令（基本上除了 SELECT 以外的所有 SQL 命令）会自动启动一个事务，命令结束时自动启动的事务会被提交。

可以使用 BEGIN 命令手动启动事务。这样启动的事务会在下一条 COMMIT 或 ROLLBACK 命令之前一直有效。但若数据库关闭或出现错误且选用 ROLLBACK 冲突判定算法时，数据库也会 ROLLBACK。查看 ON CONFLICT 子句可获取更多关于 ROLLBACK 冲突判定算法的信息。

在 SQLite 3.0.8 或更高版本中，事务可以是延迟的、即时的或者独占的。"延迟的"即是说在数据库第一次被访问之前不获得锁，这样就会延迟事务，BEGIN 语句本身不做任何事情，直到初次读取或访问数据库时才获取锁。对数据库的初次读取创建一个 SHARED 锁，初次写入创建一个 RESERVED 锁。由于锁的获取被延迟到第一次需要时，别的线程或进程可以在当前线程执行 BEGIN 语句之后创建另外的事务写入数据库。若事务是即时的，则执行 BEGIN 命令后立即获取 RESERVED 锁，而不等数据库被使用。在执行 BEGIN IMMEDIATE 之后，可以确保其他线程或进程不能写入数据库，但其他进程可以读取数据库。独占事务在所有的数据库获取 EXCLUSIVE 锁，在执行 BEGIN EXCLUSIVE 之后，可以确保在当前事务结束前没有任何其他线程或进程能够读/写数据库。

SQLite 3.0.8 的默认行为是创建延迟事务。SQLite 3.0.0～3.0.7 中延迟事务是唯一可用的事务类型。SQLite 2.8 或更早版本中，所有的事务都是独占的。

COMMIT 命令在所有 SQL 命令完成之前并不做实际的提交工作。这样若两个或更多个 SELECT 语句在进程中间而执行 COMMIT 时，只有全部 SELECT 语句结束才进行提交。

执行 COMMIT 可能会返回 SQLITE_BUSY 错误代码。这就是说有另外一个线程或进程获取了数据库的共享锁，并阻止数据库被改变。当 COMMIT 获得该错误代码时，事务依然是活动的，并且 COMMIT 可以在当前读取的线程读取结束后再次试图读取数据库。

7.4　SQLite3 数据库编程 API

为了实现 C 语言对数据库的访问，本节通过对常用 API 函数的介绍和实例分析，系统地引导大家在 C 语言中应用 SQLite3 数据库。

7.4.1　SQLite3 API 接口

SQLite3 提供了大量 C 语言的 API 调用接口，可以根据应用的需求按不同方式访问数据库。

1）sqlite3_open 函数：

int sqlite3_open(const char *,sqlite3 **db)

功能：打开或创建数据库，并通过输出参数返回"连接"。

参数：数据库文件、SQLite3 数据指针。

返回值：错误代码，参见 SQLite 错误代码。

2）sqlite3_close 函数：

int sqlite3_close(sqlite3 *db)

在使用完 SQlite 数据库之后，需要调用 sqlite3_close 函数关闭数据库连接，释放数据结构所关联的内存，删除所有的临时数据项。

如果在调用 sqlite3_close 函数关闭数据库之前，还有某些没有完成的 SQL 语句，那么 sqlite3_close 函数将会返回 SQLITE_BUSY 错误。客户程序员需要完成所有的预处理语句之后再次调用 sqlite3_close 函数。

3）sqlite3_errcode 函数：

int sqlite3_errcode(sqlite3 *db)

功能：返回最近一次调用 API 的错误代码。

参数：SQLite3 结构指针。

返回值：错误代码，参见 SQLite 错误代码。

4）sqlite3_errmsg 函数：

const char *sqlite3_errmsg(sqlite3 *db)

功能：关闭数据库，释放资源。

参数：数据库文件。

返回值：返回常量指针（错误信息）。

5）sqlite3_prepare 函数：

int sqlite3_prepare(sqlite3*, const char*, int,
sqlite3_stmt**, const char**)

功能：预编译和解析 SQL 文本，转换成一个准备语句 prepared statement 对象，同时返回这个对象的指针。

参数：数据库连接指针、SQL 语句、SQL 语句最大字符数、处理后语句 statement、返回 SQL 语句未使用部分的指针。

返回值：错误代码，参见 SQLite 错误代码。

6）sqlite3_bind_double 函数：

int sqlite3_bind_double(sqlite_stmt *pstmt,int,double value)

功能：为预编译好 statement 设定参数。

参数：statement 对象；传入的参数位置，从 1 开始编号；参数设定的值。

返回值：错误代码，参见 SQLite 错误代码。

7）sqlite3_column_int 函数：

int sqlite3_column_int(sqlite_stmt *pstmt,int col)

功能：获取某行数据中的各列值。

参数：pstmt——statement 对象；col——列位置，从 0 开始编号。

返回值：返回列值。

8）sqlite3_finalize 函数：

int sqlite3_finalize(sqlite_stmt *pstmt)

功能：释放 statement 对象资源。

参数：statement 对象。

返回值：错误代码，参见 SQLite 错误代码。

使用说明：该函数被调用后，就不能对 statement 对象和结果集进行操作了。

9）sqlite3_reset 函数：

int sqlite3_reset(sqlite_stmt *pstmt)

功能：重置 statement 对象资源。

参数：statement 对象。

返回值：错误代码，参见 SQLite 错误代码。

使用说明：可以重新执行语句，再一次从头到尾获取结果集数据，增加效率，而不是使用预编译 API 函数；可以重新给 statement 对象赋参数值。

10）sqlite3_exec 函数：

int sqlite3_exec(sqlite3 *db,const char *sql, sqlite3_callback, void *, char **errmsg)

功能：执行多条或一条 SQL 语句，并将结果传递给回调函数。

参数：数据库连接、要执行的 SQL 语句、回调函数、传递给回调函数的参数地址、返回的错误信息。

返回值：错误代码，参见 SQLite 错误代码。

11）sqlite3_get_table 函数：

int sqlite3_get_table(

sqlite3*, const char *sql, char ***presult, int *nrow, int *ncolumn, char **errmsg)

功能：无需回调函数处理，直接查询结果集。

参数：数据库连接结构、SQL 语句、结果集、行数、列数、错误信息。

返回值：错误代码，参见 SQLite 错误代码。

7.4.2　API 实例分析

本小节通过两个程序，介绍 SQLite3 的应用编程。

1. 基于 C 语言的 SQLite3 应用编程

如果要调用 SQLite 的 API 函数，必须在代码中加载 sqlite3.h 文件，就是要在 C 或 C++ 程序开头添加 "#include <sqlite3.h>"，然后在链接时标记 sqlite3 参数。

```
#include <stdio.h>
#include <string.h>
#include <sqlite3.h>
typedef struct _test_struct
{
    int no;
    char name[20];
}TEST;
int row_cb;
int mycallback(void *vptest, int n_col, char **value_col, char **name_col);
int main( int argc, char **argv )
{
int(*callback)(void*, int, char**, char **);
sqlite3 *db;
sqlite3_stmt * stmt;
const char *zTail;
char *errm=NULL;
int nrow, ncol, i, j;
char **dbResult;
char sql[100]={0};
int teaNo;
char teaName[20];
TEST test;
TEST *vptest;
//打开数据库
int r = sqlite3_open("great.db",&db);
if(r){
printf("%s",sqlite3_errmsg(db));
```

```
}

//创建 Table
sprintf(sql,"create table teaTable(teaNo int primary key, teaName char(30) not null);");
sqlite3_prepare(db, sql, -1, &stmt, &zTail);
sqlite3_step(stmt);
sqlite3_finalize(stmt);

//插入数据
sprintf(sql,"insert into teaTable values(?,?);");
sqlite3_prepare(db, sql, -1, &stmt, &zTail);
teaNo = 518;
strcpy(teaName, "teacherli");
sqlite3_bind_int(stmt,1,teaNo);
sqlite3_bind_text(stmt,2,teaName,-1,SQLITE_STATIC);
r = sqlite3_step(stmt);
if( r!=SQLITE_DONE){
printf("%s",sqlite3_errmsg(db));
}
sqlite3_reset(stmt);

//插入第二个数据
sprintf(sql,"insert into teaTable values(?,?);");
sqlite3_prepare(db, sql, -1, &stmt, &zTail);
teaNo = 520;
strcpy(teaName, "teacherzhang");
sqlite3_bind_int(stmt,1,teaNo);
sqlite3_bind_text(stmt,2,teaName,-1,SQLITE_STATIC);
r = sqlite3_step(stmt);
if( r!=SQLITE_DONE){
printf("%s",sqlite3_errmsg(db));
}
sqlite3_reset(stmt);
sqlite3_finalize(stmt);

//查询所有数据
sprintf(sql, "select * from teaTable;");
sqlite3_prepare(db, sql, -1, &stmt, &zTail);
r = sqlite3_step(stmt);
while( r == SQLITE_ROW ){
```

```
    printf("Sqlite_prepare ID: %d Name: %s \n", sqlite3_column_int(stmt, 0), sqlite3_column_
text(stmt, 1));
    r = sqlite3_step(stmt);
    }
    sqlite3_finalize(stmt);

    //回调函数处理
    test.no = 999;
    callback = mycallback;
    sprintf(sql, "select * from teaTable;");
    row_cb = 0;
    sqlite3_exec(db, sql, mycallback, &test, &errm);
    //获取表全部信息
    sqlite3_get_table(db, sql, &dbResult, &nrow, &ncol, &errm);
    for(i=0; i<nrow; i++)
    {
        printf("Record[%d]:",i);
        for(j=0; j<ncol; j++)
        {
        if(j == ncol-1)
        printf("%s-->%s;",dbResult[j],dbResult[ncol*(i+1)+j]);
        else
        printf("%s-->%s,",dbResult[j],dbResult[ncol*(i+1)+j]);
        }
        printf("\n");
    }
    sqlite3_free_table(dbResult);
    //关闭数据库
    sqlite3_close(db);
    return 0;
    }

    int mycallback(void *vptest, int n_col, char **value_col, char **name_col)
    {
    TEST *tptest;
    int i, num;
    row_cb++;
    num = n_col;
    tptest = (TEST*)vptest;
    printf("Struct:%d Row[%d]:",tptest->no, row_cb);
```

```
for(i=0; i<num; i++)
{
if(i == num-1)
printf("%s->%s;", name_col[i], value_col[i]);
else
printf("%s->%s,", name_col[i], value_col[i]);
}
printf("\n");
return 0;
}
```

程序对 7.4.1 小节涉及的 API 函数进行示例，特别是回调函数的访问，当然对 SQLite 函数的深入理解必须通过对例程反复调试方可掌握。

2. 基于 Qt 的 SQLite 应用编程

SQLite 是一款开源轻量级的数据库软件，不需要服务器，可以集成在其他软件中，非常适合嵌入式系统。Qt5 以上版本可以直接使用 SQLite（Qt 自带驱动），本小节以第 6 章的 Qt 为基础，介绍在 Qt 中的 SQLite 编程。

（1）引入 SQL 模块

在 Qt 项目文件(.pro 文件)中，加入 SQL 模块：

```
QT += sql
```

（2）引用头文件

在需要使用 SQL 的类定义中，引用相关头文件。例如：

```
#include <QSqlDatabase>
#include <QSqlError>
#include <QSqlQuery>
```

（3）创建数据库

检查连接，添加数据库驱动，设置数据库名称、数据库登录用户名和密码。

```
QSqlDatabase database;
if (QSqlDatabase::contains("qt_sql_default_connection"))
{
    database = QSqlDatabase::database("qt_sql_default_connection");
}
else
{
    database = QSqlDatabase::addDatabase("QSQLITE");
    database.setDatabaseName("MyDataBase.db");
    database.setUserName("XingYeZhiXia");
    database.setPassword("123456");
}
```

代码解释如下：

1）第一行中，建立了一个 QSqlDatabase 对象，后续的操作要使用这个对象。

2）if 语句用来检查指定的连接(connection)是否存在。这里指定的连接名称是 qt_sql_default_connection，这是 Qt 默认连接名称。实际使用时，这个名称可以任意取。如果判断此连接已经存在，那么 QSqlDatabase::contains()函数返回 true。此时，进入第一个分支，QSqlDatabase::database()返回这个连接。

3）如果这个连接不存在，则进入 else 分支，需要创建连接，并添加数据库。在 else 分支第一行，addDatabase()的参数 QSQLITE 是 SQLite 对应的驱动名，不能改。而且需要注意的是，addDatabase()的第二个参数被省略了，第二个参数的默认参数就是上面提到的 Qt 默认连接名称 qt_sql_default_connection。如果需要使用自定义的连接名称（如果程序需要处理多个数据库文件的话就会这样），则应该加入第二个参数，例如：

database = QSqlDatabase::addDatabase("QSQLITE", "my_sql_connection);

这个时候，如果在另一个地方需要判断 my_sql_connection 连接是否存在，就应该使用 if (QSqlDatabase::contains("my_sql_connection"))。

4）else 分支第二行中，setDatabaseName()的参数是数据库文件名。如果这个数据库不存在，则会在后续操作时自动创建；如果已经存在，则后续的操作会在已有的数据库上进行。

5）else 分支后面两行，设置用户名和密码。用户名和密码都可以随便取，也可以省略。

（4）打开数据库

使用 open()打开数据库，并判断是否成功。注意，在第一步检查连接是否存在时，如果连接存在，则在返回这个连接的时候会默认将数据库打开。

```
if (!database.open())
{
    qDebug() << "Error: Failed to connect database." << database.lastError();
}
else
{
    // do something
}
```

如果打开成功，则进入 else 分支。对数据库的操作都需要在 else 分支中进行。

（5）关闭数据库

数据库操作完成后，最好关闭。

```
database.close();
```

（6）操作数据库

对数据库进行操作需要用到 QSqlQuery 类，操作前必须定义一个对象。下面举例说明操作方法。操作需要使用 SQLite 语句，下面的几个例子会使用几个常用的语句，关于 SQLite 语句的具体信息请参考 SQLite 相关资料。

示例 1：创建表格

创建一个名为 student 的表格，表格包含 3 列，第一列是 id，第二列是名字，第三列是年龄。

```
QSqlQuery sql_query;
QString create_sql = "create table student (id int primary key, name varchar(30), age int)";
sql_query.prepare(create_sql);
if(!sql_query.exec())
```

```
{
    qDebug() << "Error: Fail to create table." << sql_query.lastError();
}
else
{
    qDebug() << "Table created!";
}
```

解释如下：

1）第一行定义一个 QSqlQuery 对象。

2）第二行是一个 QString，其中的内容是 SQLite 语句。对数据库的操作，都是用 SQLite 语句完成的，把这些指令以 QString 类型，通过 prepare()函数保存在 QSqlQuery 对象中。也可将指令以 QString 形式直接写在 exec()函数的参数中，例如：

```
sql_query.exec("create table student (id int primary key, name varchar(30), age int)");
```

create table 是创建表格的语句，也可用大写 CREATE TABLE。student 是表格的名称，可以任意取。括号中是表格的格式，上述指令表明，表格中有 3 列：第一列的名称（表头）是 id，这一列储存的数据类型是 int；第二列名称是 name，数据类型是字符数组，最多有 30 个字符（和 char(30)的区别在于，varchar 的实际长度是变化的，而 char 的长度始终是给定的值）；第三列的名称是 age，数据类型是 int。

如果 sql_query.exec()执行成功，则创建表格成功。

示例 2：插入数据

在刚才创建的表格中，插入一行数据。

```
QString insert_sql = "insert into student values (?, ?, ?)";
sql_query.prepare(insert_sql);
sql_query.addBindValue(max_id+1);
sql_query.addBindValue("Wang");
sql_query.addBindValue(25);
if(!sql_query.exec())
{
    qDebug() << sql_query.lastError();
}
else
{
    qDebug() << "inserted Wang!";
}
if(!sql_query.exec("INSERT INTO student VALUES(3, \"Li\", 23)"))
{
    qDebug() << sql_query.lastError();
}
else
{
```

```
    qDebug() << "inserted Li!";
}
```

insert into 是插入语句，student 是表的名称，values()是要插入的数据。这里插入了两组数据。插入第一组数据的时候，用 addBindValue 来替代语句中的 "?," 替代的顺序与 addBindValue 调用的顺序相同。插入第二组数据的时候，则是直接写出完整语句。

示例 3：更新数据（修改数据）

```
QString update_sql = "update student set name = :name where id = :id";
sql_query.prepare(update_sql);
sql_query.bindValue(":name", "Qt");
sql_query.bindValue(":id", 1);
if(!sql_query.exec())
{
    qDebug() << sql_query.lastError();
}
else
{
    qDebug() << "updated!";
}
```

更新（修改）的语句是 update...set...，其中 student 是表的名称，name 是字段的名称（即第二列），:name 是待定的变量，where 用于确定是哪一组数据，:id 也是待定变量。

bindValue()函数用来把语句中的待定变量换成确定值。

示例 4：查询数据

1）查询部分数据：

```
QString select_sql = "select id, name from student";
if(!sql_query.exec(select_sql))
{
    qDebug()<<sql_query.lastError();
}
else
{
    while(sql_query.next())
    {
        int id = sql_query.value(0).toInt();
        QString name = sql_query.value(1).toString();
        qDebug()<<QString("id:%1    name:%2").arg(id).arg(name);
    }
}
```

语句：select <f1>, <f2> ... from <table_name>;

select 是查询指令；<f1>等是要查询的变量（即表头），中间用逗号隔开；from ...指定表格。上述语句是说查询 student 表中的 id 和 name 。执行查询之后，用 sql_query.value()来获得数据。同样地，value(0)表示第一个数据，即 id，value(1)表示 name。

注意：value()函数的返回值类型是 QVariant，因此要用 toInt()等函数转换成特定的类型。

2）查询全部数据：

```
QString select_all_sql = "select * from student";
sql_query.prepare(select_all_sql);
if(!sql_query.exec())
{
    qDebug()<<sql_query.lastError();
}
else
{
    while(sql_query.next())
    {
        int id = sql_query.value(0).toInt();
        QString name = sql_query.value(1).toString();
        int age = sql_query.value(2).toInt();
        qDebug()<<QString("id:%1   name:%2   age:%3").arg(id).arg(name).arg(age);
    }
}
```

语句：select * from <table_name>;

查询所有数据用 "*" 表示。用 while(sql_query.next())来遍历所有行。同样用 value()来获得数据。

3）查询最大 id：

```
QString select_max_sql = "select max(id) from student";
int max_id = 0;
sql_query.prepare(select_max_sql);
if(!sql_query.exec())
{
    qDebug() << sql_query.lastError();
}
else
{
    while(sql_query.next())
    {
        max_id = sql_query.value(0).toInt();
        qDebug() << QString("max id:%1").arg(max_id);
    }
}
```

在语句中用 max 来获取最大值。

示例 5：删除与清空

1）删除一条数据：

```
QString delete_sql = "delete from student where id = ?";
sql_query.prepare(delete_sql);
sql_query.addBindValue(0);
if(!sql_query.exec())
{
    qDebug()<<sql_query.lastError();
}
else
{
    qDebug()<<"deleted!";
}
```

语句 delete from <table_name> where <f1> = <value>用于删除条目，用 where 给出限定条件。

2）清空表格（删除所有数据）：

```
QString clear_sql = "delete from student";
sql_query.prepare(clear_sql);
if(!sql_query.exec())
{
    qDebug() << sql_query.lastError();
}
else
{
    qDebug() << "table cleared";
}
```

这里没有用 where 给出限制，就是删除所有内容。

本章小结

本章以 SQLite 为例，介绍了数据库在嵌入式系统中的应用设计基础，包含数据库的基本结构原理、数据库的命令及其 API 的应用基础。

习题与思考题

7-1　常见的嵌入式数据库系统的种类与特点。

7-2　请在自己计算机的 Linux 系统下安装与配置 SQLite 环境。

7-3　请使用 Qt Designer 设计一个简单的班级通信录 SQLite 程序，并实现数据库的相关操作。

7-4　总结嵌入式数据库 SQLite 支持的数据结构类型。

第8章 嵌入式系统应用开发实例

本章介绍 4 个嵌入式系统应用的综合设计案例，给出设计要求与较为全面的代码，可以直接移植与运行于嵌入式开发板。这些案例都来自于卓跃培训学校的嵌入式教学实例，具有较强的综合性与实用性。通过本章的学习，复习和检验前面章节的知识。

本章主要内容：

● 停车场管理系统数据库开发
● 贪吃蛇游戏
● GPS 导航系统
● UPHONE 无线商话系统

8.1 停车场管理系统数据库开发

8.1.1 停车场管理系统简介

停车场管理系统分为硬件模块和软件模块。硬件模块主要包括停车场控制器、远距离 IC 卡读卡器、感应卡（有源卡和无源卡）、自动智能道闸、车辆感应器、地感线圈、通信适配器、摄像机、MP4NET 视频数字录像机、传输设备、语音提示单元、系统管理软件等，实现对停车场车辆出入、场内车流引导、停车费计量收取等功能的管理与控制。

本实例主要实现停车场管理系统软件模块，基于 Linux 系统下的 C 语言结合 SQLite3 的 API 函数实现。

通过本实例，既可加深对数据库知识的理解，又可增强 SQL 语言的建表以及数据的增加、删除、更改和查询等应用的实现，目的在于提高理论和实践相结合的能力。

8.1.2 系统总体设计

系统要求：Linux。

软件要求：SQLite3 数据库。

开发语言：SQL、C 语言。

本实例主要实现停车场数据库管理系统软件模块，主要分为三大模块：界面交互层、业务逻辑层、数据接口层，如图 8-1 所示。

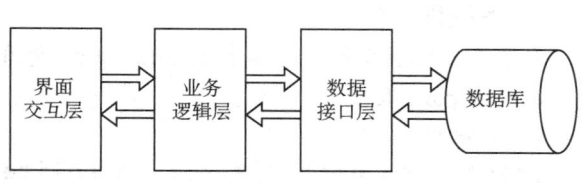

图 8-1　系统框架

界面交互层负责人机交互，发出车辆入库/出库、空闲车位显示、计时/计费等指令。

业务逻辑层负责处理收到的业务指令，调用数据接口层对数据进行操作并把结果返回给界面交互层。

数据接口层负责调用 SQLite3 的 API 接口函数，对数据库进行数据的增、删、改、查等操作，并把结果返回给业务逻辑层。

基于 SQLite3 数据库开发，实现对车辆入库/出库记录、计时/计费、空闲车位统计等功能，需建立停车卡表、停车位表、收费记录表、停车记录表等，如图 8-2 所示。

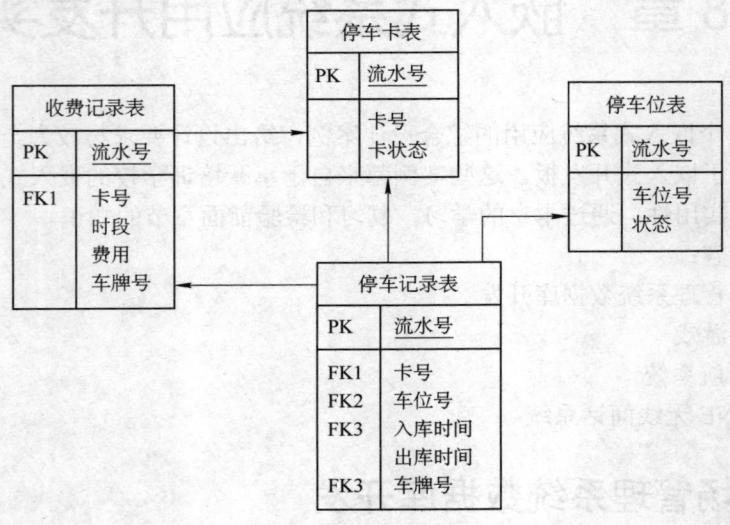

图 8-2　数据库表结构

8.1.3　数据库模块设计

停车管理数据库的主要功能见表 8-1。

表 8-1　停车管理数据库的主要功能

功能	描述
系统数据库创建	创建数据库系统所需的所有表，如停车卡表、停车位表、停车记录表、收费记录表等
数据初始化	系统初始化基础数据，如插入停车卡记录、停车位记录等
空闲车位显示	查询系统内空闲停车位并显示
车辆入库	车辆入库则插入一条入库记录，详细记录入库车牌、卡号、入库时间等
车辆出库	车辆出库则记录出库时间
计时收费	根据车辆出入库记录计算停车时间及停车费用

1. 系统数据库创建

系统数据库表结构：停车卡表 park_card、停车位表 park_space、停车记录表 park_record、收费记录表 park_fee。

1）创建数据库脚本文件：

```
[root@localhost ~]# rpm -q sqlite
sqlite-3.5.6-2.fc9.i386
[root@localhost ~]#
```

说明：用 Linux 的 rpm 命令查询当前系统是否已安装了 SQLite3，从查询得知，已经安装有 SQLite 3.5.6，如未安装，请先安装好数据库 SQLite3。

```
root@localhost park]# vi init.sql
```

2）用 vi 创建脚本文件，并输入如下建表的 SQL 语句：

--停车卡表

```
drop table if exists park_card;
create table park_card
(
ID integer primary key, --流水号
card_NO varchar(10) not null, --卡号
card_state char(1) default '0'--卡状态
);
```
--停车位表
```
drop table if exists park_space;
create table park_space
(
ID integer primary key, --流水号
space_NO varchar(10) not null,--车位号
space_state char(1) default '0' --车位状态，默认为 0 空闲
);
```
--停车记录表
```
drop table if exists park_record;
create table park_record
(
ID integer primary key, --流水号
card_NO varchar(10) not null, --卡号
space_NO varchar(10) not null,--车位号
car_NO    varchar(10) not null,--车牌号
datetime_in timestamp,--入库时间
datetime_out timestamp--出库时间
);
```
--收费记录表
```
drop table if exists park_fee;
create table park_fee
(
ID integer primary key, --流水号
card_NO varchar(10) not null, --卡号
car_NO    varchar(10) not null,--车牌号
park_time float,--停车时间，以小时为单位
fee interger --停车费用
);
```
3）新建数据库文件：
```
[root@localhost park]# sqlite3 mydb.dat
SQLite version 3.6.14.2
Enter ".help" for instructions
Enter SQL statements terminated with a ";"
sqlite>
```

4）执行数据库脚本：

```
SQLite version 3.6.14.2
Enter ".help" for instructions
Enter SQL statements terminated with a ";"
sqlite> .read init.sql
sqlite>
```

5）查表：

```
sqlite> .tables
park_card    park_fee        park_record   park_space
sqlite>
```

2．初始化数据

系统要先初始化停车卡数据和停车位数据，假设停车卡 10 张，停车位 10 个。

1）向 park_card 插入 10 条记录：

```
sqlite> insert into park_card (card_NO) values('6220000001');
sqlite> insert into park_card (card_NO) values('6220000002');
sqlite> insert into park_card (card_NO) values('6220000003');
sqlite> insert into park_card (card_NO) values('6220000004');
sqlite> insert into park_card (card_NO) values('6220000005');
sqlite> insert into park_card (card_NO) values('6220000006');
sqlite> insert into park_card (card_NO) values('6220000007');
sqlite> insert into park_card (card_NO) values('6220000008');
sqlite> insert into park_card (card_NO) values('6220000009');
sqlite> insert into park_card (card_NO) values('6220000010');
```

2）向 park_space 插入 10 条记录：

```
sqlite> insert into park_space (space_NO) values('1');
sqlite> insert into park_space (space_NO) values('2');
sqlite> insert into park_space (space_NO) values('3');
sqlite> insert into park_space (space_NO) values('4');
sqlite> insert into park_space (space_NO) values('5');
sqlite> insert into park_space (space_NO) values('6');
sqlite> insert into park_space (space_NO) values('7');
sqlite> insert into park_space (space_NO) values('8');
sqlite> insert into park_space (space_NO) values('9');
sqlite> insert into park_space (space_NO) values('10');
```

3．空闲停车位

查询空闲停车位数：

select count() from park_space where space_state='0';

执行结果：

```
sqlite> select count() from park_space where space_state='0';
10
```

4．车辆入库

车辆入库要先查询是否有空闲车位，如无则提示"车位已满"，若有车位则找个空闲车位入库，并记录相应的车辆信息，如停车卡卡号、入库时间等，且把该停车位状态改为"在用"状态，如图 8-3 所示。

1）空闲车位统计。根据表结构设计，停车位表中的停车位状态字段用于记录停车位状态，假设状态为"0"表示空闲：

select count() from park_space where space_state='0';

2）获取卡号。查询哪些卡未使用，并得到一个卡号：

select card_NO from park_card where card_state='0' limit 1;

执行结果：

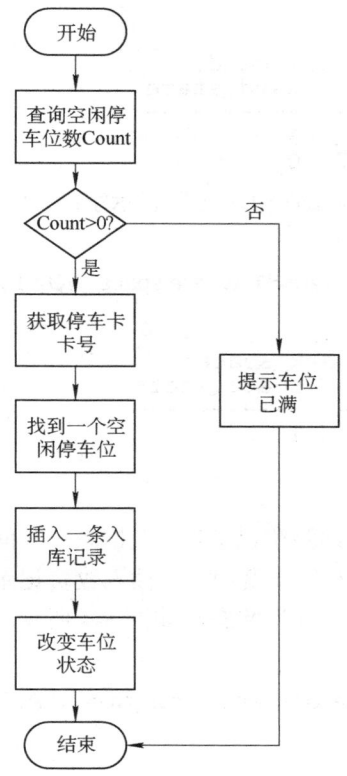

图 8-3　车辆入库流程图

```
sqlite> select card_NO from park_card where card_state='0' limit 1;
card_NO
----------
6220000001
```

3）获取一个停车位。查询哪些停车位是空闲状态，并获取一个停车位号：

select space_NO from park_space where space_state='0' limit 1;

执行结果：

```
sqlite> select space_NO from park_space where space_state='0' limit 1;
space_NO
----------
1
```

说明：结果为 1，找到 1 号空闲停车位。

4）插入一条入库记录：

insert into park_record (card_NO,space_NO,car_NO,datetime_in) values ('6220000001','1','闽AB090',datetime('now','localtime'));

说明：假设车辆车牌号为闽 AB090 的小车入库。

执行结果：

```
sqlite> select *from park_record;
ID          card_NO     space_NO    car_NO      datetime_in          datetime_out
----------  ----------  ----------  ----------  -------------------  ------------
1           6220000001  1           闽AB090     2015-04-09 16:58:51
```

5）修改停车卡状态：

update park_card set card_state='1' where card_NO='6220000001';

执行结果：

```
sqlite> select *from park_card;
ID          card_NO      card_state
----------  ----------   ----------
1           6220000001   1
2           6220000002   0
```

说明：停车卡状态为"1"表示在用，"0"表示空闲。

6）修改停车位状态：

`update park_space set space_state='1' where space_NO='1';`

执行结果：

```
sqlite> select *from park_space;
ID          space_NO     space_state
----------  ----------   -----------
1           1            1
2           2            0
```

5. 车辆出库

车辆出库则根据停车卡号查询停车记录表，根据系统时间记入出库时间，统计车辆停库时间和停车费用，并插入收费记录表一条记录，把车位状态修改为"空闲"状态，如图 8-4 所示。

1）获取停车卡卡号：

`select card_NO from park_record where car_NO='闽 AB090' and datetime_out is null;`

执行结果：

```
sqlite> select card_NO from park_record where car_NO='闽AB090'and datetime_out is null;
6220000001
sqlite>
```

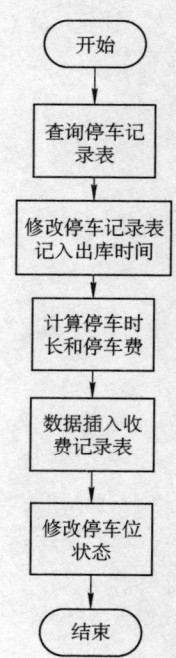

图 8-4 车辆出库流程图

说明：闽 A****小车入库取得停车卡卡号为 6220000001。

2）获取停车位号：

`select space_NO from park_record where car_NO='闽 AB090' and datetime_out is null;`

执行结果：

```
sqlite>select space_NO from park_record where car_NO='闽AB090' and datetime_out is null;
1
```

说明：闽 AB090 小车停车的车位号为 1。

3）记录车出库时间：

`update park_record set datetime_out=datetime('now','localtime') where car_NO='闽 AB090' and datetime_out is null;`

执行结果：

```
sqlite> update park_record set datetime_out=datetime('now','localtime')
where car_NO='闽AB090' and datetime out is null;
sqlite> .head on
sqlite> select *from park_record;
ID          card_NO      space_NO    car_NO      datetime_in           datetime_out
----------  ----------   ----------  ----------  -------------------   -------------------
1           6220000001   1           闽AB090      2015-08-13 14:53:49   2015-08-13 15:01:32
```

6. 停车计费

1）停车计时：

`select strftime('%s',datetime_out) - strftime('%s',datetime_in)   from park_record where` car_NO ='闽 AB090';

执行结果：

```
sqlite> select strftime('%s',datetime_out) - strftime('%s',datetime_in)  from park_record where
car_NO ='闽AB090';
strftime('%s',datetime_out) - strftime('%s',datetime_in)
--------------------------------------------------------
463
sqlite>
```

说明：停车时间为 463s

2）插入一条收费记录：

Float time;

time=463/3600=0.129;//用 C 语言计算出时间，单位为小时

insert into park_fee (card_NO,car_NO,park_time,fee) values('6220000001','闽 AB090',

0.129,0);

说明：费用假设每小时 10 元，10min 内免费。

执行结果：

```
sqlite> insert into park_fee (card_NO,car_NO,park_time,fee) values('6220000001','闽AB090',
   ...> 0.129,0);
sqlite> select *from park_fee;
ID          card_NO     car_NO      park_time   fee
----------  ----------  ----------  ----------  ----------
1           6220000001  闽AB090     0.129       0
sqlite>
```

3）修改停车卡状态：

update park_card set card_state='0' where card_NO=' 6220000001';

4）修改停车位状态：

update park_space set space_state='0' where space_NO='1';

8.1.4 系统核心代码及执行

停车管理系统代码如下：

```c
int main(void)
{
        sqlite3 *db;
        char *errm=NULL;
        int nrow, ncol,i,j;
        char **dbResult;
        char sql[100]={0};
        int choose=0;
        //打开数据库
        int r = sqlite3_open("mydb.dat",&db);
        if(r)
        {
                printf("%s",sqlite3_errmsg(db));
        }
        printf("剩余停车位：%d\n",park_remain(db));
        while(1)
```

```
                    {
                            printf("请选择：1--入库，2--出库，其他退出");
                            scanf("%d",&choose);
                            switch(choose)
                            {
                                    case 1:
                                            {
                                                    char car_no[20]="0";
                                                    printf("请输入车牌号：");
                                                    scanf("%s",car_no);
                                                    park_in(db,car_no);
                                            }
                                            break;
                                    case 2:
                                            {
                                                    char car_no[20]="0";
                                                    printf("请输入车牌号：");
                                                    scanf("%s",car_no);
                                                    park_out(db,car_no);
                                            }
                                            break;
                                    default:
                                            break;
                            }
                    }
                    //关闭数据库
                    sqlite3_close(db);
                    return 0;
            }
```

执行结果：

```
[root@localhost park]# ./main
剩余停车位：10
请选择：1--入库，2--出库，其他退出1
请输入车牌号：闽AB090
入库成功！剩余停车位：9
请选择：1--入库，2--出库，其他退出2
请输入车牌号：闽AB090
出库成功！剩余停车位：10
```

8.2　贪吃蛇游戏

贪吃蛇小游戏是一款界面美观、操作简单的蛇吃食物的小游戏，其基本功能如下：

1）贪吃蛇运动控制：蛇可以上下左右移动，经过随机产生的食物，身体变长，随着越来越长的身体，蛇容易咬到自己的尾巴，当蛇咬到自己的身体或尾巴，或蛇撞到墙壁时游戏结束。

2）调节贪吃蛇的运动速度：用户可以调节蛇的速度来选择不同的难度。

3）选择关卡功能：游戏分不同的难度级别，用户可以选择不同的难度级别进行游戏。

4）游戏帮助：用户可以查看游戏说明、查看英雄榜等。

通过该实例加深对 Qt 知识的理解，掌握 Qt 体系架构、三大基本类的应用、Qt 核心机制信号和槽等知识，提高动手实践能力，从而掌握嵌入式图形用户界面应用程序的开发。

8.2.1 游戏功能设计

贪吃蛇小游戏主要功能包括游戏开始和退出、蛇游动、蛇 4 个方向转动、蛇吃食物、游戏结束、扩展功能，见表 8-2。

表 8-2 游戏主要功能

功能	描述
游戏开始/退出	游戏的开始和应用程序结束
蛇游动	蛇每过一定时间自动游走一步
4 个方向转动	系统提供上下左右 4 个方向键，蛇头根据不同方向转动
吃食物	系统随机选取一个位置生成食物，蛇爬过表示已吃食物，身体加长一节
游戏结束	蛇咬到自己身体或尾巴，或蛇头撞墙，游戏失败
扩展功能	在完成基本功能基础上增加升级扩展功能，蛇吃一个食物加 10 分，到一定分数升级，随着升级蛇游动速度加快

根据游戏功能把程序编写分为以下几个模块：

1）绘制主界面，包含窗口标题、窗口图标、窗口背景、按钮。

2）绘制游戏界面，包含游戏区和控制区。

3）实现主界面和游戏界面的切换。

4）游戏界面开始蛇游动，并根据 4 个方向改变游动方向。

5）随机产生食物，蛇吃食物身体变长。

6）蛇边界检测及"自杀检测"。

7）扩展功能升级加速。

8.2.2 游戏界面设计

游戏设计了两个界面：开始界面及游戏界面，则相应创建开始界面类（mainWidget）和游戏界面类（gameWidget）。

1）创建工程：在 Qt Creator 中选择"Qt Gui Application"创建工程名称"snake"，如图 8-5 所示。

2）开始界面设计：设置窗口标题、图标、背景图、开始按钮、退出按钮，如图 8-6 所示。

说明：单击"开始"按钮进入游戏界面，单击"退出"按钮出现退出提示框。

3）游戏界面设计：包含游戏区和控制区，游戏区以网格形式显示，控制区包含上下左右 4 个方向键、开始和返回按钮，在游戏中，玩家不得返回主菜单，如图 8-7 所示。

4）游戏 UML 类设计：基于游戏应用到类，以及类之间的关系设计的 UML 如图 8-8 所示。

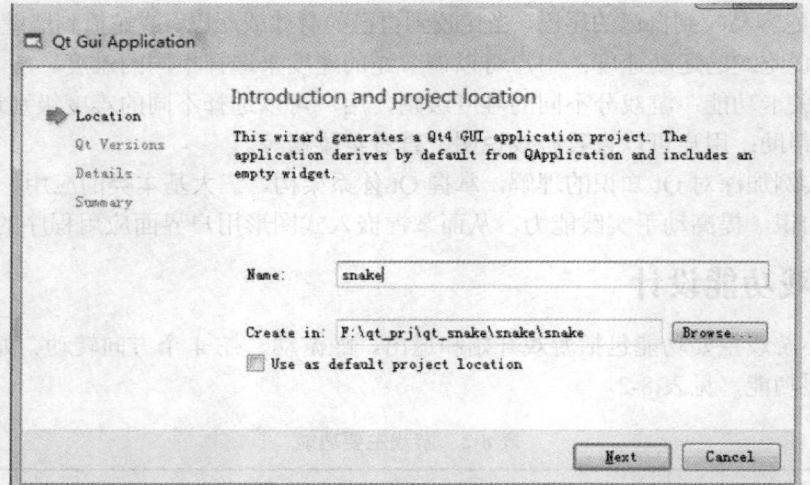

图 8-5　工程创建

图 8-6　游戏开始/进入界面

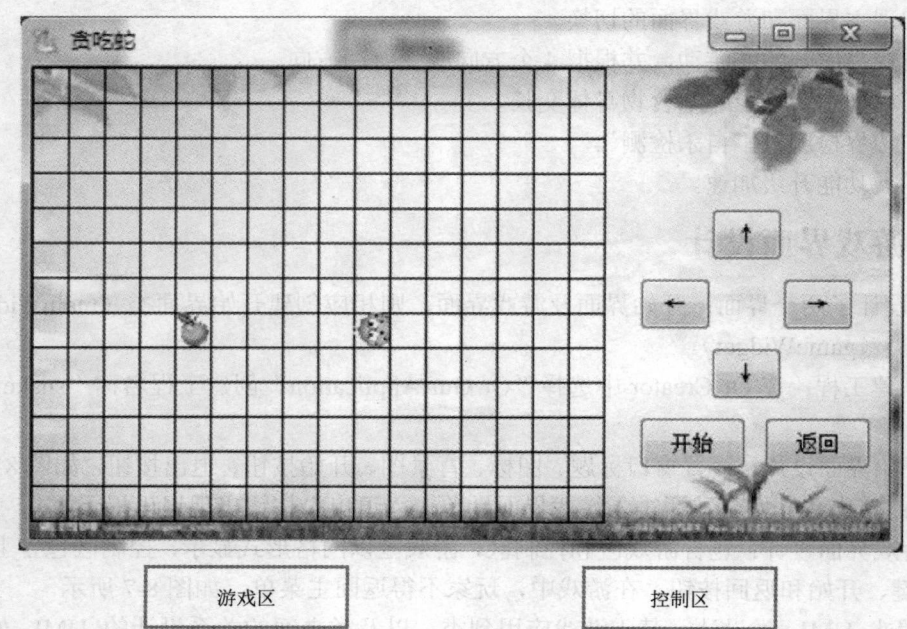

图 8-7　游戏界面

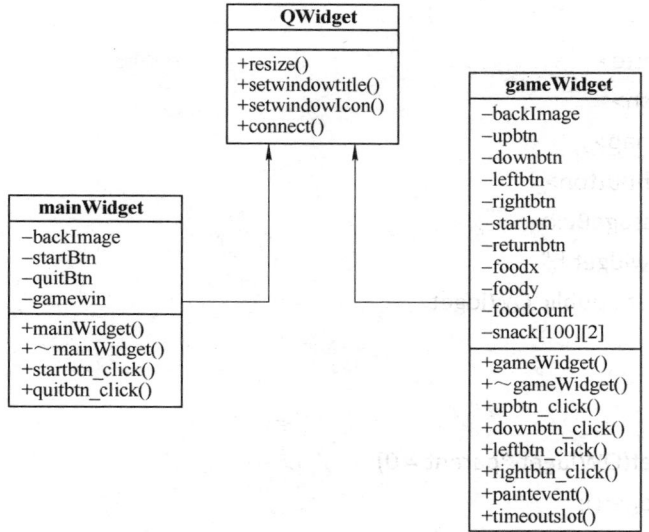

图 8-8　游戏 UML 类

8.2.3　mainWidget 类设计

在 Qt Gui Application 界面中，设置主界面的 Class name、Header file、Source File 等参数，如图 8-9 所示。

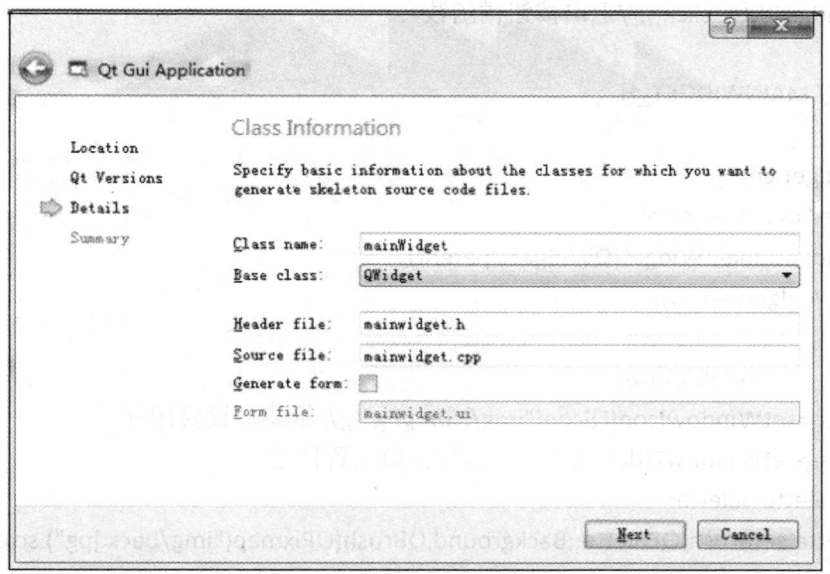

图 8-9　创建 mainWidget 类

编写代码：

mainwidget.h

```
#ifndef MAINWIDGET_H
#define MAINWIDGET_H
#include <QtGui/QWidget>
```

```cpp
#include <QIcon>
#include <QPalette>
#include <QBrush>
#include <QPixmap>
#include <QPushButton>
#include <QMessageBox>
#include "gamewidget.h"
class mainWidget : public QWidget
{
    Q_OBJECT
public:
    mainWidget(QWidget *parent = 0);
    ～mainWidget();
private:
    QPushButton *startbtn;//开始按钮
    QPushButton *exitbtn;//退出按钮
    GameWidget *gamewidget;
public slots:
    void startbtn_click();//开始按钮槽函数
    void exitbtn_click();//退出按钮槽函数
};
#endif // MAINWIDGET_H

mainwidget.cpp
#include "mainwidget.h"
mainWidget::mainWidget(QWidget *parent)
    : QWidget(parent)
{
    this->resize(480,270);
    this->setWindowIcon(QIcon("img/icon.png"));//给窗口设置图标
    this->setWindowTitle("贪吃蛇");//给窗口设置标题
    QPalette palette;
    palette.setBrush(QPalette::Background,QBrush(QPixmap("img/back.jpg").scaled
(this->size())));
    this->setPalette(palette);//给窗口设置背景
    startbtn=new QPushButton(this);
    startbtn->setIcon(QIcon("img/start.png"));//给按钮设置背景图片
    startbtn->setIconSize(QSize(80,80));
    startbtn->setGeometry(QRect(250,170,80,80));
    startbtn->setFlat(true);
```

```
        exitbtn=new QPushButton(this);
        exitbtn->setIcon(QIcon("img/quit.png"));
        exitbtn->setIconSize(QSize(70,70));
        exitbtn->setGeometry(QRect(350,170,70,70));
        exitbtn->setFlat(true);
        this->connect(startbtn,SIGNAL(clicked()),this,SLOT(startbtn_click()));//创建信号和槽
连接
        this->connect(exitbtn,SIGNAL(clicked()),this,SLOT(exitbtn_click()));
    }
    mainWidget::～mainWidget()
    {
        delete startbtn;
        delete exitbtn;
    }
    void mainWidget::startbtn_click()//启动按钮槽函数
    {
        //this->hide();
        gamewidget=new GameWidget(this);
        gamewidget->show();//单击开始进入游戏界面
    }
    void mainWidget::exitbtn_click()//退出按钮槽函数
    {
        if(QMessageBox::Yes==QMessageBox::question(this,"提示","你是否确定要退出？
",QMessageBox::Yes|QMessageBox::No))
        {
            delete this;
            exit(0);
        }
    }
```

8.2.4 gameWidget 类设计

1. 蛇移动及吃食物流程设计

蛇移动通过改变坐标及定时器实现，定时器设置一定的时间，当定时时间到了后，触发相应的槽函数进行处理。时间槽函数主要实现蛇的坐标的变化，即下一帧蛇的新坐标，且要判断该坐标是否是食物的坐标，若是食物的坐标则说明吃到一个食物，食物个数加 1，即蛇身体加长一节，蛇坐标变化后，又开始新一轮的计时，如图 8-10 所示。

界面刷新由 paintEvent 重绘事件完成，该事件根据蛇每节身体坐标和方向显示。

2. 创建游戏界面

在 C++ Class Wizard 界面中，设置游戏界面的 Class name、Header file、Source file 等参数，如图 8-11 所示。

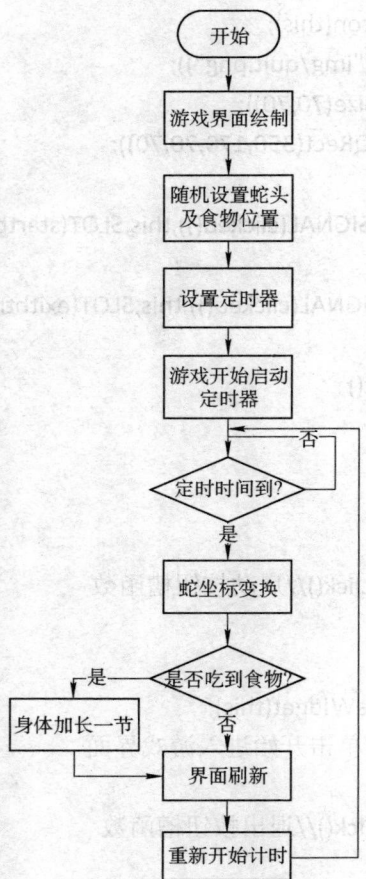

图 8-10   蛇移动流程图

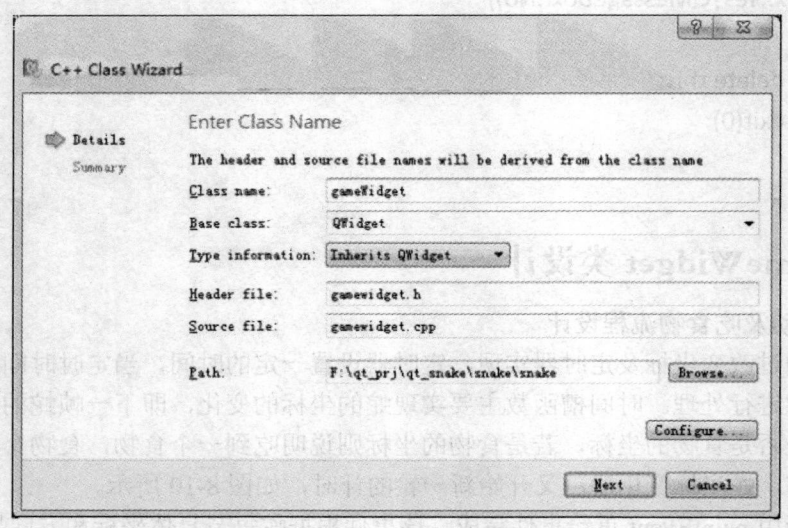

图 8-11   游戏类设置向导

编写代码：

gamewidget.h

```
#ifndef GAMEWIDGET_H
#define GAMEWIDGET_H
#include <QWidget>
#include <QIcon>
#include <QPushButton>
#include <QPainter>
#include <QImage>
#include <QTimer>
#include <QMessageBox>
class GameWidget : public QWidget
{
    Q_OBJECT
public:
    explicit GameWidget(QWidget *parent = 0);
    void paintEvent(QPaintEvent *);
private:
    QPushButton *leftbtn;
    QPushButton *rightbtn;
    QPushButton *upbtn;
    QPushButton *downbtn;
    QPushButton *startbtn;
    QPushButton *returnbtn;
    int direction;//方向
    QTimer *timer;//定时器
    int snake[100][2];//保存蛇的每个节点的坐标
    int snake1[100][2];
    int foodx;//食物 X 坐标
    int foody;//食物 Y 坐标
    int foodcount;//蛇吃食物个数
public slots:
    void leftbtn_click();//向左键槽函数
    void rightbtn_click();
    void upbtn_click();
    void downbtn_click();
    void startbtn_click();//开始游戏槽函数
    void returnbtn_click();//返回按钮槽函数
    void timeoutslot();//定时时间到槽函数
};
#endif // GAMEWIDGET_H
```

gamewidget.cpp

```cpp
#include "gamewidget.h"
#define ROW     13
#define COL     16
#define UP       0
#define DOWN     1
#define LEFT     2
#define RIGHT 3
GameWidget::GameWidget(QWidget *parent) :
    QWidget(parent)
{
    this->setAutoFillBackground(true);//覆盖
    this->resize(480,270);
    this->setWindowIcon(QIcon("img/icon.png"));
    this->setWindowTitle("贪吃蛇");
    QPalette palette;
    palette.setBrush(QPalette::Background,QBrush(QPixmap("img/green.jpg").scaled
(this->size())));
    this->setPalette(palette);
    //控制区
    upbtn=new QPushButton("↑",this);
    upbtn->setGeometry(380,80,40,30);//设置按钮大小和位置
    leftbtn=new QPushButton("←",this);
    leftbtn->setGeometry(340,120,40,30);
    rightbtn=new QPushButton("→",this);
    rightbtn->setGeometry(420,120,40,30);
    downbtn=new QPushButton("↓",this);
    downbtn->setGeometry(380,160,40,30);
    startbtn=new QPushButton("开始",this);
    startbtn->setGeometry(340,200,60,30);
    returnbtn=new QPushButton("返回",this);
returnbtn->setGeometry(410,200,60,30);

    connect(leftbtn,SIGNAL(clicked()),this,SLOT(leftbtn_click()));//建立信号和槽连接
    connect(rightbtn,SIGNAL(clicked()),this,SLOT(rightbtn_click()));
    connect(upbtn,SIGNAL(clicked()),this,SLOT(upbtn_click()));
    connect(downbtn,SIGNAL(clicked()),this,SLOT(downbtn_click()));
    connect(returnbtn,SIGNAL(clicked()),this,SLOT(returnbtn_click()));
    connect(startbtn,SIGNAL(clicked()),this,SLOT(startbtn_click()));
connect(returnbtn,SIGNAL(clicked()),this,SLOT(returnbtn_click()));
//设置蛇的初始位置
```

```
        snake[0][0]=qrand()%COL;
    snake[0][1]=qrand()%ROW;
    direction=qrand()%4;//设置蛇初始方向
    //创建定时器
        timer=new QTimer(this);
    connect(timer,SIGNAL(timeout()),this,SLOT(timeoutslot()));
    //设置食物的起始位置
        foodx=qrand()%COL;
        foody=qrand()%ROW;
        foodcount=0;
    }
    //widget 的绘画事件
    void GameWidget::paintEvent(QPaintEvent *)
    {
    int i,j;
    //绘制游戏区
        QPainter painter(this);
        for(i=0;i<ROW;i++)
        {
            for(j=0;j<COL;j++)
            {
                painter.drawRect(QRect(j*20,i*20,20,20));
            }
        }
        //画食物
        painter.drawImage(QRectF(foodx*20,foody*20,20,20),QImage("img/apple.png"));
        //蛇头
        switch(direction)
        {
        case UP:
    painter.drawImage(QRectF(snake[0][0]*20,snake[0][1]*20,20,20),QImage("img/
headup.png"));
            break;
        case DOWN:
    painter.drawImage(QRectF(snake[0][0]*20,snake[0][1]*20,20,20),QImage("img/
headdown.png"));
            break;
        case LEFT:
    painter.drawImage(QRectF(snake[0][0]*20,snake[0][1]*20,20,20),QImage("img/
headleft.png"));
```

```
                break;
            case RIGHT:
        painter.drawImage(QRectF(snake[0][0]*20,snake[0][1]*20,20,20),QImage("img/
headright.png"));
                break;
            default:break;
    }
        //画蛇身
        for(i=1;i<=foodcount;i++)
        {
            //左下
            if((snake[i][0]==snake[i-1][0] && snake[i][1]<snake[i-1][1] && snake[i][1]== snake[i+
1][1] && snake[i][0]<snake[i+1][0])
                ||(snake[i][1]==snake[i-1][1] && snake[i][0]<snake[i-1][0] && snake[i][0]==
snake[i+1][0] &&snake[i][1]<snake[i+1][1]))
            {
        painter.drawImage(QRectF(snake[i][0]*20,snake[i][1]*20,20,20),QImage("img/
tl_corner.png"));
            }
            else if((snake[i][1]==snake[i-1][1] && snake[i][0]>snake[i-1][0] && snake[i][0] ==
snake[i+1][0] &&snake[i][1]<snake[i+1][1])
                ||(snake[i][0]==snake[i-1][0] && snake[i][1]<snake[i-1][1] && snake[i][1]==
snake[i+1][1] &&snake[i][0]>snake[i+1][0]))
            {
        painter.drawImage(QRectF(snake[i][0]*20,snake[i][1]*20,20,20),QImage("img/
tr_corner.png"));
            }
            else if((snake[i][0]==snake[i-1][0] && snake[i][1]>snake[i-1][1] && snake[i][1] ==
snake[i+1][1] && snake[i][0]<snake[i+1][0])
                ||(snake[i][1]==snake[i-1][1] && snake[i][0]< snake[i-1][0]) && snake[i][0] ==
snake[i+1][0] &&snake[i][1]>snake[i+1][1])
            {
        painter.drawImage(QRectF(snake[i][0]*20,snake[i][1]*20,20,20),QImage("img/
bl_corner.png"));
            }
            else if((snake[i][0]==snake[i-1][0] && snake[i][1]>snake[i-1][1] && snake[i][1] ==
snake[i+1][1] && snake[i][0]>snake[i+1][0])
                ||(snake[i][1]==snake[i-1][1] && snake[i][0]> snake[i-1][0]) && snake[i][0] ==
snake[i+1][0] &&snake[i][1]>snake[i+1][1])
            {
```

```
painter.drawImage(QRectF(snake[i][0]*20,snake[i][1]*20,20,20),QImage("img/
br_corner.png"));
            }
            else if(snake[i][1]==snake[i-1][1] && snake[i][0]!=snake[i-1][0])
            {
painter.drawImage(QRectF(snake[i][0]*20,snake[i][1]*20,20,20),QImage("img/
h_body.png"));
            }
            else if(snake[i][0]==snake[i-1][0] && snake[i][1]!=snake[i-1][1])
            {
painter.drawImage(QRectF(snake[i][0]*20,snake[i][1]*20,20,20),QImage("img/
v_body.png"));
            }
        }
    }
    //时间到的槽函数
    void GameWidget::timeoutslot()
    {
        int i=0;
        //是否吃到食物
        if(snake[0][0]==foodx && snake[0][1]==foody)
        {
            //更新食物坐标
            foodx=qrand()%COL;
            foody=qrand()%ROW;
            foodcount++;
        }
memcpy(snake1,snake,sizeof(snake));//保存蛇前一刻的坐标
        //改变蛇每节身子的坐标
        for(i=foodcount;i>0;i--)
        {
            snake[i][0]=snake[i-1][0];
            snake[i][1]=snake[i-1][1];
        }
        //蛇头
        switch(direction)
        {
        case UP:
            snake[0][1]--;
            break;
```

```
    case DOWN:
         snake[0][1]++;
         break;
    case LEFT:
         snake[0][0]--;
         break;
    case RIGHT:
         snake[0][0]++;
         break;
    default:break;
    }
    if(snake[0][0]<0 ||snake[0][0]>=COL ||snake[0][1]<0 ||snake[0][1]>=ROW)
    {
         memcpy(snake,snake1,sizeof(snake));
         if(QMessageBox::Yes==QMessageBox::question(this,"提示","GAME OVER",
QMessageBox::Yes))
         {
              this->close();
              delete this;
              timer->stop();
              return;
         }
    }
    if(foodcount>=3)
    {
         for(i=3;i<=foodcount;i++)
         {
              if(snake[0][0]==snake[i][0] && snake[0][1]==snake[i][1])
              {
                   memcpy(snake,snake1,sizeof(snake));
                   if(QMessageBox::Yes==QMessageBox::question(this,"提示","GAME
OVER",QMessageBox::Yes))
                   {
                        this->close();
                        delete this;
                        timer->stop();
                        return;
                   }
              }
         }
    }
```

```
        }
        this->update();
    }
    void GameWidget::upbtn_click()
    {
        direction=UP;
    }
    void GameWidget::downbtn_click()
    {
        direction=DOWN;
    }
    void GameWidget::leftbtn_click()
    {
        direction=LEFT;
    }
    void GameWidget::rightbtn_click()
    {
        direction=RIGHT;
    }
    //开始按钮槽函数
    void GameWidget::startbtn_click()
    {
        timer->start(500);//启动定时器
    }
    void GameWidget::returnbtn_click()
    {
        delete this;
    }
```

8.2.5　游戏运行

贪吃蛇游戏是在 Qt 支持下设计的，下面是基于 Qt 的 main 程序设计。

main.cpp

```
#include <QtGui/QApplication>
#include "mainwidget.h"
#include <QTextCodec>
int main(int argc, char *argv[])
{
    QApplication a(argc, argv);
    QTextCodec::setCodecForCStrings(QTextCodec::codecForName("gb2312"));//设置中文
    mainWidget w;
```

```
        w.show();
        return a.exec();
}
```

游戏运行时的界面如图 8-12 所示。

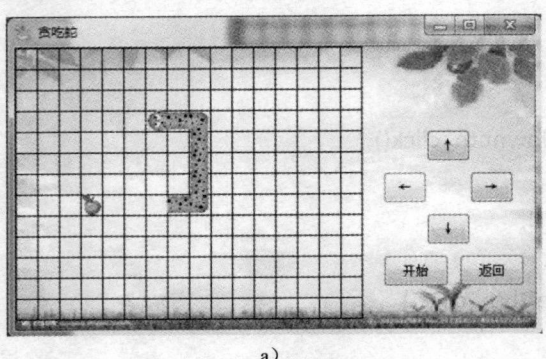

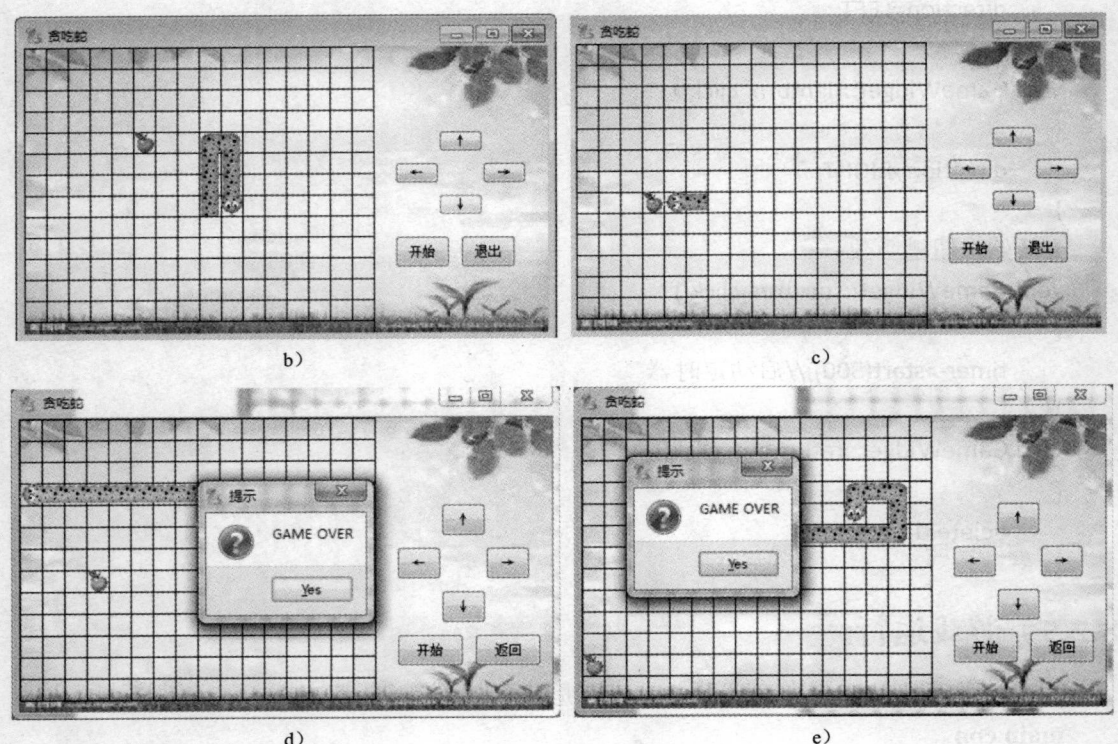

图 8-12　游戏运行时的界面

a) 蛇"游走"　b) 蛇 4 个方向转动　c) 蛇吃食物　d) 蛇"撞墙"　e) 蛇"自杀"

8.3　GPS 导航系统

GPS 导航系统可以准确定位自身所在位置，也可以满足对路线的规划，并可以选择起点和终点，在此背景下还支持巡航。该导航系统采用 mini2440 开发板为宿主机，并使用 RS-232 串口外接 LEA-5 的 GPS 模块作为通信模块，其功能见表 8-3。

表 8-3　GPS 导航系统功能设计

功能	描述
系统开机	系统开机过程显示硬件基本信息并动态显示 GPS 模块初始化进程
系统界面	进入地图显示界面，能正确加载 MIF 格式的地图，能够对地图进行缩放平移，地图默认的中心点为当前 GPS 的位置
定位	单击定位按钮，能在地图上显示当前的位置
导航	在地图上选择一个结束位置点，起始位置为当前位置点，能够正确计算出起始点跟结束点的路径，并用不同的颜色标示。当 GPS 移动时，能显示移动的轨迹
导航轨迹	记录 GPS 移动过的位置，在地图上用点标示出来

8.3.1　GPS 导航系统设计

1. GPS 导航系统的 UML 类设计（见图 8-13）

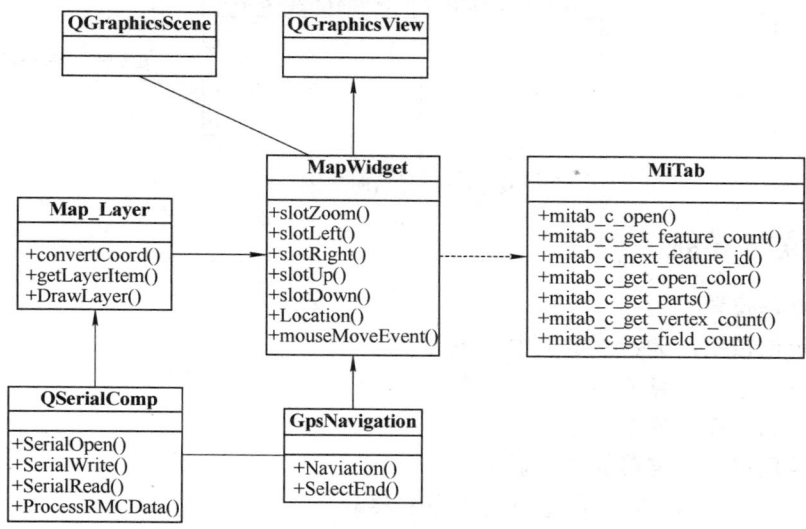

图 8-13　GPS 导航系统 UML 类

2. 系统关键时序图设计（见图 8-14 和图 8-15）

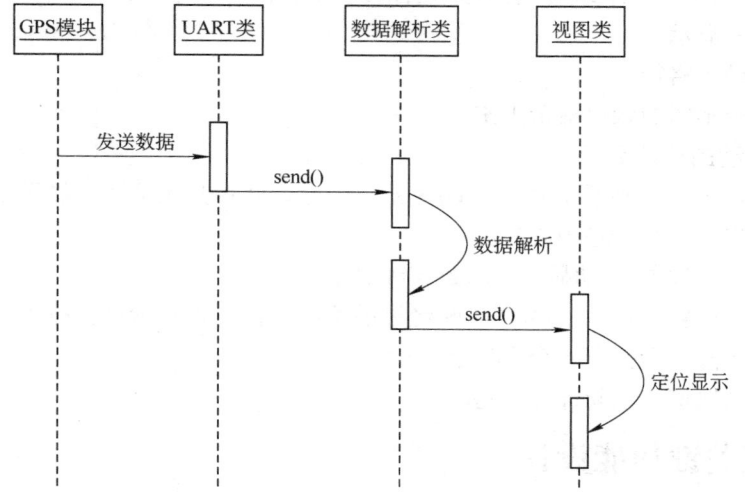

图 8-14　GPS 数据流向时序图

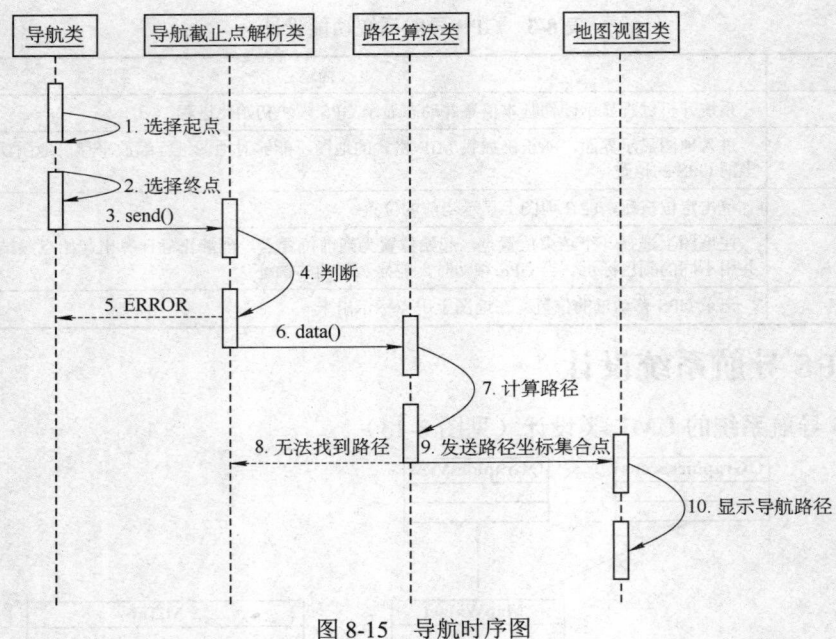

图 8-15　导航时序图

8.3.2　定位与导航

1．显示地理位置

1）单击定位按钮，提示"定位中……"。

2）定位点用不同的点或图片标示出来。

3）定位到的点在屏幕中心显示。

2．当前地理位置在屏幕的中心显示

1）定位完之后，可以对地图进行上下左右移动。

2）定位到的点也要随着屏幕图像移动而移动。

3．起始点、结束点选择

起点跟终点用不同的点或者图标标示出来。

4．导航路线显示

1）能显示最短路径。

2）该路径用不同的颜色标示出来。

5．GPS 移动的轨迹显示

1）导航开始之后，要不断地获取 GPS 定位信息，并将其在地图上显示出来。

2）当前的定位点在屏幕中心显示。

3）支持 GPS 信息的移动显示，轨迹连续显示。

4）选择轨迹巡航之后，要显示 GPS 经过的路段，并用点标示这些路段。

5）计算隔一段距离打印一个定位点。

6）偏离预定轨道，重新计算线路。

8.3.3　系统关键功能设计

1．Graphics View 层次结构

Graphics View 提供了 2D 图元的控件及其接口，还包含一个事件传递机制，允许画布和画布上的图元之间精确地双向交互。图元处理鼠标、键盘事件，如鼠标按下、移动、释放、单击和双击事件，也跟踪鼠标移动。另外，Graphics View 使用 BSP 树来提供快速的图元搜索功能，从而能够支持大画布显示，甚至是包含数百万图元的画布。

Graphics View 架构分作 3 层，如图 8-16 所示。最底层是一系列 QGraphicsItem，也就是最基本的图元。所有要显示的对象都必须包装成 QGraphicsItem 或其子类的对象。中间层是 QGraphicsScene 对象，当显示 QGraphicsScene 对象时，它包含的所有 QGraphicsItem 对象都会显示。最上层是 QGraphicsView，这是个窗体控件，专门负责画布的显示。QGraphicsView 和 QGraphicsScene 的关系类似于 MVC 架构中的 Model 和 View，或者 Observer 设计模式的 Data 和 View 的关系。QGraphicsView 控制图像显示，并负责处理或向 QGraphicsScene 或 QGraphicsItem 转发键盘、鼠标等用户交互事件。QGraphicsScene 包括要显示的 QGraphicsItem 列表数据信息。QGraphicsView 和 QGraphicsScene 是多对一的关系，即一个 QGraphicsScene 可以放在多个 QGraphicsView 中以不同方式显示。

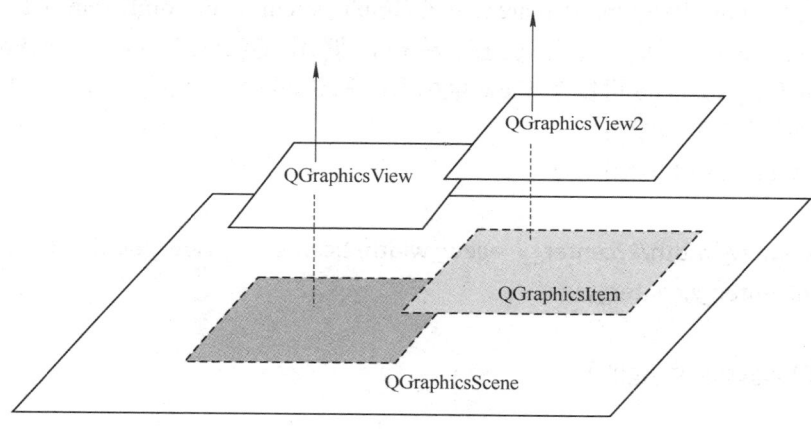

图 8-16　QGraphics View 三元素之间的关系

Graphics View 基本类有各自不同的坐标系。QGraphicsScene 类的坐标系是以中心为原点 (0,0)的，如图 8-17 所示。

QGraphicsView 类继承自 QWidget 类，因此它和其他 QWidget 类一样以窗口的左上角作为自己坐标系的原点，如图 8-18 所示。

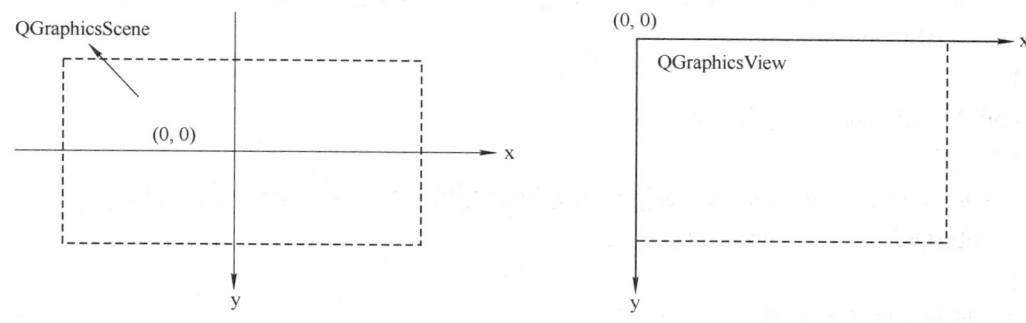

图 8-17　QGraphicsScene 类的坐标系　　　　图 8-18　QGraphicsView 类的坐标系

QGraphicsItem 类则有自己的坐标系，如图 8-19 所示，在调用 QGraphicsItem 类的 paint()

函数重画项目时是以此坐标系为基准的。

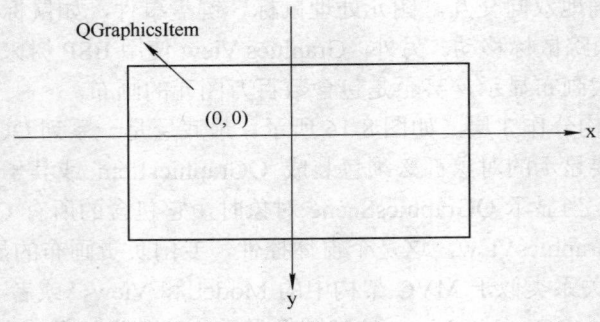

图 8-19   QGraphicsItem 类的坐标系

以上 3 种坐标系可以相互转换，Qt 提供了相应的接口。例如，通过调用 QGraphicsItem::mapToScene 和 QGraphicsItem::mapFromScene 可以在 Item 坐标系统和 Scene 坐标系统之间进行转换，调用 QGraphicsItem::mapToParent 和 QGraphicsItem::mapFromParent 可以在 Item 坐标系统和它的父 Item 坐标系统之间进行转换，调用 QGraphicsView::mapFromScene 和 QGraphicsView::mapToScene 可以在 View 坐标系统和 Scene 坐标系统之间进行转换。

2．视图上下左右移动算法

```
void MapWidget::slot_left()
{
  center_x<-view_width/2?center_x=-view_width/2:center_x-=view_width /10;
  centerOn(center_x,center_y);
}
void MapWidget::slot_right()
{
  center_x<-view_width/2?center_x=-view_width/2:center_x+= view_width /10;
  centerOn(center_x,center_y);
}
void MapWidget::slot_up()
{
  center_x<-view_height/2?center_x=-view_height/2:center_x+= view_height /10;
  centerOn(center_x,center_y);
}
void MapWidget::slot_down()
{
  center_x<-view_height/2?center_x=-view_height/2:center_x+= view_height /10;
  centerOn(center_x,center_y);
}
```

3．导航最短路径算法

导航最短路径算法采用迪杰斯特拉算法，代码如下：

```
struct _graph                    //定义一个图
```

```
{
        struct vertex vexs[MAXVEX];                   //顶点集合
        int edges[MAXVEX][MAXVEX];                    //边集合
};
typedef struct _graph graph;
graph Dijkstra(graph adj,char start,char end,int endnum)
{
        int i,j;
        for (i = 0; i < n; i++)                       //对图进行必要的修改
        {
             if(adj.vexs[i].name == start)            //起点置 0
                  adj.vexs[i].num = 0;
        }
        while (adj.vexs[endnum].choose == false)      //终点未被圈定
        {
             int temp=32767,min;
             for (i = 0; i < n; i++)                  //遍历所有顶点
             {
                  while (adj.vexs[i].choose == false)  //未圈定顶点中
                  {
                       if(adj.vexs[i].num < temp)      //取总权值最小的顶点
                       {
                            temp = adj.vexs[i].num;
                            min = i;
                       }
                       break;
                  }
             }
             adj.vexs[min].choose = true ;            //圈定权值最小的顶点
             for (j = 0; j < n; j++)                  //遍历所有顶点
             {
             while (adj.vexs[j].choose == false)      //未圈定顶点中
                  {
                       if (adj.edges[min][j] != -1)    //和当前最小权值顶点间存在线路
                       {
                            if (adj.vexs[j].num > adj.edges[min][j] + adj.vexs[min].num)
                            //if(XXX)则修改顶点权值并将前驱设为当前圈定顶点
                            {
                                 adj.vexs[j].num = adj.edges[min][j] + adj.vexs[min].num;
                                 adj.vexs[j].pre = adj.vexs[min].name;
```

```
                }
            }
            break ;
        }
    }
    return(adj);
}
```

8.3.4　GPS 导航系统实现

1. 系统开机界面

系统开机界面如图 8-20 所示，其主要完成以下功能：

1）进行 GPS 模块初始化时要在开机界面上显示详细的初始化进程。

2）提示打开 GPS 成功。

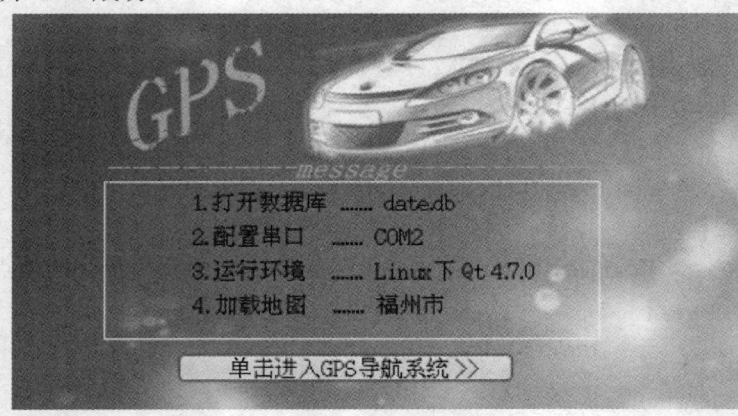

图 8-20　系统开机界面

2. 系统主界面

系统开机完成后，进入系统主界面，如图 8-21 所示。

图 8-21　系统主界面

1）主界面显示定位、导航起始点、导航结束点、导航轨迹巡航、地图放大/缩小按钮。

2）主界面显示 GPS 信号、当前时间。当 GPS 信号弱或者无信号时，要做相应提示。通过 GPS 数据，获取 GPS 的系统时间。

3．系统导航界面

系统导航界面如图 8-22 所示。

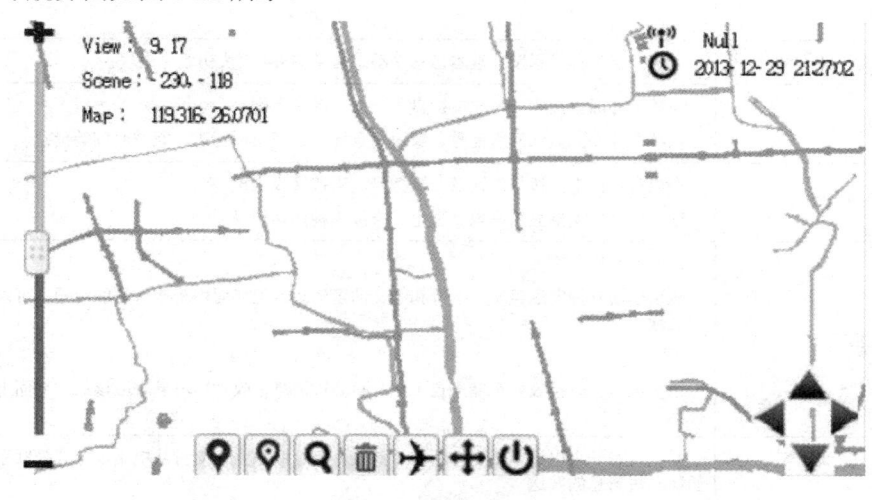

图 8-22 系统导航界面

按钮说明：

📍：设置导航起点。按下该按钮后，在屏幕双击即可设置起点。

📍：设置导航终点。按下该按钮后，在屏幕双击即可设置终点。

🔍：当终点和起点设置完成后（在未设置起点时，默认为从当前位置开始查找），单击该按钮即可自动生成相应的最短路线。

🗑：该按钮按下后，即可清除界面中的起点、终点、定位点。

✈：当设置完起点和终点，并找到路线后，按下该按钮即可进行模拟巡航。

✛：当 GPS 信号连接后，按下该按钮即可进行定位，找到当前位置。

⏻：关闭系统按钮。

：方向按钮。

8.4 UPHONE 无线商话系统

UPHONE 的设计主要是对嵌入式软件开发技术整体知识的系统化应用，掌握 ARM-Linux 多任务开发技术以及 Qtopia 的窗口开发、基于 AT 指令的 GSM 语音通信、短消息通信、YAFFS 文件系统的应用等开发能力。

本系统是利用 Linux 平台实现一款无线商话，利用 SIM300 实现语音通话、SMS 收发功能等，在 mini2440 平台实现语音通话、电话本、虚拟键盘、通话记录、短信箱等常见的手机功能，见表 8-4。

表 8-4　功能结构表

功能	描述
系统开机	系统开机过程显示硬件基本信息并动态显示 GSM 模块初始化进程
系统主界面	系统主界面上显示一个虚拟键盘和一个主系统界面 系统主界面上显示网络信号、新短消息标志、新来电标志、系统时间等信息
语音通话	来电去电：支持拨打电话及二次拨号，支持接收来电 通话记录：支持显示来电、去电、未接 3 种通话记录
短信箱	短消息发送： 短信模块支持发送英文、字母和中文的短消息，但界面由于输入法的问题，可以暂时不支持中文输入 短消息接收： 系统可以实时接收并存储来自 GSM 网的短消息，收到短消息时应该在主界面上有新短消息提示
电话本	系统具有一个电话本，支持新增、修改、删除联系人，支持从电话本上选择联系人进行语音通信和短消息的发送
虚拟键盘	在主界面上显示出 0~9、a~z、A~Z、F1~F5 的虚拟键盘和符号输入

8.4.1　UPHONE 无线商话系统设计

1. 系统框架（见图 8-23）

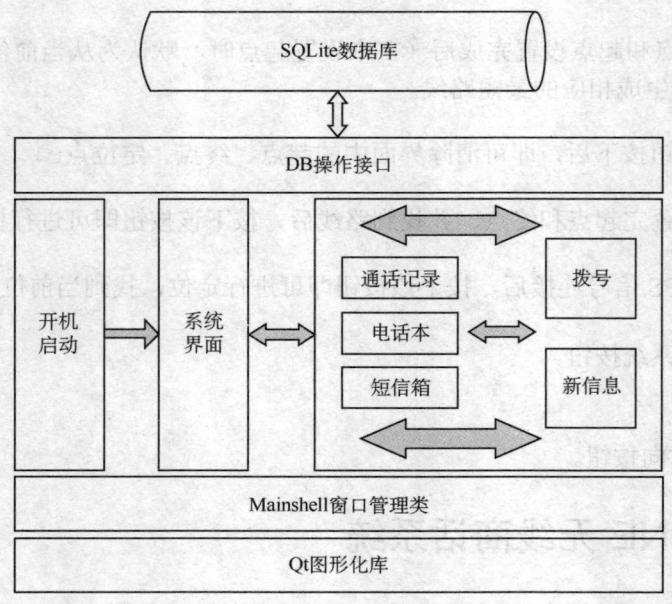

图 8-23　系统框架

2. 系统流程（见图 8-24）

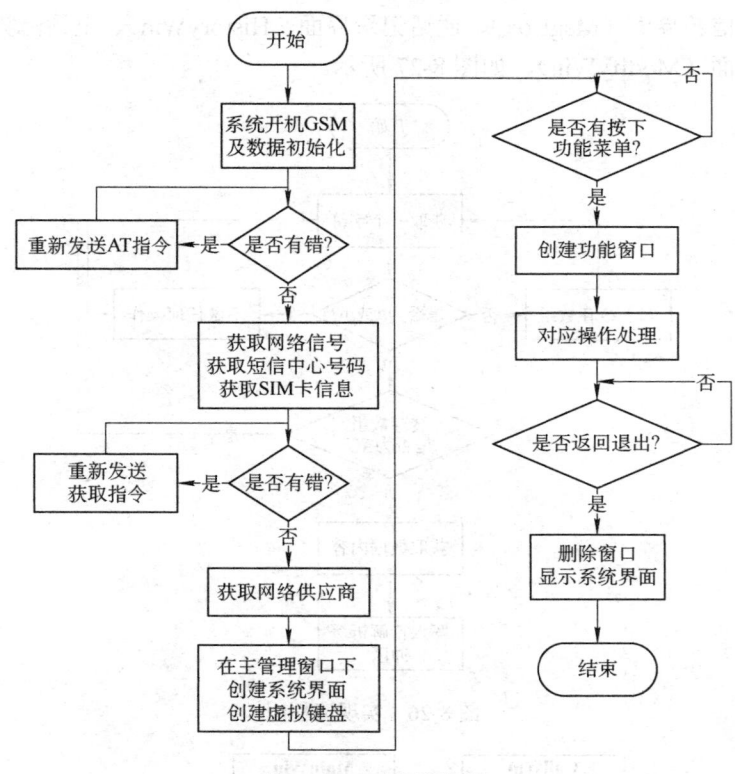

图 8-24　系统流程图

3．系统执行时序（见图 8-25）

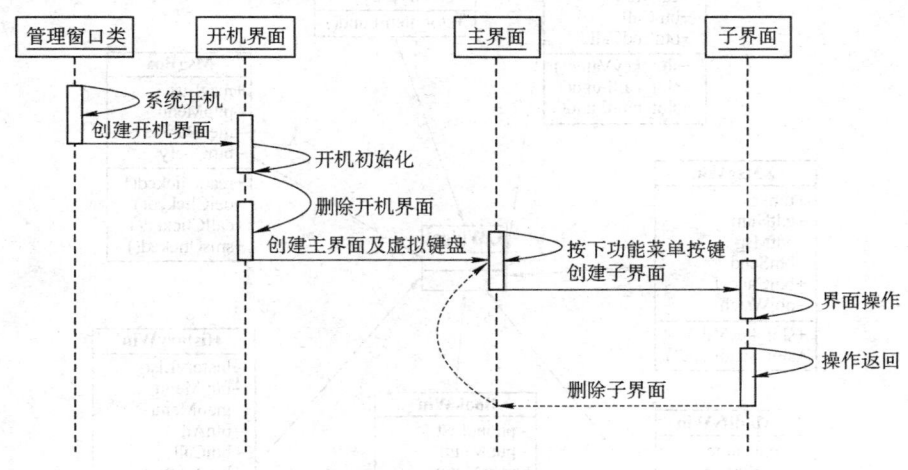

图 8-25　系统执行时序图

4．实现流程

本系统串口指令的获取采用的是字节流的方式。自动过滤掉 AT 指令的\r\n 获取到真正的内容，将获取到的数据传入到待解析缓冲区中，由线程任务判断具体的内容，再执行对应的函数，具体实现流程如图 8-26 所示。

5．界面类的设计

UPHONE 系统主要有菜单主界面（MainWin）、通话界面（CallWin）、发信息界面

（SMsgWin）、短信箱界面（MsgBox）、通话记录界面（HistoryWin）、电话簿界面（BookWin）
和编辑电话簿界面（ModifyWin），如图 8-27 所示。

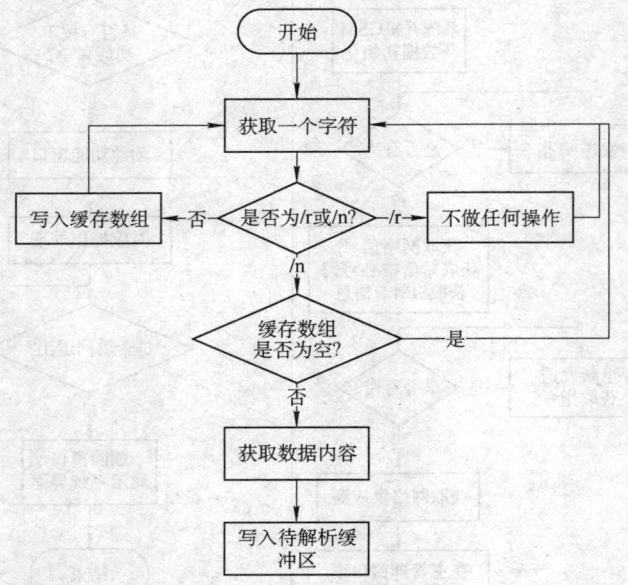

图 8-26 实现流程图

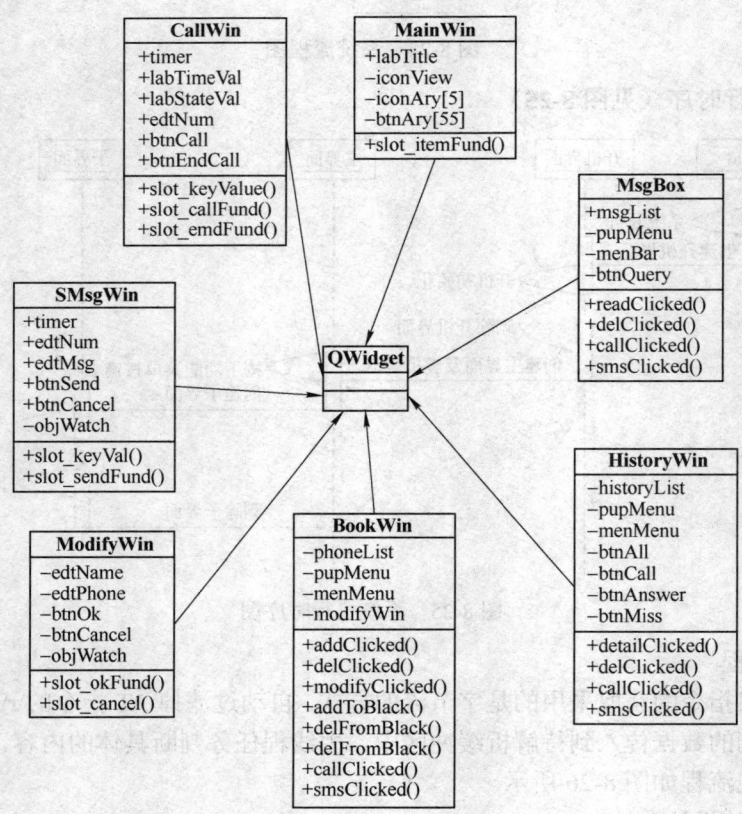

图 8-27 界面类

8.4.2 系统模块设计

1．系统开机

1）系统启动时要求响一声蜂鸣器，以提示正在开机。

2）开机过程需要检测相关的硬件信息，并显示这些信息，如果某些关键性硬件无法检测通过，则需采用蜂鸣器告警。

3）进行 GSM 模块和网络初始化时要在主界面上显示详细的初始化进程。

4）系统开机要求有一张图片作为背景，该图片存放在 NorFlash 中，可以通过数据下载协议进行更新。

5）系统开机完成后，进入系统主界面，如图 8-28 所示。主界面分为 3 部分，顶部为标题栏，中间为主菜单，底部为一个虚拟键盘。其中，标题栏显示网络信号、新短消息、新来电图标及系统时钟；主菜单显示系统一些主要的菜单图标，用户可以通过图标进入相应的功能，包括拨打电话、通话记录、发送消息、短信箱、电话本等。由于 mini2440 开发板只有 4 个按键，无法满足系统使用，因此，需要自己创建一个虚拟键盘用于输入信息。

图 8-28 系统主界面

2．电话本设计

1）支持联系人信息存储，包括添加联系人、修改联系人和删除联系人。

2）联系人信息只需要包括姓名和电话两个字段即可。

3）要求可以从电话本直接呼叫用户或者给用户发送短信。

4）要求可以从电话本中按关键字、姓名或电话，模糊查找联系人信息。

3．语音通话设计

（1）通话功能

1）系统支持语音通话功能，包括来电和去电。

2）支持二次拨号。

3）支持拒接来电。

4）支持保存通话记录，包括已接、未接、去电 3 种类型的通话记录。要求通话记录可以按通话时间倒序排列，并可以以列表的形式显示。如果通话号码在电话本有相应的联系人信息，则要求显示联系人姓名替代号码。

5）要求在通话记录列表中可以选择查看详情，即通话号码、通话开始时间、通话时长。

6）要求在通话记录中可以直接给通话号码拨打电话和发送短消息。

7）支持黑白名单。如果只有黑名单，则自动拒接所有黑名单的电话；如果有白名单，则拒接白名单以外的所有号码。

（2）数据结构

在 SQLite3 数据库中需要建立通话记录表、联系人表，并设置相应的字段、主键等，如图 8-29 所示。

（3）拨打电话设计

当用户在虚拟键盘输入电话号码并按下拨打电话键后，系统发送 AT 指令，并插入一条通话记录到通话记录表中，如图 8-30 所示。

（4）接入电话设计

当通信模块接收到呼入 AT 指令时，说明有电话呼叫，则先查询是否被设置为黑名单，如不是则接入通话，并写入想用的通话记录表中，如图 8-31 所示。

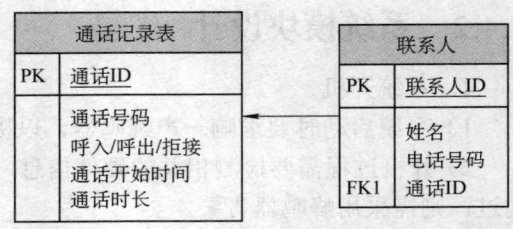

图 8-29　数据库设计

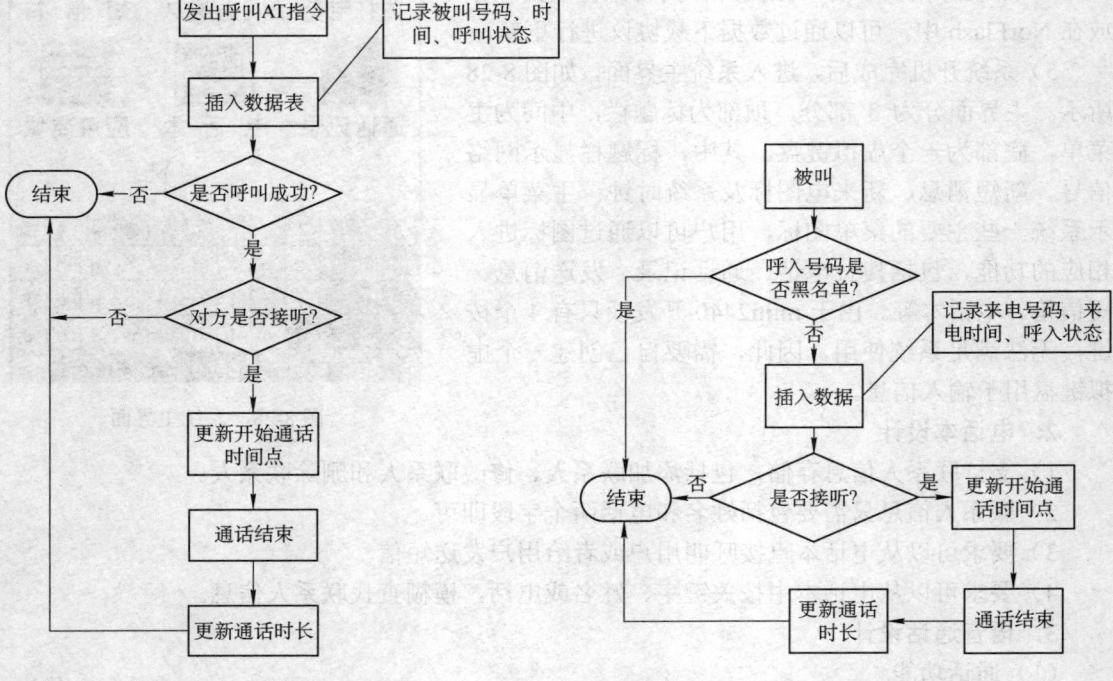

图 8-30　拨打电话流程图　　　　图 8-31　接入电话流程图

4．通话记录设计

主界面提供通话记录查询功能，当单击主界面通话记录选项时，则显示通话记录，如图 8-32 所示。

通话记录主要查询通话记录表，通过 SQL 查询语句查询，调用 SQLite3 的 API 函数获取结果集，再把结果传给界面模块显示。主要的 SQL 语句如下：

Select case when b.[姓名] is null then a.[通话号码] else b.[姓名] end ,

　　a.[通话时间] from [通话记录表] a left join [联系人] b on a.[通话号码]=b.[电话号码]

　　where 1=1 order by a.[通话开始时间] desc;

5．短信收发设计

（1）短信功能

1）支持接收和发送短信功能。

图 8-32　通话记录图标

2）可以接收任意格式的短信，包括 7bit、8bit、UC2，并可以显示中文内容。

3）可以发送字母、数据和标点符号等 ASCII 字符。

4）可以通过测试界面，发送中文短信。

5）要求短信箱可以支持已读、未读短信标识。

6）短信箱采用按接收时间倒序排列的方式显示。

7）接收到新短信时，要求在主界面上提示有新短消息到达。

8）短信息支持直接转发功能和编辑转发功能。

9）短信箱中可以直接给发送短信的人拨打电话。

在 SQLite3 数据库中需要创建短信表，包含短信 ID（主键）、短信内容、对方号码、收发时间、状态等，如图 8-33 所示。

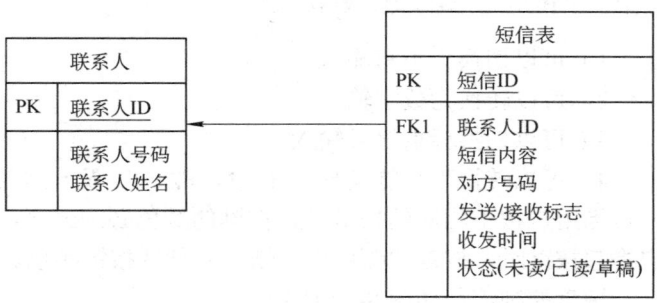

图 8-33　短信功能数据结构图

（2）短信发送

当用户在界面上编写好短信内容发送后，系统将根据格式发送 AT 指令请求短信中心，等系统收到响应后，若发送成功，把响应数据写入数据库，如图 8-34 所示。

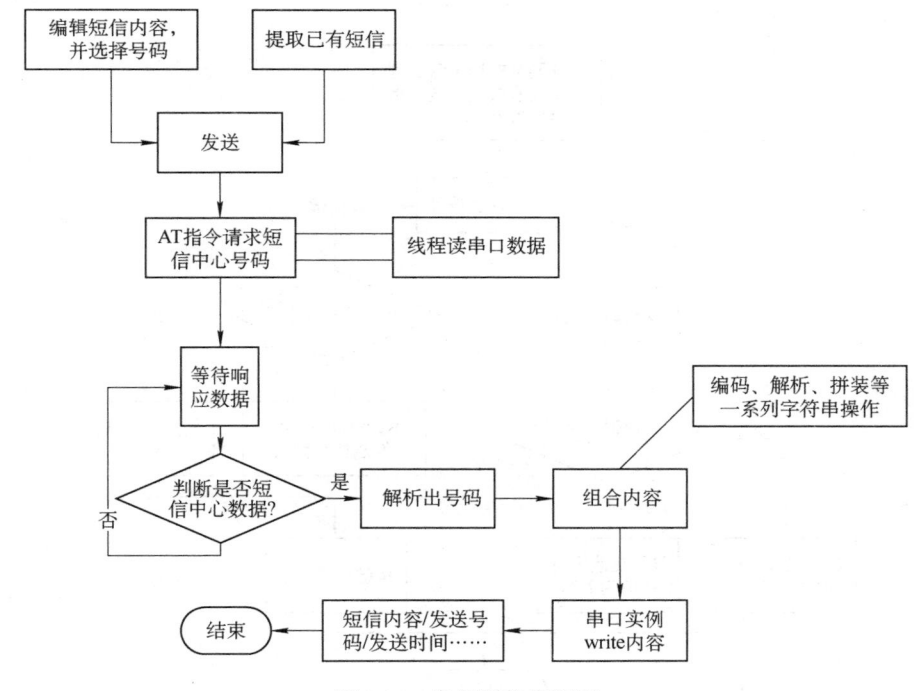

图 8-34　发送短信流程图

（3）短信接收（见图 8-35）

6. 虚拟键盘设计

在系统主界面的下方显示一个虚拟键盘，主要包含数字键、字母键、功能键，该虚拟键盘默认为英文键盘，如图 8-36 所示。

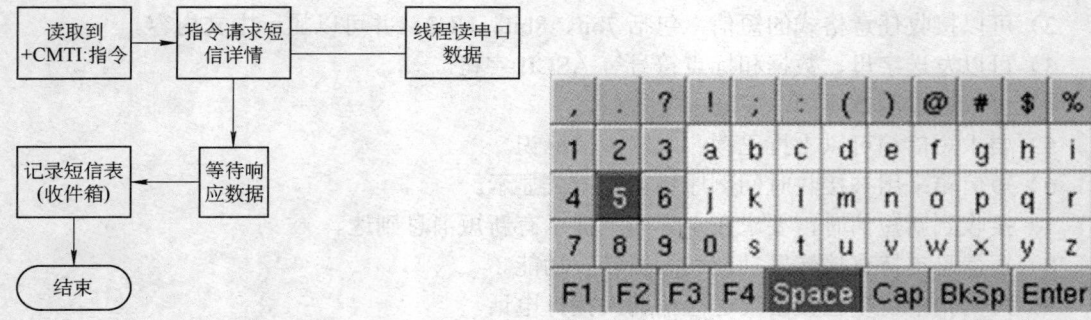

图 8-35   短信接收数据流程图   图 8-36   虚拟键盘示意图

1）可以切换大小写输入。

2）可以转换为数字输入。

3）可以切换标点符号输入。

4）可以转换为功能键盘，如 F1、F2、F3 及一些常用快捷功能。

当用户按下相应的按键时，按键的颜色必须改变，以提示用户当前按下哪个按键；当用户提起按键时，按键的颜色必须恢复到默认按键颜色。

键盘控制流程如图 8-37 所示。

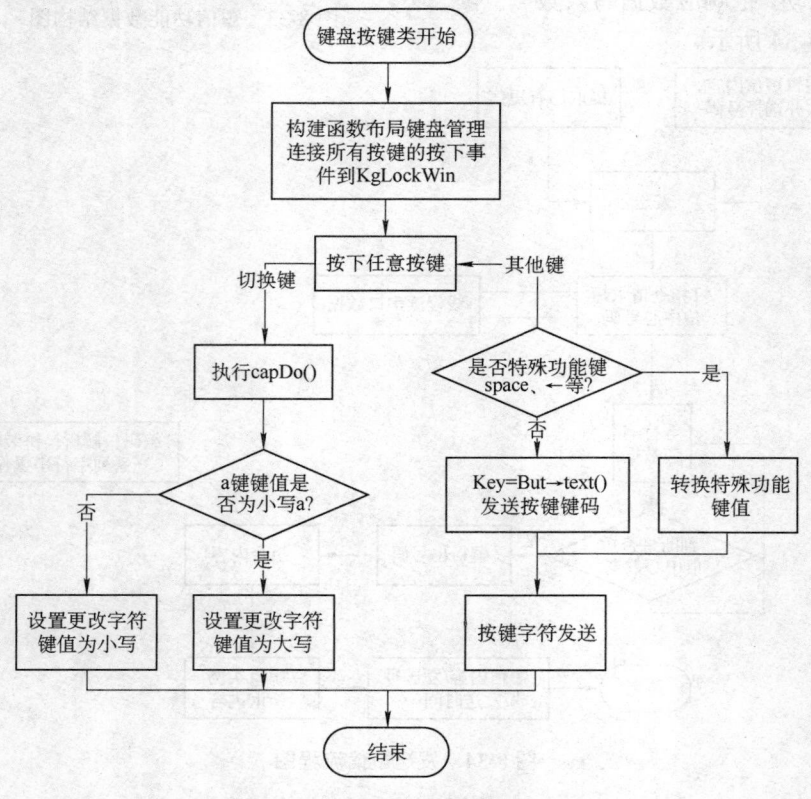

图 8-37   虚拟键盘控制流程图

8.4.3 系统实现

系统界面设计如图 8-38 所示。

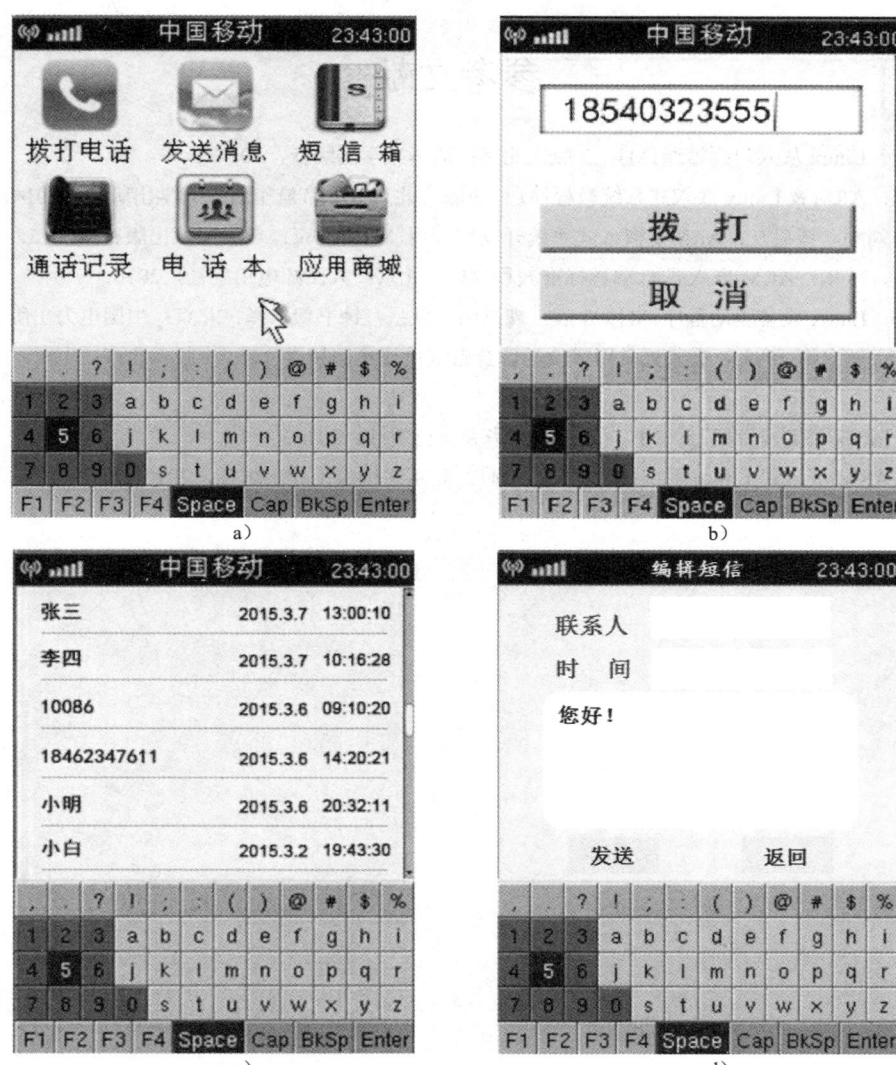

图 8-38　系统主要界面示图

a）系统主界面　b）拨打电话界面　c）通话记录界面　d）发送短信界面

本章小结

本章组织了嵌入式系统应用开发的几个实例，涵盖了嵌入式数据采集与通信、嵌入式游戏开发、嵌入式数据库和 Qt 应用编程等内容，着重培养学生的实践动手能力，使学生能够掌握嵌入式系统应用设计的基本方法、流程和功能实现。

习题与思考题

8-1　比较嵌入式系统与单片机系统应用设计上的异同。

8-2　总结嵌入式系统硬件驱动程序设计中，微处理器与外扩模块/电路之间的存储结构及其数据访问的方法与流程。

参考文献

[1] 刘忆智. Linux 从入门到精通[M]. 2 版. 北京：清华大学出版社，2014.

[2] 马忠梅. ARM & Linux 嵌入式系统教程[M]. 3 版. 北京：北京航空航天大学出版社，2014.

[3] 董胡，刘刚，钱盛友. ARM 9 嵌入式系统开发与应用[M]. 北京：电子工业出版社，2015.

[4] 侯殿有，才华. ARM 嵌入式 C 编程标准教程[M]. 北京：人民邮电出版社，2010.

[5] 科波特. Linux 设备驱动程序[M]. 3 版. 魏永明，耿岳，钟书毅，译. 北京：中国电力出版社，2010.

[6] 张绮文，解书钢. ARM 嵌入式常用模块与综合系统设计实例精讲[M]. 2 版. 北京：电子工业出版社，2008.

[7] 陈爽. Linux 与 Qt 程序设计[M]. 北京：清华大学出版社，2011.

[8] 俞辉. ARM 嵌入式 Linux 系统设计与开发[M]. 北京：机械工业出版社，2010.